碾压混凝土筑坝施工新技术

李荣果　田正宏　夏维学　等　著

中国水利水电出版社
www.waterpub.com.cn
·北京·

内 容 提 要

本书以某工程大坝智能数字化施工为依托，结合多个碾压混凝土大坝的筑坝新工艺，系统深入地介绍了碾压混凝土筑坝创新工艺与技术。全书从混凝土碾压热层质量参数的智能化采集、碾压层及层间质量智能精细评价、变态混凝土材料增强与数字化施工馈控、全仓面机械智能化组合作业与碾压施工全过程智能数字化质量管控系统等方面，阐述了最新数字化施工技术与自主研发智能装备的原理、方法及实例应用成效。

本书可供从事水利水电工程施工与管理、智能化施工技术应用的专业人员及相关高校科研单位人员使用参考。

图书在版编目（ＣＩＰ）数据

碾压混凝土筑坝施工新技术 / 李荣果等著. -- 北京：
中国水利水电出版社，2022.11
ISBN 978-7-5226-1141-9

Ⅰ．①碾… Ⅱ．①李… Ⅲ．①碾压土坝－混凝土坝－筑坝 Ⅳ．①TV642.2

中国版本图书馆CIP数据核字(2022)第223315号

书　　　名	**碾压混凝土筑坝施工新技术** NIANYA HUNNINGTU ZHUBA SHIGONG XIN JISHU
作　　　者	李荣果　田正宏　夏维学　等 著
出版发行	中国水利水电出版社 （北京市海淀区玉渊潭南路 1 号 D 座　100038） 网址：www.waterpub.com.cn E-mail：sales@mwr.gov.cn 电话：(010) 68545888（营销中心）
经　　　售	北京科水图书销售有限公司 电话：(010) 68545874、63202643 全国各地新华书店和相关出版物销售网点
排　　　版	中国水利水电出版社微机排版中心
印　　　刷	清淞永业（天津）印刷有限公司
规　　　格	184mm×260mm　16 开本　19 印张　463 千字
版　　　次	2022 年 11 月第 1 版　2022 年 11 月第 1 次印刷
定　　　价	**108.00 元**

编 委 会

前言

相较于常态混凝土坝，碾压混凝土坝具有以下主要施工工艺特征：填筑速度快、水泥用量省、温控要求低、施工组织方便。因此，碾压混凝土筑坝工艺采用薄层大仓面碾压与加浆浇筑，减少了分缝分块，便于连续施工，简化温控措施，生产效率高，工期短，整体施工费用经济。但伴随碾压混凝土施工技术不断成熟和质量要求不断提升，实践中也暴露出一些亟待解决的现实工艺与质量问题，如入仓坝料性能精细管控难，仓内布料碾压加浆振捣工序多、干扰大，碾压层面结合质量差，碾压热层压实度检验缺乏代表性，仓内施工时空受限、高效组织作业不易，大升层高大模板工艺技术不够完善等。

近年来，水电工程项目的智能化技术应用逐步走向常态，业内众多项目业主、设计施工企业以及高校科研单位等一直在探索和创新碾压混凝土施工的新工艺、新材料与新方法。其中，天津大学、清华大学、河海大学、三峡大学、中国水科院等许多高校科研单位结合工程实践，在碾压混凝土智能化施工方面开展了许多创新研究并取得了许多有益成果。如在碾压混凝土的制备、运输、入仓、摊铺、碾压、加浆、振捣、温控等各环节都开展了一系列的自动化乃至智能化实时管控的技术开发研究工作，同时借助物联网与大数据技术，在智能调度、施工仿真优化、全过程信息化管控等方面也构建了若干系统和平台，为服务现场智慧施工提供了很好的理论研究和技术手段，积累了许多宝贵成果和经验，也为碾压混凝土智能施工技术的进一步开发应用奠定了良好基础。

尽管如此，现场碾压混凝土施工实践中，由于原料波动、环境影响、工艺不稳定性等众多客观因素的影响，以及现场备仓条件及工期压迫下的工艺工序变化需求等，施工中不确定因素经常性发生。由此凸显出筑坝施工过程中的人机料科学组织协调、原料制备与工艺管控的全过程智能感知评判、质量精准评价与实时数字化反馈控制等现代化新技术的重要性和迫切性。此外，智能管控技术也越来越多地被纳入项目履约合同中施工保障必备技术。鉴于此，本书围绕中国电建水利水电第七工程局有限公司多年来联合河海大学等高校共同研究开发的碾压混凝土智能工艺创新技术，结合多个碾压混凝土大坝施工实践应用，针对混凝土碾压热层质量参数的智能化采集、碾压层及层间质量智能精细评价、变态混凝土材料增强方法、变态混凝土数字化施工馈控手段、全仓面机械智能化组合作业模式、大升层高大模板施工技术与碾压工艺全过程智能数字化质量管控系统等方面，开展了系列创新开发与实践总结，以期为业内同行们提供有益参考。

本书共分为上下两篇，共 10 章。上篇主要阐述了碾压混凝土入仓原材料、碾压工艺及加浆振捣的智能化采集分析，以及数字化馈控模型建立的理论方法与技术装备；下篇着重介绍了上篇相关创新技术与装备的应用与成效总结。

本书编写单位为水利水电第七工程局有限公司、河海大学。其中李荣果、田正宏、夏维学、郑祥、徐池撰写第 1～3 章；孙啸、刘英、范道林、倪军、李万洲 撰写第 4～6 章；杨帆、张巨会、林晓旭、黄艳梅、米元桃 撰写第 7～8 章；叶劲松、林培、万国卿、陈丹、林伟春撰写第 9～10 章。

限于编写组人员水平有限，以及工程实例资料庞杂，因此整理充分性与完备性仍存不足，敬请读者不吝指正。

作者

2022 年 7 月于四川成都

目录

下篇　工　程　应　用

碾压混凝土智慧施工理论与技术

第1章 技 术 综 述

1.1 碾压混凝土坝施工技术成就综述

1.1.1 概述

碾压混凝土坝（roller compacted concrete dam，RCCD）是将土石坝碾压技术应用于混凝土坝筑坝工艺中，采用干硬性贫水泥混凝土，经逐层摊铺、碾压而成的一种高效经济坝型。因其兼具土石坝"大规模机械化快速、连续施工"及混凝土坝"结构高强、安全可靠、经济合理"的优点，成为当前最具竞争力的坝型之一[1]。

20世纪70年代，国际上开始探索碾压混凝土筑坝技术。碾压混凝土坝主要有两种类型：一是以日本为代表的"金包银"形式，如岛地川坝、玉川坝；二是以美国为代表的全断面形式，如柳溪坝、米德尔福克坝。

1981年建成的世界上第一座碾压混凝土坝——岛地川坝[2]，如图1.1所示，建造在片岩地基上，坝高90m、坝长240m、坝体积为31.7万 m^3。在施工措施上采取了薄层搭接摊铺、平仓切缝、机械化清理表层结合面等专门施工工序，以提高混凝土质量。在大坝结构上，由于碾压混凝土与常规混凝土弹性模量相近，不需要对上游面应力做特殊分析；基础部位不设纵缝，碾压块长达78m，碾压后切开横缝间距为15m，缝中用镀锌片止水；由于没有混凝土冷却系统，只设一条灌浆廊道，因而简化了坝体结构。

我国于20世纪80年代引进碾压混凝土筑坝技术，1986年建成第一座碾压混凝土坝——福建坑口碾压混凝土拱坝[3]，见图1.2。

图1.1 岛地川坝

图1.2 福建坑口碾压混凝土拱坝

截至 2022 年，我国百米级已建和在建碾压混凝土坝超过 60 座，包括龙滩水电站（216.5m）、黄登水电站（203.0m）、光照水电站（200.5m）、官地水电站（168.0m）、金安桥水电站（160.0m）、观音岩水电站（159.0m）、三河口水利枢纽（145.0m）及乌弄龙水电站（137.5m）等，见表 1.1。经过 40 年左右的不断探索与摸索实践，逐步形成了"上下游面变态混凝土代替常态混凝土防渗、低水泥用量、高掺合料、高效减水剂、低VC 值（维勃稠度）、大仓面连续填筑、斜坡碾压、数字监控与智能化管理"等一整套具有中国特色的先进筑坝技术。

表 1.1　　　　　中国已建百米级以上碾压混凝土坝一览表

序号	工程名称	所在省份	最大坝高 /m	总库容 /亿 m³	主坝坝型	装机容量 /MW	建成年份
1	龙滩水电站	广西	216.5	273	重力坝	6300	2009
2	黄登水电站	云南	203.0	15	重力坝	1900	2017
3	光照水电站	贵州	200.5	32.45	重力坝	1040	2009
4	官地水电站	四川	168.0	7.6	重力坝	2400	2013
5	万家口子水电站	贵州、云南	167.5	2.69	双曲拱坝	180	2017
6	金安桥水电站	云南	160.0	9.13	重力坝	2400	2011
7	观音岩水电站	四川、云南	159.0	20.72	重力坝	3000	2015
8	托巴水电站	云南	158.0	10.39	重力坝	1250	2016
9	象鼻岭水电站	贵州、云南	146.5	2.63	双曲拱坝	240	2017
10	三河口水利枢纽	陕西	145.0	7.1	双曲拱坝	64	2019
11	三里坪水库	湖北	141.0	4.99	双曲拱坝	70	2013
12	鲁地拉水电站	云南	140.0	17.18	重力坝	2160	2013
13	乌弄龙水电站	云南	137.5	2.72	重力坝	990	2018
14	九甸峡水库	甘肃	136.0	9.91	重力坝	300	2008
15	大花水水电站	贵州	134.5	2.77	双曲拱坝	200	2008
16	石垭子水电站	贵州	134.5	3.218	重力坝	140	2010
17	土溪口水库	四川	132.0	1.61	拱坝	51	2020
18	立洲水电站	四川	132.0	1.90	双曲拱坝	335	2016
19	阿海水电站	云南	132.0	8.85	重力坝	2000	2013
20	江垭水利枢纽	湖南	131.0	17.4	重力坝	300	2000
21	青龙水电站	湖北	130.7	0.29	双曲拱坝	40	2011
22	百色水利枢纽	广西	130.0	56.6	重力坝	540	2006
23	洪口水电站	福建	130.0	4.50	重力坝	200	2008
24	沙牌水电站	四川	130.0	0.18	单曲拱坝	36	2006

续表

序号	工程名称	所在省份	最大坝高/m	总库容/亿 m³	主坝坝型	装机容量/MW	建成年份
25	云龙河三级电站	湖北	129.0	0.44	双曲拱坝	40	2009
26	格里桥水电站	贵州	124.0	0.77	重力坝	150	2010
27	永定桥水库	四川	123.0	0.17	重力坝		2016
28	皇藏寺水利枢纽	甘肃	122.0	4.03	重力坝	49	2021
29	哈腊塑克枢纽	新疆	121.5	24.19	重力坝	140	2014
30	武都水库	四川	120.0	5.72	重力坝	150	2008

注　不完全统计。

在施工过程中还会出现由于碾压混凝土性能控制不准确导致的可碾性差、液化泛浆不明显以及层间结合强度低等安全问题。如美国柳溪 RCC 重力坝由于碾压混凝土性能控制不准确导致坝体层间结合质量不合格，后期坝体出现严重渗漏；我国溪柄 RCC 薄拱坝在蓄水以后，层间出现渗漏，降低坝体承载力，不利于大坝安全。因此，研究碾压混凝土性能控制方法对提高可碾性、降低施工劳动强度、提高层间结合质量等具有十分重要的意义。

1. RCC 性能检测

碾压混凝土的工作性能受到诸多因素的影响，例如水泥的种类、骨料的用量及级配、配合比、环境因素、碾压混凝土放置时间等。在实际运用过程中，很难控制所有的因素不变，因此拌合物的工作性能会有一定波动范围。而且在施工过程中，拌合物也易受到环境影响，其性能会随时发生改变。

碾压混凝土性能检测采用维勃稠度法（VC 值法），施工规范要求现场使用 VC 值作为控制碾压施工质量的重要指标。VC 值是指碾压混凝土拌合物在规定振动频率及振幅、规定表面压强下，振动至表面泛浆所需的时间（以 s 计）。其测试方法为：将拌合物筛去粒径大于 40mm 的石料，然后按规定方法装入直径为 24cm、高 20cm 的容量筒内，装满插捣刮平后，在容量筒顶面压盖透明塑料压板，压板上再加一定压重，固定于振幅为 0.5mm、频率为 50Hz 的振动台上，开启振动台观察水泥浆布满圆盘底面所经历时间。这种测试方法有以下几个缺点：

（1）RCC 用量大，现场移动不便。容量筒体积大（直径为 24cm、高 20cm、容积为 10L），每次人工取料、装料不便，设备移动困难。

（2）步骤多，连续测量困难。量测过程不够便捷，无法做到现场快速检测。

（3）评判标准模糊。量测 VC 值时，肉眼观察容量筒表面混凝土泛浆过程，人工控制计时，故 VC 值精度与操作人员技术熟练程度、工作经验与责任意识以及现场条件等因素有关，测量不精确。

（4）层间结合质量难以检测。在施工过程中，已碾压混凝土不易取料，且混凝土被压实后再测量 VC 值结果不准确，但是层间结合质量与上下层面碾压混凝土均相关，故难以测试。

2. VC 值与碾压混凝土性能的关系

碾压混凝土性能容易发生变化，在实际工程中应当实时检测，否则可能因为拌合物性能达不到施工要求而导致碾压混凝土的密实度、混凝土强度、抗渗性能及层间结合质量等受到不利影响。

图 1.3　大坝碾压混凝土密实度检测

（1）密实度不够。魏朝坤[4] 在文章中指出碾压混凝土密实度下降 1％时，90 天龄期强度下降 2.0MPa，混凝土最终强度下降 8％～10％。此外，VC 值是影响密实度的关键因素，VC 值太小无法支承振动碾，同时文章还指出 VC 值过大振动困难，不可能碾压密实。在实际工程中碾压混凝土工作性能容易发生变化，碾压前混凝土 VC 值可能偏大引起碾压后密实度达不到要求的现象是普遍存在的，为保证施工质量，通常使用核子密度仪来检测密实度是否达到要求，如图 1.3 所示。

（2）强度不足。梁维仁等[5] 的研究表明，混凝土材料计量偏差和施工历时都会对混凝土的强度产生影响。材料计量偏差主要是材料含水状况的变化。施工历时对强度的影响主要是拌合物在停放时发生了水化反应，骨料吸水使拌合物干硬，VC 值增大，在同样的振动能量下，已碾压混凝土形成的孔隙较多且大，使混凝土强度降低。研究江垭大坝施工前期施工历时对碾压混凝土强度变化的影响，实际上就是 VC 值变化对强度的影响，如图 1.4 所示。

（3）抗渗性及层间结合质量差。为防止出现大坝完工蓄水后严重渗漏的现象，三峡一期围堰工程进行了 VC 值与层间结合质量的试验[6]，如图 1.5 所示。由图 1.5 可知：在下层碾压混凝土和间隔时间相同情况下，上层碾压混凝土 VC 值越小，层间劈裂抗拉强度越大。

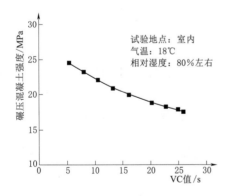

图 1.4　碾压混凝土强度与
VC 值的关系

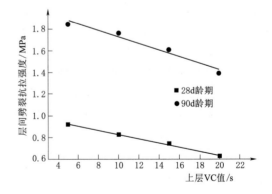

图 1.5　碾压混凝土层间劈裂抗拉强度与
上层 VC 值关系

3. 部分区域碾压困难

碾压混凝土坝施工中，部分区域无法直接采用碾压方式施工，通常采取浇筑常态混凝土施工的方法代替。因此，在早期碾压混凝土坝的施工中，必须要同步进行常态混凝土施工。这种施工方法不仅影响碾压混凝土的浇筑速度，而且增加了常态混凝土施工准备工作；同时，异种混凝土早龄期收缩不同也易导致结合部位变形不协调，黏结效果差等质量问题。

随着碾压混凝土筑坝技术地不断发展，采用碾压混凝土方式入仓，并在摊铺后加入水泥浆，使之变成具有富浆流动性的类似常态混凝土性能指标的可振捣混凝土——变态混凝土的技术，在碾压混凝土筑坝施工中得到推广应用。变态混凝土施工技术的应用提高了碾压混凝土筑坝的施工速度，减少了常态混凝土与碾压混凝土间结合部位的缺陷，使碾压混凝土筑坝技术具有更强的生命力，被广泛用于碾压混凝土坝体上下游周边、廊道、坝肩结合部、止水等无法碾压部位。

1.1.2　当前技术

1. 数据采集

碾压施工质量除了依赖原材料性能以外，生产环节即拌合物入仓至碾压工艺过程特性是决定性因素。与对工程建造成品的直接检测不同，常见的碾压施工工艺过程更多地依靠人工经验。碾压工艺过程参数信息的定量描述事关实现碾压混凝土坝施工质量数字化精准量化评价与实时智能馈控。而数据的采集与集成技术对于解决当前施工过程信息化乃至智能化应用所面临的问题至关重要。

近年来成熟应用的数字化监控技术则基本实现了大坝施工过程信息的自动化采集、数字化实时监控等功能，如黄声享等[7]开发了面板堆石坝碾压质量GPS（global positioning system，全球定位系统）实时监控系统，并应用于水布垭水电站，初步实现了大坝堆石料碾压过程参数的实时连续监控；Zhong et al.[8]通过在碾压车驾驶室安装信息采集器，通过采集碾压车的GPS定位数据及对应时间，实时计算任意位置上的碾压速度、压实遍数、压实厚度和压实标高等工艺参数，并设计图形算法实现了过程信息的可视化表达与实时监控；高祥泽等[9]在混凝土浇筑仓内埋设分布式光纤，并与光纤测温主机连接，可快速、连续地监测传感网络的温度。

随着智能施工技术不断发展，工艺参数智能化采集取得不少成果：广泛应用于土石料压实工艺过程的IC技术，通过为碾压机配备GPS定位系统、红外测温仪、加速度及和机载计算机监控系统等，不仅可以指示碾压遍数、温度测值，还可计算智能压实测量值（intelligent compaction measurement values，ICMV），实时评估压实质量[10-11]；Niskanen et al.[12]通过集成挖掘机与固态2D轮廓仪，实现了对土石料施工表面形状的深度测量，给出了由三维空间数据和强度信息组成的4D地图；另外，还有采用GPS、地理信息系统（geographic information system，GIS）、射频识别（radio frequency identification，RFID）、传感器技术及人脸识别系统等数据采集手段对施工现场环境参数进行量化建模，在虚拟环境中实现可见施工过程[13]、施工人员进出场[14]和施工材料位置追踪信息[15]等。总体来看，随着数据采集技术的不断发展，工艺过程参数采集的可靠性、稳定性与抗干扰性在逐步提高且数据采集形式呈现多样化。

遗憾的是，碾压混凝土料性参数实时检测比较困难。刘英等[16] 分析出不同配比的含湿率–VC值关系模型，发明了碾压混凝土含湿率快速检测仪，实现了碾压层面确定部位含湿率的快速准确检测，但在如何有效表征全层面拌合料含湿率方面依然未见有效技术和方法。其他更为复杂的料性参数仍未见有效的参数表征方法。

2. 数据信息集成

近年来，随着移动互联网时代的到来，用户追求更加轻量级的产品来适应移动的要求，同时云服务迅速崛起，决定了应用程序服务范围不仅限于企业内部，传统数据集成技术已无法满足需求，大数据技术与云服务技术的结合催生了基于应用编程接口（application programming interface，API）的新一代数据集成技术。API赋予每个需要连接的系统一个智能端口，以实现设备、数据和服务之间的无缝交互。基于API网关的集成平台充当纽带连接数据源及应用系统，继承了中间件的特性，但因其更轻量、原生高效地支持云服务，所以更符合当前智能程序的开发需求。

从应用的角度来说，刘玉玺[17] 以深窄河谷大坝碾压过程施工为例，应用数据仓库技术，建立包括定位基准站、定位补偿站、数据自主网络传输、碾压机流动站、总控中心和现场分控站等六部分的碾压过程施工信息无缝集成系统。李芄等[18] 通过梳理目前装备数据集成中存在的诸多问题及其解决方案，分析了以 Web Services 和 Big Data 为代表的装备数据集成解决方案。徐夏炎[19] 提出了面向工程施工阶段的 BIM 异构数据集成管理与交互方法，并设计了对应的 API，实现模型在 Web 端的三维浏览。Du et al.[20] 针对隧道施工中涉及海量多源异构数据的问题，开发了一种施工数据集成、互联和检索的数据服务系统。Wang et al.[21] 为解决我国生物安全领域的数据标准和集成问题，基于人类疾病监测、动物疾病监测和潜在入侵生物监测等业务流程管理和数据资源的集成，使用统一建模语言 UML 开发了面向对象的生物安全监测概念数据模型。刘东海等[22] 采用 BIM 参数化技术建立了输水工程三维模型，同时利用数据库技术集成安全监测信息，在此基础上将模型 ID 与构件编号一一映射，实现安全监测信息与 BIM 模型的耦合。

3. 压实质量评价方法

目前国内外已有大量压实质量控制方法研究，但研究主要集中于道路交通领域，碾压混凝土坝压实质量控制研究相对较少。燕乔等[1] 借鉴 GPS 实时监控系统在堆石坝施工质量控制中的成功经验，设计了一套适合碾压混凝土坝施工质量控制的实时动态精细化监控系统，实现了对多个碾压参数的实时监控。刘东海等[23] 提出了高碾压混凝土坝智能碾压理论，从理论角度提出了碾压混凝土坝智能碾压的概念及相关原理。林达[24] 基于实时监控系统收集碾压参数和含水率，建立了多元非线性回归模型和基于神经网络的压实度模型，实现全仓面压实度的分析、预测；并提出基于多元线性回归的"组合预测方法"，既提高了神经网络的泛化能力，又减小了回归分析的误差。钟桂良[25] 开展了碾压混凝土坝仓面施工质量实时监控理论与方法研究，构建了碾压仓面施工质量实时监控体系及数学模型，并应用 Active X 技术开发基于 Web 的三维可视化插件，初步实现 B/S（browser/server，浏览器/服务器）模式下的施工质量实时监控数据集成管理与查询。Liu et al.[26] 集成 GPS 技术与 GNSS 技术、传感器技术、GPRS 技术和计算机网络技术，提出了一个施工质量实时监控方法，实现碾压数据、混凝土温度数据、施工气候数据和质量检测数据的及时收集与分析；Liu et al.[27] 提出了反映碾压参数综合效应的实时监测质量指标——单位压实能，包括单位体积压实能和单位面积压实能，分别用于评价碾压混凝土本体和层面的压实质量。鄢玉玲[28] 基于实时监控系统的应用，提出了基于熵-盲数理论的碾压混凝土坝施工质量动态评价方法：从层面压实质量评价、层间结合质量评价以及仓面施工质量综合评价等三方面进行了多尺度多层次的施工质量动态评价。刘东海等[29-30] 研制了多参数多级可调的碾压混凝土碾压模拟试验装置，并开展了不同 VC 值下的碾压试验，利用考虑 VC 值的改进压实功指标，给出不同 VC 值下的碾压遍数的控制标准。

4. 层间结合质量分析

虽然碾压混凝土坝修建历史已有 40 年，但严格检控层面质量的工程为数不多。若不严格控制层面质量，层面抗拉强度影响系数（层间强度/本体强度）的减小会导致大坝结构拉应力、剪应力安全度下降，应引起重视[31]。

早期研究[32-35] 主要基于室内试验及工程实践数据静态分析层间质量影响因素，并提出相应层面处理措施。冯立生[36] 通过室内模拟碾压混凝土振动压实试验，总结出振动加速度、压应力、压实容重随压实厚度的增大而衰减的规律，进一步由不同厚度的抗剪断试验，证明压实厚度与层间结合质量成反比，反推得出层间结合质量与上、下层层面压实容重之间的差异有关。姜荣梅等[37] 应用龙滩工程原材料，通过研究不同缓凝减水剂对碾压混凝土初凝及终凝时间的影响规律，提出了适用于龙滩大坝的施工层面允许间隔时间及热缝、温缝、冷缝识别标准。姜福田[38] 则认为用初凝时间来控制层面质量是不够的，通过分析碾压混凝土层面胶砂贯入阻力与力学特性的关系，提出了一套现场层面允许间隔时间测定方法并研发贯入阻力测试仪，以实现对层间结合质量的快速准确检控。娄亚东[39] 采用吸水动力法和扫描电镜对碾压混凝土层面微结构进行研究，从微观机理方面分析了不同层间间隔时间和层面处理措施对碾压混凝土抗渗性能和抗剪性能的影响。王凯[40] 在试验室条件下模拟现场碾压扰动对碾压混凝土层间结合质量的影响，总结了对直接铺筑允许时间的影响规律。李俊杰等[41] 引入区间数理论，建立了碾压混凝土层面形态综合评价区间分析模型，实例表明：采用区间形式的数据表示评价指标和指标权重更符合工作形态变化分析的实际情况。申嘉荣等[42] 利用文献调研法搜集得到国内外 47 座碾压混凝土坝的抗剪强度参数，以水胶比、胶凝材料掺量、粉煤灰掺量、层面处理方式以及层面间隔时间为输入参数，采用人工神经网络和模糊逻辑系统建模进行层面抗剪断强度预测。

近年来，有学者开展了层间结合质量动态评价研究。Raab et al.[43] 通过对比几种层间结合特性静态、动态检测设备的性能，提出使用动态检测设备对路面层间结合性能进行全生命周期检测更具实际意义。李子龙[44] 从碾压机做功角度，提出以单位压实功为实时监控指标表征多碾压参数综合作用，通过小型碾压试验分别建立单位体积压实功与本体压实密度、单位面积压实功与层间抗剪强度的关系模型，进而提出了基于单位压实功的碾压混凝土施工质量评估方法。钟登华等[45] 结合数字化实时监控系统，提出了基于碾压遍数、碾压厚度、混凝土 VC 值及含气量的压实度动态计算方法，引入盲数理论、极大熵准则，建立了基于压实质量及季节因素的层间结合质量动态评价模型。

5. 压实质量薄弱区域特征分析

国外"薄弱区域"概念更加集中在铁路和道路工程中，据了解不少国家出台相关标准并纳入本国技术规范体系，为实际工程应用提供了参考依据。德国规范（ZTVEStB94/97）规定最大薄弱区域面积为 $10m^2$，且压实指标差异上限为 10%；瑞典规范针对不同工程领域标准不一，铁路规程要求普通铁路路基连续不合格面积不应超过 $10m^2$，高铁路基不应超过 $5m^2$；奥地利规范[46] 要求路基压实后密度达到标准密度面积占比下限值为 90%，且全部馈控数据应不低于 0.8 倍压实目标值；美国明尼苏达州[47] 要求连续压实监测下 90% 的压实密度须在 0.9~1.2 倍压实密度均值之间；Adam[48] 提出利用面积压实合格率来反映侧面薄弱区域对整体压实效果的影响；Facass et al.[49] 通过压实数据变异系数来量化路基施工均匀性；Mooney et al.[50] 通过研发监测仪器，获取压路机压实参数以及土壤特性参数，从而识别出潜在的压实薄弱区域；Hossain et al.[51] 通过实时监测振幅、振动频率、加速度等参数，及时获取不合格区域的空间坐标点，然而上述控制手段并不能反映薄弱区域空间分布特点。

国内，西南交通大学徐光辉[52] 基于数理统计理论，通过 3σ 原则确定了合格压实数据范围，进一步完善了铁路质量评价体系；由此铁道部制定了相应规程《铁路路基填筑工程连续压实控制技术规范》（Q/CR 9210—2015），要求碾压面合格率不小于 95%，监测数据的下限值应为压实标准值的 80%，并且连续薄弱面积的最大值为 $6m^2$[53]；聂志红等[54] 采用最近邻点指数 R 评价铁路路基薄弱区域空间分布状态，但由于指数分类标准不一，会导致评价结果不同；王龙等[55] 建议以双置信区间分析压实数据，将区间外数据作为不均匀点指导补碾修复；Hu et al.[56] 基于地统计学分析了沥青层压实空间均匀性；焦侠等[57] 将地统计相关理论应用于铁路压实评价，量化分析了铁路欠压程度和薄弱区域空间分布，相比于仅对薄弱面积上限值进行规定，该评估体系更为完善；刘志磊[58] 提出考虑压实监测数据空间均化处理思路，从合格率、压实均匀性和薄弱区域三方面细化了质量控制标准和相应评价步骤，进一步完善了堆石坝质量评估体系；刘东海等[59] 采用 DB-SCAN 空间聚类分析理论，定义等效连续薄弱面积指标，并通过与现行规范标准对比，明确了连续薄弱面积阈值，能够更有效保证高堆石坝压实质量。

6. 施工质量智能馈控系统

大坝施工质量实时控制系统是整个智能控制体系的最终服务层级，通过利用信息技术、智能视觉及现代网络等技术建设智能服务模块，实现信息的多维交互和共享，是施工智能决策、反馈和处理的中枢。White et al.[60] 指出开发新的数据管理、分析及可视化工具，是将 IC 技术有效应用于施工实践所需重点关注的领域之一。目前国外主流的施工管理基础平台主要侧重于施工项目管理方面，未见针对碾压质量控制的管控系统；同时这些系统并非专门为筑坝工程开发，在功能上存在缺失，适用性和有效性较差。我国目前针对碾压混凝土碾压质量馈控还未形成专门系统，现有研究集中在土石坝坝料碾压压实度馈控系统与流域信息化平台的研发，比较有代表性的有天津大学钟登华院士团队研发的数字大坝施工信息综合集成管理平台[61]，实现了大坝施工质量监控信息、施工进度信息、施工监测信息的动态采集与智能分析，对大坝施工过程中碾压、运输、加水、灌浆等施工环节进行数字监控，显著提高工程管理人员对大坝施工质量、进度的控制能力，并在我国糯扎渡工程、长河坝工程、梨园面板堆石坝、两河口工程等众多大型水电工程中得以成功应用；另外有中国长江三峡集团研发的大坝全景信息模型 DIM 及智能化建设业务协同平台 iDam[62]、长江科学院研发的溪洛渡水电站工程安全监测系统[63]、国网大渡河流域水电开发有限公司开发的双江口水电站智能大坝系统[64] 和雅砻江流域水电开发有限公司建设的流域水电全生命周期数字管理平台[65] 等。

7. 变态混凝土技术

变态混凝土是我国科技工作者首先发明创造的，并于 1989 年在岩滩围堰工程施工中首次应用。变态混凝土是指在碾压混凝土拌合物中加入适量的水泥灰浆（一般为变态混凝土总量的 4%～7%），使其具有可振性，再用插入式振捣器振动密实，形成一种具有常规混凝土特征的混凝土。常用于碾压混凝土坝的上下游面、横缝止水周边、廊道周边、岸坡泄洪孔周边等过渡区部位，厚度视其施工具体需要而定。目前，变态混凝土施工技术已逐渐发展成为碾压混凝土筑坝施工的重要技术之一：截至 2007 年年底，我国已建和在建碾压混凝土坝和围堰工程达 126 座，其中应用变态混凝土施工工艺作为防渗结构的大坝或挡水工程已超过 100 项。目前碾压混凝土施工工艺技术广泛被施工单位所接受，与碾压混凝土工程相伴随的变态混凝土施工工艺也因工程质量要求不断翻新，向更加精细定量化的技术阶段迈进。

作为一种独立的防渗体，变态混凝土有许多不同于其他防渗体的特点：拌合楼无需拌制多品种混凝土，由此碾压混凝土的生产效率可提高 30% 左右；施工过程避免了等待常态混凝土入仓的时间间隔、保证同仓混凝土浇筑上升同步；较好地解决了异种混凝土结合面黏结薄弱的问题。

现有的变态混凝土注浆技术主要有水平铺浆法和垂直注浆法两种[66]：水平铺浆法是通过挖设沟槽将水泥浆液水平倾入沟槽内部的加浆方式；垂直注浆法则是在碾压混凝土层摊铺后，在混凝土面上均匀垂直造孔，然后将浆液注入的施工方法。

水平铺浆法按碾压层中加浆部位不同，有顶部加浆、中部加浆和底部加浆三种方式[67]：底部加浆是在下一层变态混凝土层面上加浆，在其上摊铺碾压混凝土后进行振捣，使浆液向上渗透，直到顶面泛浆为止，这种加浆方式的优点是均匀性尚好，但振捣非常困难；顶部加浆是在摊铺好的碾压混凝土面上铺洒灰浆进行振捣，这种方式振捣容易，但浆液向下渗透困难，不易均匀分布，容易出现浆体浮于表面导致上层混凝土干缩严重的不利状况。从扩散密实机理和已有试验结果可以发现：底部加浆方式在不同水平铺摊加浆方式中效果最好，能够满足变态混凝土在振动作用下的浆液扩散以及液化流动密实过程，泛浆时间短，浆液分布均匀。

在变态混凝土注浆施工装置方面，李继跃等[68] 提供了一种变态混凝土插孔装置，可方便整齐地在碾压混凝土摊铺层中插出一排符合设计要求的加浆孔，满足水利水电工程中碾压混凝土仓面变态混凝土施工的技术要求。杨富瀛等[69] 提供了变态混凝土用挤压式打孔器，在打孔时用在变态混凝土部位，按照设计孔位进行打孔，打孔完成后进行加浆，15min 后振捣，使孔内的浆液向四周渗透，达到注浆的目的。廖湘辉等[70] 公布了一种变态碾压混凝土注浆机，它包括车身、驾驶室、工作架、注浆装置和机架，车身内设有控制器，采用此结构可使水泥浆在碾压混凝土中分布相对均匀，注浆质量好，注浆速度较快。

张宏武等[71] 公布了一种变态混凝土加浆自动记录仪，它包括电气控制箱和显示屏，还包括霍尔开关、圆柱磁钢和联轴器，结构简单，成本低，工作可靠，显示直观。陆采荣等[72] 提供了轻便式变态混凝土加浆计量装置，能满足变态混凝土施工对加浆方式和计量精度的要求，可实现数字化计量，自动按照预先规定的计量进行注浆施工，而且便于调节，便于实施，成本较低。吴旭等[73]、吴旭[74] 公布了一种变态混凝土自动注浆振捣设备，该设备同时具有注浆与振捣功能，并可实现注浆和振捣工作状态的自由切换、工作装置的自动对位和注浆量的精确控制等，且移动灵活，注浆均匀，振捣力大，操作简单，可提高施工速度和质量，降低工人劳动强度，适用于各种工作场合的变态混凝土注浆与振捣施工。

1.1.3　存在问题

1. 信息采集

由于工艺参数监控不完整、动态更新不及时，数字大坝的信息自主采集更新仍存在不足。碾压混凝土具有分层仓面碾压的特点，大多数智能采集方法无法满足要求。一方面，碾压混凝土的施工质量受碾压参数、料性参数及环境因素综合影响，仅采用数字化监控技术采集的连续碾压参数评价碾压施工质量具有片面性，且诸如碾压车的激振力或加速度采集由于设备差异及现场施工干扰而难以有效去噪。同时，碾压混凝土拌合料既不同于均匀土料，也不同土石混合料，经大量工程实践证明，VC 值对其性能有着重要影响。常规工艺采用取样装试模现场振动检测 VC 值的方法虽然操作简单，但因用料多，用时长，设备重移动不便，依靠人工经验计数且受环境、作业铺摊影响显著等，在现场应用存在一定缺陷。

2. 压实质量

此外，碾压热层的压实度指标可以反映土石料等的密实性，然而其检验方法如砂锥法、轻型挠度计法以及上述的 IC 技术等不适用于碾压混凝土拌合料，唯一可用的核子密度仪法存在放射源衰减标定及泄漏风险且对测试人员有要求；层间结合质量一般可通过抗拉强度、抗剪断强度以及渗透性等指标来表征，但均需完工后钻孔取芯试验测定，无法实现现场动态检控。

综上所述，目前碾压混凝土施工工艺过程中拌合料的材料复杂特性参数表征困难，基本还是利用传统的手工设备检测少量基本的料性工艺参数（如 VC 值、胶砂比、含气量等）；包括热层压实质量与层间结合质量在内的碾压施工质量在现场碾压薄层高效检控中尚未见成熟的方法及其在工程实践中可靠应用的报道。

碾压混凝土坝压实质量的检测以及评价体系目前并不成熟。首先，对碾压混凝土坝压实质量的研究比较少。其次，压实质量评价指标多样，包括压实度、各种碾压参数、弹性地震 P 波波速、干密度、变形模量、孔隙度、压实功及一些自定义指标，如基于碾轮振动特性的指标——CMV（compaction meter value）、CV（compaction value）、CF（compaction feature）和 SCV（sound compaction value），比例型指标——压实薄弱区域（欠压体积/合格体积）。最后，从控制手段来看，可以从三个方面对碾压混凝土坝的压实质量进行控制：①研发检测仪器进行碾压质量实时检测；②应用数字化系统，实时监控碾压参数；③构建碾压质量评价模型。其中，压实质量智能评价方法主要分为两种：一类是借鉴道路施工领域 IC 技术，提出 CV、SCV 和 CF 等基于碾轮振动信号的指标，反映大坝填筑材料的压实质量，但由于施工现场环境复杂，振动源较多，碾轮振动信号的有效分离和消噪处理存在困难，结果可靠性还需进一步验证；另一类是基于数据驱动模型（如神经网络和支持向量机等）评价压实质量，因其采用机器学习算法，模型精度较高，对参数考虑更为全面，是当前研究的热点。而对层间结合质量的智能评价方法仍处于空白状态。

3. **层间结合质量**

有关碾压混凝土坝层间结合质量控制的研究相对较少。由于现场评价数据的准确性较差，遍历性不好，现有研究主要基于室内试验及工程实践数据静态分析层间质量影响因素，并据此提出层面处理措施，仍缺乏相关动态评价模式；已有的少部分层间结合质量动态评价手段存在传统统计分析方法（如线性回归等）对施工信息分析不透彻及现场馈控水平低等不足。

综上所述，现有碾压混凝土坝施工质量智能馈控方法研究相对较少，突出问题是智能技术存在两大盲点：一是缺乏碾压层压实质量与层间结合质量两位一体的集成化质控方法；二是尚未实现碾压混凝土坝施工工艺流程的量化参数从信息感知、自动传输、智能分析、远程监控到现场馈控的智能化一站式流程。因此，需融合物联网应用，借助云服务，采用人工智能及计算机信息技术等先进技术手段，研究考虑压实质量及层间结合效果实时评价的动态集成化馈控方法，以破解当前研究难点，为碾压混凝土筑坝施工过程质量的精细化智能馈控提供理论与技术支持。

4. **压实薄弱区域质量**

规范的制定对路基压实作业质量控制持续发展有着极大促进意义，但坝料与路基料在料性和碾压施工工艺方面均存在较大差异，所以 Q/CR 9210—2015 并不能完全适用于坝体工程。天津大学针对堆石坝中薄弱区域提出了连续薄弱面积计算方法，但由于连续薄弱面积阈值在不同材料中差异较大，压实监测指标差异性与准确性也难以判别，且缺乏考虑薄弱区域压实指标与目标值差异程度，所以也无法直接套用在碾压混凝土施工当中。因此，探究如何建立新技术下碾压混凝土施工的完备质量控制体系，并与现行规范相适应具有探索价值。

综上所述，目前工程现场碾压混凝土质量是通过统计意义下质量合格率（仓面合格面积百分比）是否达标来判断施工效果，缺乏考虑薄弱区域影响。道路和堆石坝中已有针对压实薄弱区域的分析，并验证了仅仅以质量合格率为参考指标可靠性不足。因此研究团队在已有软硬件成果基础上，建立了考虑参数变异性以及薄弱区域影响的动态评价方法。

5. **变态混凝土技术**

尽管现有注浆技术一定程度上能够保证变态混凝土的施工效率和成型质量，但是由于现有技术仍普遍采用造孔加浆方式进行变态混凝土施工，浆液自由渗透过程仍然存在浆液分布不均匀、浆体上浮等现象，而且施工过程需增加造孔操作这一工序，施工效率并不高。

此外施工实践中发现，变态混凝土人工加浆振捣工艺也存在一些问题，如由平班水电站碾压混凝土坝变态混凝土试验结果可知：二级配变态混凝土防渗能力较低，抗渗强度仅有 0.4～0.6MPa，不能有效抵抗 60m 的渗透水头，且抗压强度试验结果显示室内测试数值与现场实测值相差悬殊，说明现场加浆严重不均匀。溪柄拱坝下游的两个高程水平环线渗漏，也说明传统方式施工的变态混凝土防渗体不可靠，由于外掺水泥浆分布不均匀，当水头较高时，一旦二级配碾压混凝土在施工时层面结合不好，坝体就会出现渗漏[67]。由以上工程实践可知，变态混凝土施工中确保加浆均匀尤其重要。加浆均匀性问题已成为变态混凝土施工中的一大困扰，目前国内外并无精确有效的技术解决方案。

变态混凝土人工加浆工艺中振捣操作有机械式振捣和人工振捣两种方式。仓面变态混凝土人工振捣，即振捣工人根据已加浆好的变态混凝土进行划分区域的分块式振捣，由于工地施工随意性，难以对振捣时间以及振捣间距进行有效的监测控制。人工振捣需要施工人员拖着振捣锤进行系统有序的振捣，该工序同样费时费力，另外振捣质量没法保证。由于现场没有系统的振捣施工规划，时常会出现欠振、漏振状况，影响施工工期，增加额外工程造价。针对这一问题，施工单位已经相继研发了对应的注浆振捣台车以及注浆振捣机。这些设备的研发有效减少了人工注浆、振捣的劳动力，节省施工时间。但大型设备智能化程度低，无法进行工艺参数的远程记录和管控；同时在使用过程中受施工仓面影响大，小仓面以及大仓面边角地带仍需人工操作来完成。而现存的人工、机械设备又同样存在着注浆、振捣定量化控制无法系统化问题，因此变态混凝土区域施工质量暴露出缺少切实有效的精细化监控手段问题。

1.2 数字信息化技术应用现状

1.2.1 国内外土石坝智能施工技术

1. 智能化开采工艺

在全球智能化迅猛发展的情况下，填筑料的开采正在向智能化和无人化方向发展，无人驾驶机械设备、勘察无人机、GPS、智能化管理系统等众多智能化产品应用到开采工艺中。通过建立土石料开采上坝一体化智能管理平台，采用土石料智能开采技术，实现对石料开采过程的精细化控制，实时指导工程施工，确保土石料开采质量满足设计要求，提高工程质量管理水平，进一步实现土石料开采和上坝信息的集成管理，参建各方可实时掌握料场开采情况，确保数据完整，记录料场开采过程，融合多方开采数据，为料场开采工程量结算、料场开采进度控制提供数据支持。

（1）料源质量智能特征分析及开采规划模型。结合土石料开采质量关键控制指标及料场勘探、检测结果，利用空间插值算法分析任意空间位置处料源质量特征，判定料源质量，划定各级别土石料分区范围及深度，计算料源储量，并随料场开采过程对料源特征数据进行更新和计算。通过上述建立的料源质量特征智能分析模型，结合工程填筑需求，规划土石料开采区域、开采方式、开采强度及资源配置。

（2）石料级配料开采智能爆破设计。基于节理岩体的地质构造特征，研究爆破级配控制关键技术，提出结合已有的岩石强度、级配检测、节理岩体的爆破块度预报方法，建立智能化的爆破设计体系。复杂的试验、运算和设计过程由计算机完成，设计人员只需给出前次的爆破效果（块度筛分结果）、地质条件，提出爆破开采要求，系统可根据前期的试验成果、施工过程中不断补充的筛分以及碾压检测数据修正预报模型并给出合理的爆破参数。节理岩体石料开采爆破级配控制关键技术将为堆石坝堆石料的优质、高效、经济开采提供技术保障。

（3）土石料开采智能规划与管控。开采过程中跟踪记录开采过程信息和质量检测数据，对数据进行持续更新，并根据更新数据对原数据进行修正；定期记录料场开采形象面貌及施工数据，以图表等多样形式展示料场开采进程。

2. 运输优化及填筑工艺控制

为了保证填筑料在整个运输过程中的运输质量，以适宜的、最少的运输环节，最佳的运输路线，最低的运输费用将填筑料运达填筑区，运输期间要进行优化控制。通过计算机智能化管理系统，结合料场开采数据，考虑料场开挖形态、工程场内交通条件、中转场运行状态、坝体填筑需求等信息，规划土石料开采运输目的地（直接上坝或中转），同时根据土石料质量结果，结合质量控制标准和历史掺配大数据记录，自动分析和确定土料在掺拌场的掺配方式和补水量；跟踪记录物料运输过程、掺配过程、掺拌场状态等流程信息。

坝料填筑系统可以控制土石坝在坝面填筑的过程，包括摊铺、洒水、碾压等过程，根据填筑时间、位置和材料的不同，土石坝可分期、分区划分成许多填筑单元。土石坝根据不同的仓面面积选择不同的填筑方法，当仓面较狭窄时，填筑方法多采用顺序施工，各施工工序占直线工期。当仓面较宽敞时，填筑方法选用流水施工，各施工机械流水作业，土石坝仓面填筑时间受摊铺时间的控制。为保证各工序同时作业，坝面划分的工段数量应大于等于工序数量。当工段数量小于工序数量时，不能进行流水作业，可采用缩短工序数量或合并工序方法调整。

在坝料填筑系统中，设置坝面填筑单元为推进仿真时钟运行的主导实体，并将每个填筑区的计划开工日期作为各区的时钟初始值。仿真模拟流程如下：首先遍历所有填筑区的时钟值，找出最小时钟值的填筑区，判断该填筑区是否满足坝面填筑约束条件（相邻区高差约束、日上升高度约束、总高度约束）。如果满足填筑约束条件，则按照层厚逐层填筑并计算填筑历时，更新系统状态（时钟值、填筑方量、已填筑层数等）。若不满足约束条件，则按照时间步长法推进仿真时钟，记录因仿真约束停工时间，以便寻找影响施工进度的各种因素。重复上述过程，直至整个坝体填筑完成。

3. 智能加水系统

土石坝材料的水分含量是影响大坝压实效果的重要因素。许多研究表明，水分含量与土石料密度高度相关。对于黏性土，压实干密度在相对低值范围内随含水量的增加而增加，在一定含水量下达到最高，而在含水量进一步增加时降低。与最高干密度相对应的含水量被称为最佳水分含量。对于非黏性土壤或岩石，在饱和状态下，压实的干密度可以达到最高。中国水利水电科学研究院指出，要确保土石坝压实质量，关键在于将大坝材料的水分含量控制在黏性土壤的最佳水平，或控制非黏性黏土和岩石的饱和状态。需要根据料场中大坝材料的自然水分含量适当调整水分含量。当自然水分含量低于既定标准时，应在实施材料填充和铺装之前提供补水。常规补水方法是在铺装黏性土壤（如心墙和接触层材料）时洒水，或通过手动控制将工作区外部的运水卡车的管道阀输送到非黏性土壤和岩石中,例如粗砾石区和填石区材料。为运输卡车上装载的大坝材料补充足够的水是使这些材料获得最佳水分含量的关键,从而确保土石坝施工的压实效率。然而手动卡车浇水的常规方法劳动强度大,造成水的浪费,并且对水量的控制不当。

在长河坝工程中,采取计算机相关技术,以互联网为基础,借助电子信息和管理科学相关技术,进行了坝料智能计量称重和加水系统的研制与应用。此外,钟登华研制了一种土石坝施工坝料运输车辆加水量智能监控系统及监控方法,根据初始含水率,实时调整加水比例,得出运输车实际载坝料质量,算出该运输车应加水量加水。

4. 智能碾压

碾压是填筑工艺的核心,随着计算机技术、人工智能技术(系统工程、路径规划与车辆控制技术、车辆定位技术、传感器信息实时处理技术以及多传感器信息融合技术等)的发展,基于无人驾驶的大坝填筑智能碾压施工在工程中逐渐得以开发和应用。大坝填筑智能碾压系统不仅具备加速、减速、制动、前进、后退以及转弯等常规的车辆功能,还具有环境感知、任务规划、路径规划、车辆控制、智能避障等类人行为的人工智能。这个复杂的动态系统由相互联系、相互作用的传感系统、控制系统、执行系统组成。

基于无人驾驶的大坝填筑智能碾压系统,通过无线网络将碾压机械感知信息上传至云服务器,服务器通过信息综合分析后做出相应的动作(即操作控制端的命令),控制端的执行决策也是通过无线网络发送至碾压机械,执行相应的动作,从而达到了无人驾驶的目的。大坝填筑碾压机械无人驾驶系统设计框架如图1.6所示。

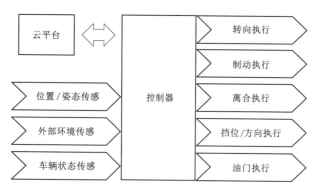

图1.6　大坝填筑碾压机械无人驾驶系统设计框架

基于无人驾驶的大坝填筑智能碾压施工机械包括传感系统、决策系统和执行系统三个部分,采用的是自上而下的阵列式体系架构,各系统之间模块化,并采用无线网络进行系统间的数据传输,从而保证数据的实时性和完整性。典型的具有无人驾驶功能的碾压机械如图1.7所示。

无人集群智能化碾压技术借助5G、大数据、物联网等科技手段,将摊铺机、双钢轮压路机、单钢轮压路机、胶轮压路机等连为一个整体,形成内部数据共享、真机交互的无人化操控机群,在远程监控数据中心的帮助下,根据参数设置规划出最优的作业路径,并向机载控制系统输出控制指令,进而实现了复杂工况下压路机的智能化无人操控作业。徐工无人集群智能化碾压技术是国内碾压技术的代表,徐工无人集群智能化碾压现场如图1.8所示。智能化碾压技术的相关系统以及方法如下:

(1)无人驾驶集群系统。压路机无人驾驶集群系统主要由基础设置、车载分系统、远控分系统、数据采集终端组成,既能适应单车操纵模式,又能实现多车协同作业。该系统还可以在摊铺机、平地机、铣刨机等道路施工机械上拓展使用,实现多种模式的集群施工作业。

CPS

航向传感器

激光雷达

控制器

转向执行机构

制动/离合执行机构

挡位/油门执行机构

图 1.7　基于无人驾驶的大坝填筑智能碾压施工机械

（2）集群调度系统。集群调度系统由现场控制终端和应急终端组成，可实时接收远程监控装置发来的自动导航指令与遥控驾驶信息，从而实现对 1 台乃至多台压路机的实时控制。

（3）车载分系统。车载分系统是整个自动驾驶系统的神经中枢和执行中心，可安装在摊铺机或压路机上，由定位测试终端、避障传感器、车载智能终端组成，协助压路机按设计好的规划路径完成施工工作。

图 1.8　徐工无人集群智能化碾压现场
（4 台单钢轮压路机正在进行同步协同压实作业）

（4）数据采集终端。数据采集终端采用镁铝合金外壳设计，安放在施工现场预设位置，形成坐标点，生成施工区域图，并完成作业任务的生成和规划。

（5）集群应急终端。集群应急终端作为一项强行停止所有或部分压路机作业的安全措施，采用了工业无线遥控器和专门的通信链路，能够确保指令以最高优先级介入压路机控制总线，操控压路机完成紧急制动，保障施工人员和设施的安全。

（6）北斗卫星参考站。北斗卫星参考站需在施工现场提前架设，利用实时北斗卫星信号差分数据，集成高精度定位模块，以提高压路机的定位导航精度。该设备配有手机控制软件，并具有数传电台、蓝牙、串口、4G/5G 等多种数据通信方式，操作简单，架设方便。

（7）微波链路设施。设施将车载智能终端和现场控制终端在 IP 协议层进行联网，从而实现各控制终端在局域网下的信息互联互通，大大提高了系统的灵活性和可拓展性。

（8）集群现场控制终端。集群现场控制终端通过工业控制电脑，以 Wi-Fi 链接形式介入由微波链路设施建立的无线局域网内，利用集群作业车载智能终端进行识别匹配、作业任务分配、远程启动与停止，可实时监控压路机初压、复压、终压的任务完成情况，并进行图像化显示。

（9）定位测姿终端。定位测姿终端采用分体式设计，将卫星天线安装在压路机钢轮外框架上，配备了集高精度定位定向模块、惯性导航模块、数据通信模块、数传电台于一体的主机，支持卫星导航系统，可实时接收北斗卫星参考站传输的差分数据，提供高精度的位置和航向信息。

（10）集群车载智能终端。集群车载智能终端采用工业级控制电脑作为无人驾驶系统的大脑，首先接收现场控制终端发送的任务信息，自动生成作业任务并获得行驶规划路径，然后在控制终端的指示下启动压路机开始工作。在工作过程中，集群车载智能终端根据定位测姿终端提供的高精度位置、航向信息及避碰雷达的报警信息，计算车辆与当前目标位置的偏差，实时控制车辆的行进和转向，最终控制压路机按预期完成轨迹跟随、多模式碾压、质量监控、安全停车等工作。

5. 压实质量监控

目前国内外已有大量压实质量控制方法研究，但研究主要集中于道路交通领域。Oloufa et al.[75] 基于 GPS 开发了沥青路面压实质量自动监控系统，可有效减少压实机械欠碾及超碾现象。Commuri et al.[76] 研制了一种基于神经网络分类算法的热拌沥青压实密度智能测试仪，以改善沥青路面压实质量。Ilori et al.[77] 基于弹性地震 P 波折射理论改进地震仪，对公路路基及底基层土方压实质量进行评价。Kassem et al.[78] 开发了一个沥青混合料压实过程监控系统，为压路机驾驶员提供实时二维彩色编码图，显示全铺层的碾压遍数、压实指数（碾压次数乘以有效系数）及碾压第一遍时铺层的温度。Kumar et al.[79] 提出了一种基于 IC 技术的土工材料压实质量快速评价方法，利用智能压实统计数据替代试验段数据制定高质量的压实标准，以智能压实值作为评价指标绘制施工区域压实质量云图，可确定路面压实均匀性水平和返工的薄弱区域。Umashankar et al.[80] 使用轻型挠度计测量高速公路及低交通量道路路面层的变形模量，实现了对路面层的压实质量控制。Meehan et al.[81] 采用空间分析工具以及统计回归，对比分析了连续压实控制（continuous compaction control，CCC）监测值与特定点现场压实试验值，评估了 CCC 技术在使用大量粉质细砂的路堤施工控制中的有效性。Chennarapu et al.[82] 利用动态圆锥贯入仪测量土石材料的贯入阻力指数，对三种类型的土壤建立了贯入阻力指数与压实密度之间的相关关系，实现了路基压实质量快速检测。

国内在道路及坝工压实质量控制方面均有大量研究成果。道路交通方面，王龙等[55] 利用已在高铁道床压实检测领域成熟应用的便携式落锤偏转仪测量碎石道路基层变形模量，可快速、无损检测压实质量及压实均匀性。Tan et al.[83] 通过沥青路面中嵌入式光纤布拉格光栅传感器，不仅可以识别出较弱的压实区域，还可以长期监测路面结构特性。焦侥等[57] 结合压实指标及对应面积定义了薄弱区域综合评价指标（欠压体积/合格体积），并根据地统计学中的最近邻指数法确定了薄弱区域空间分布评判指标，实现铁路路基填筑工程连续压实质量的压实薄弱区域评价。刘东海等[84] 提出了结合振动加速度频域分析指标和单位体积压实功的公路沥青层压实质量实时监控与快速评估方法，研发系统实现了对监测指标的实时监控、对全施工面压实质量的快速评估，并形成二维数字化云图。

坝工压实质量控制研究对象大量集中于土石坝，黄声享等[7] 将开发的面板堆石坝碾压质量 GPS 实时监控系统应用于水布垭水电站，通过连续监控大坝堆石料碾压遍数、行驶速度、铺料厚度等碾压过程参数，实现对堆石坝压实质量的实时现场控制。Zhong et al.[8] 建立了高心墙堆石坝实时压实监测指标和控制标准，结合 GPS、GPRS 及 PDA 技术，研发实时监控系统实现了对碾压遍数、碾压轨迹、碾压车速及碾压厚度等碾压参数的全过程可视化监测。李丙扬[85] 根据 IC 技术原理研发了压实监测值（compaction value，CV）检测仪，基于数据的实时、连续、在线监测与存储，研究不同定义下的 CV 与试坑试验测得的坝料压实度之间的相关关系。Lv et al.[86] 提出了一种基于孔隙率和可靠性的混凝土面板堆石坝压实质量评价方法，一方面引入可靠性分析方法来度量高变因素的变异性，并计算基于孔隙度和可靠性的指标；另一方面采用基于精英遗传算法的人工神经网络对整个工区的孔隙率进行预测。林威伟等[87] 基于信息熵理论量化土石坝料源参数的不确定性，采用随机森林算法对压实质量评价模型进行动态求解，并利用 Kriging 方法实现全仓面压实质量动态评价。Zhang et al.[88] 基于实时动态全球定位系统（real‑time kinematic global positioning systems，RTK‑GPS）的碾压车集成声波探测技术，采用声压综合指数（sound compaction value，SCV）作为土石坝压实质量的实时监控指标，提出了基于 SCV 的堆石料压实质量全仓面快速评价方法。王佳俊等[89‑90] 基于核方法与自适应混沌细菌觅食算法的模糊逻辑构建土石坝压实质量实时评价模型，并针对碾压施工流数据具有不平衡数据、含有噪声且流速缓慢的特点，提出了一种基于概念漂移检测的土石坝压实质量评价模型更新方法。

1.2.2　国内外常态混凝土数字化施工技术及应用

近来实时定位系统（real time location system，RTLS）已被建筑、工程和施工（Architecture，Engineering & Construction，AEC）行业广泛研究。目前定位技术从总体上可归纳为无线定位技术（红外线定位技术、超声波定位技术、蓝牙技术、RFID 技术等）、GPS 技术，其他定位技术（计算机视觉、航位推算）等几类。

1.2.2.1　定位技术

1. 红外线定位技术

红外线定位技术定位的原理是，由固定在被测物体上的发射器发射特制射线，通过光学传感器接收定位。虽然红外线具有相对较高的定位精度，但是由于光线不能穿过障碍物，使得红外射线仅能视距传播[91]。混凝土浇筑区域一般较大，且有时内有钢筋遮挡，只能短距离直线传播的缺点使红外线定位技术在混凝土振捣精确定位上有局限性。

2. 超声波定位技术

超声波测距的工作原理是发射超声波并接收由被测物产生的回波，根据回波与发射波的时间差计算出待测距离。超声波定位系统可由若干个应答器和一个主测距器组成，主测距器放置在被测物体上，向位置固定的应答器发射同频率的无线电信号，应答器在收到无线电信号后同时向主测距器发射超声波信号，得到主测距器与各个应答器之间的距离。该技术定位精度较高，结构简单，但受多径效应和非视距传播影响很大，同时需要大量硬件设施投资，成本太高[92]。

3. 蓝牙技术

蓝牙技术通过测量信号强度进行定位。这是一种低功耗的无线传输技术，通过安装合适的蓝牙局域网接入点，并把网络配置成基于多用户的基础网络连接模式，就可以获得位置信息[93]。总之，蓝牙定位技术最大优点是设备体积小、易于集成。但其不足在于蓝牙器件和设备的价格比较昂贵，而且对于复杂外界环境，蓝牙系统的稳定性较差。

4. RFID 技术

射频识别是一种使用无线电波识别、定位和跟踪物体或资产和人员的方法，它比其他一些传统识别技术具有多种优势，因为它的操作不需要物理接触，可以无视尘、雾、塑料、纸张、木材以及各种障碍物建立连接，直接完成通信。当前的 RFID 系统由三个主要组件组成：①RFID 标签或发送应答器，该标签或应答器附着在要识别的对象上，并且是 RFID 系统中的数据载体；②RFID 阅读器或询问器，是固定的或移动的设备，当标签在其读取范围（从 1 英寸❶到 300 英尺❷或更大）内时，可以通过 RF 无线通信读取并可能将数据写入标签；③数据处理子系统，包括软件和基础结构，这些软件和基础结构以某种有用的方式（例如企业集成）利用从收发器获得的数据。

RFID 标签的规格有很多，例如电源、载频、读取范围和速率、数据存储容量、存储类型和大小、使用寿命和成本。由于其电源直接或间接决定了其他特性，因此 RFID 标签主要分为被动、主动两类，具体取决于它们依靠何种方式来运行芯片上的数字逻辑并将存储的数据传输到读取器。无源标签没有内置电源，而是从阅读器传输的 RF 能量中获取功率，从而使其能够将信息传回。由于电力供应有限，无源标签的传输在数据内容（通常不超过 ID 编号）和广播范围（通常短于 32 英尺）方面都受到限制。有源标签具有板载电源（通常是电池），不仅可以为逻辑电路供电，还可以将存储的数据传输到读取器。与无源标签相比，有源标签具有独立的电源，允许较长的读取范围和其他改进的功能，并且通常是可读写的，读取范围受到读取器和工作频段上可用功率的限制。根据节能方式的不同，有源标签还可以进一步分为唤醒标签系统、信标系统。唤醒标签系统被停用或处于睡眠状态，直到被来自阅读器的编码消息激活为止。信标系统对询问做出响应，无需编码消息就可将标签从节能模式切换到其他状态。

5. GPS 技术

全球定位系统（global positioning system，GPS）是由美国国防部建立的基于卫星的无线电导航、定位、授时、测速系统，其首要目的是满足为美国军方用户提供精确导航、定位、导航、武器制导等的需求，但 GPS 技术在测量、导航、紧急救援、车辆管理、实践传递、大气监测、定位服务、野外旅行、娱乐消遣、体育运动、动物跟踪、精细农业等许多民用领域得到了迅猛发展[94]，特别是在大地测量与工程测量方面，更是成为最主要的测量定位技术与方法，使全球化、大跨度的大地测量变得简单可行。GPS 的现代测量理论和技术改变了传统的测量模式，使工程测量行业发生了革命性变化，测量外业工作自动化程度大大提高。

---

❶　1 英寸≈2.54cm。

❷　1 英尺≈0.3048m。

GPS 定位基本原理如图 1.9 所示，即采用空间距离后方交会方法，根据高速运动卫星瞬间位置来确定待测点位置。

由图 1.9 知，若 t 时刻在地面待测点上有 GPS 接收机，可实时测定 GPS 信号到达接收机的时间 Δt，再加上接收机所接收到的卫星星历等其他数据，可确定方程式（1.1）。

$$
\left.
\begin{aligned}
\rho_1 &= \left[(X_1-X)^2+(Y_1-Y)^2+(Z_1-Z)^2\right]^{\frac{1}{2}}+ct_u \\
\rho_2 &= \left[(X_2-X)^2+(Y_2-Y)^2+(Z_2-Z)^2\right]^{\frac{1}{2}}+ct_u \\
\rho_3 &= \left[(X_3-X)^2+(Y_3-Y)^2+(Z_3-Z)^2\right]^{\frac{1}{2}}+ct_u \\
\rho_4 &= \left[(X_4-X)^2+(Y_4-Y)^2+(Z_4-Z)^2\right]^{\frac{1}{2}}+ct_u
\end{aligned}
\right\}
\tag{1.1}
$$

式中：ρ_i 为第 i 颗卫星至待测点的伪距，m；X，Y，Z 为接收机三轴坐标位置，m；X_i，Y_i，Z_i 为卫星三轴坐标位置（i 表示卫星编号），m；c 为光速，m/s；t_u 为待测点时钟偏移量，s。

6. UWB

超宽带（ultra wide band，UWB）是一种新兴的传感技术，能够实时确定物体杂乱环境中的三维资源位置信息。通常，超宽带系统

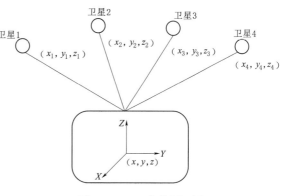

图 1.9　GPS 定位原理图

由有源标签和已安装的接收器组成，这些接收器利用倾斜角度 UWB 信号的到达位置和到达时间确定标签位置。标签发送的 UWB 脉冲短（1～100 兆脉冲/s）且重复率低。

1.2.2.2　三维可视化监控技术及应用

从总体上来讲，目前我国拥有着世界上最多的工程量。根据测算，我国消耗世界水泥总量 40％以上。但与这庞大的建筑市场不相匹配的是建筑管理方式相对落后。随着计算机软件、数据库等技术的发展，更加有效的可视化的建筑管理方式也随之产生。刘火生等[95]、杨东旭[96]、Kamat et al.[97]、Guo et al.[98] 等阐述了可视化技术在实际现场施工中的应用。Cheng et al.[99] 等还将可视化技术与实时定位技术相结合，用于建筑安全和建筑活动监测管理。Song et al.[100] 等研究开发了基于 Visual C♯ 平台和 VTK 技术的建筑信息可视化系统。

随着信息化技术高速发展，一些新的技术被用于混凝土工程施工过程实时监控中，通过及时获知反馈施工信息，实现精细化、智信化质量管控。其中 Akula et al.[101] 采用 3 维成像技术预先检测绘制施工部位钢筋位置图，自动识别安全钻孔区域后作为建筑物信息模型（building information modelling，BIM）保存，并在钻头处安装 iGPS 定位装置，用以防止施工人员在已成型钢筋混凝土结构中打孔布置埋件时，钻机触碰并破坏钢筋。施工过程中，监控终端实时反馈 BIM 信息给施工人员，根据钻头位置、方向判定钻孔安全性，并发出警报。Liu et al.[27] 基于全球卫星定位、传感器和网络传输技术，实时跟踪碾压机

械运行轨迹,并结合现场采集的混凝土温度和施工气候环境参数综合分析,实现对鲁地拉碾压混凝土坝碾压施工质量的实时监控,并利用多元回归分析方法建立了压实度和振动压实值预测模型。Zhang et al.[102] 开发了混凝土数字化温度智能监控系统并应用于黄登大坝,该系统可实时自动采集、分析、评价温控关键参数信息,通过反馈报警和智能水冷基本解决了混凝土温控防裂问题。陈家忠[103] 基于超声测距原理研制了固定在振捣器上的混凝土振捣时间报警器,该设备实时测定至浇筑面距离,判定振捣器工作状态,继而计算实际振捣时间并与设定阈值比较后发出警报。但是该设备仅适用于振捣器垂直振动混凝土的情况,棒体倾斜时将导致振捣时间计算错误,且该设备无法采集振捣棒位置、振捣间距、插入深度等参数,难以实现对整个浇筑区域振捣质量分析控制。Burlingame[104] 利用热成像仪发现受振混凝土温度高于周围未振混凝土,建议使用红外相机监测振捣轨迹和时间,但现场分层浇筑混凝土时,热源信号将被上层混凝土覆盖无法采集。刘永亮等人研制了混凝土振捣质量监控仪,该设备通过测距模块、角度传感器、处理单元采集振捣时间、振捣深度及角度,并结合卫星定位装置获得振捣棒的振捣间距。但是该设备未能定位振捣棒位置,且振捣作业时安装的卫星定位装置极易受施工人员身体遮挡而影响搜星质量,导致定位精度大大幅下降。樊启祥等[105] 提出了混凝土施工的质量监控方法,首先获得混凝土施工设备状态实时数据,包括混凝土运输车、缆机的位置、对应时间及速度,平仓机、振捣机和人工振捣棒工作数据,然后将上述信息发送至后台服务器分析,获得人工振捣棒工作数据,最终由服务器通过监控终端对不规范施工进行提示。该方法中人工振捣棒振动轨迹使用卫星定位,并未考虑卫星天线遮挡对振捣棒定位精度影响,也未讨论振捣棒作用范围及振捣时间的合理取值。Gong et al.[106] 基于超宽带技术实时定位振捣棒位置,并将数据传输至远程监控程序,在考虑振动能量衰减前提下实现对混凝土人工振捣质量的可视化监测。但是该技术方法也存在一些缺陷,如振捣状态无法获知,振动能量衰减人为给定并无依据,因传感器有线连接将导致现场布线繁杂,连接线可能磨损破坏,这些将降低该技术方法的可靠准确性。

现有混凝土振捣质量监控技术中定位跟踪方法只适用于无障碍目标,被定位目标单体自由度相对少、定位精度相对较低,一般为 10~20cm。对于多自由度、随机性强的人为插拔及移动振捣作业,已有技术无法直接准确定位跟踪振捣轨迹,需二次开发。

1.2.3 施工现场实体无损检测技术

填筑料压实质量对碾压工程安全持久的运行具有决定性作用。在实际工程中,为了方便分析碾轮与填筑料之间的受力情况以及研究填筑料的压实过程,常常将碾压机与被压料之间的相互作用简化成弹性或弹塑性。对于水利工程的质量检测技术而言,大多采用的仍然为破损检测、开挖验证的破坏性试验。例如采用灌砂法和环刀法检测压实度,用钻芯法检测劈裂抗拉强度等。这些检测方法检测效率较低,精度难以控制,受人为因素或施工过程的影响较大,随机抽样,以点带面,很难真实全面地反映施工质量。因此,压实质量无损检测技术具有重要的实际应用价值。

1.2.3.1 土石料压实度在线检测

压实是对材料的压缩,是外力强制挤压的过程。对土石层的压实,会挤压土石层颗粒之间的气体，强大的压力将气体挤压出来，而土石颗粒也会在压力的作用下形成更为紧密的排列。压力将大颗粒压碎并将水分挤出，使整个土石层形成一个更加严密的整体，因此获得了强大的剪切强度，从而提升土层的承重能力。传统土石料压实度监控均采用取芯验证法，属于事后控制模式，不能实时在线反映压实质量。

针对此问题，许多学者和各大公司提出了各种智能压实方法，如 BOMAG，TRIMBLE，DYNAPAC，HAMM 等公司均有智能压实系统，实时采集碾压机械运行参数（如碾压机振幅和频率、行进速度、输出功率、碾轮加速度等）及碾压过程参数（碾压遍数、铺层厚度、振动状态、含水率等），采用适合于连续碾压质量控制要求的压实质量实时评估指标，动态监测和评估土石料压实效果（压实度或干密度），并根据土石料压实情况，自适应地调整碾压机械的运行特征（速度、频率、振幅），以及实现在线自动监控和反馈指导施工。土石料压实度在线检测可以连续地提供对整个碾压区域的压实效果评估，指导薄弱环节修补，有效避免超压，使碾压质量始终处于受控状态。图 1.10 是土石料在线检测示意图。

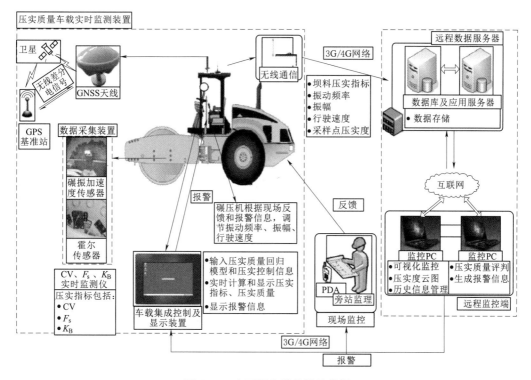

图 1.10　土石料在线检测示意图

1. 常用土石料压实效果实时监测指标

（1）刚度 K_B。瑞典 AMMANN 公司的 ACE（ammann compaction expert）系统可实时监测出压实土体刚度的变化，以机测土体刚度 K_B（MN/m）来表征土料的密实程度，K_B 的计算公式见式（1.2）：

$$K_B = \frac{m_u r_u \omega^2 \cos(\omega t) + (m_f + m_d)g - m_d \ddot{u}_d}{u_d} \tag{1.2}$$

式中：m_u、m_f、m_d 分别为偏心质量块、滚轮框架、滚轮质量，kg；r_u 为偏心距，m；ω 为转速，rad/s；g 为重力加速度，m/s²；$\ddot{u}_d$ 为加速度，m/s²；u_d 为位移，m。

（2）碾压机净输出功率 MDP（machine drive power）。为满足实时监控的需要，CATERPILLAR 公司采用碾压净功率指标 MDP 来表征黏性土料的压实特性变化。MDP 指标基于地形-碾压机系统（terrain-vehicle system）理论，反映了碾压机械总输出功率在克服爬坡做功、机械内部耗损和加速度做功下驱动车辆行进做的净功。其与碾轮下沉、土石层表面反抗力相关。MDP 越大，土石料越松散；反之土石料越紧密坚硬，刚度越大。具体计算公式如下：

$$\text{MDP} = P_g - WV\left(\sin\theta + \frac{a}{g}\right) - (mV + b) \tag{1.3}$$

式中：P_g 为压路机总输出功率；W 为压路机重量；V 为压路机行进速度；θ 为坡角；a 为振动轮加速度；g 为重力加速度；m、b 为损耗系数。

由式（1.3）可知，MDP 随着碾压遍数的增加逐渐减小，MDP 反映了压路机在克服重力做功、振动轮加速度做功及机械内部损耗下的净输出功，MDP 越大，土石料越松散；反之，土石料越坚硬，刚度越大。

（3）压实监测值 CMV（compaction meter value）。CMV 以加速度频域图中二次基频所对应振幅幅值与基频所对应振幅幅值的比值来定义。碾压初期，土石料松散，压路机振动轮加速度时域曲线是规则的正（余）弦曲线，其频域曲线中只有基频成分；随着碾压遍数的增加，土石料变硬，加速度时域曲线发生畸变，其频域曲线中出现了高次谐波。随着碾压的增加，CMV 逐渐变大，因此可用于表征碾压土石料的压实效果。CMV 计算公式见式（1.4）：

$$\text{CMV} = C\frac{A_1}{A_0} \tag{1.4}$$

式中：A_1 为加速度频域图中二次基频所对应的振幅幅值；A_0 为加速度频域图中基频所对应的振幅幅值；C 为常数。

（4）总谐波失真 THD（total harmonic distortation）。Rinehart 和 Mooney 进一步指出总谐波失真是评价土料压实状态的高敏感性指标。THD 与 CMV 相似，THD 的计算公式见式（1.5）：

$$\text{THD} = \frac{\sqrt{\sum_{n=2}^{\infty} A_n^2}}{A_1} \tag{1.5}$$

式中：A_1 为加速度频域图中二次基频所对应的振幅幅值；A_n 为加速度频域图中 n 次谐波所对应的振幅幅值。

土料越坚硬，压实度越大，其振动轮加速度谐波分量越多，THD 越大。

（5）压实监测值 CV。CV 值代表加速度频谱图中基频和二次谐波对应的幅值的比值，计算公式见式（1.6），反映了振动加速度各谐波分量随坝料压实程度的畸变情况。随着碾压遍数的增加，压实材料逐渐密实，其压实度逐渐增大；同时，振动轮的加速度信号畸变程度也越厉害，谐波分量也越多，CV 值也逐渐增大。

$$CV = \alpha \frac{A_4}{A_2} \tag{1.6}$$

式中：A_2 是频谱分析中一次谐波幅值，即基频对应的谐波分量；A_4 为二次谐波的幅值，即两倍基频对应的谐波分量；α 为系数。

（6）地基反力指标 F_s。地基反力指标是直接从被压料弹塑性动力学原理出发，通过碾压机参数（频率、振幅）以及振动加速度和滞后相位角来推求地基反力大小，结合智能碾压技术中的连续采集控制，可以建立地基反力评估压实质量的数学模型，并使用地基反力指标评估土石料压实质量，计算公式见式（1.7）：

$$F_s = m_c r_c \omega^2 - m_d a_m \tag{1.7}$$

式中：F_s 为一个振动周期内的地基反力幅值，N；a_m 为一个振动周期内最大加速度值，m/s^2；r_c 为偏心距，m；ω 为转速，rad/s；m_c 为滚轮质量；kg；m_d 为随振物质量，kg。

2. 车载实时监测装置开发

车载实时监测装置主要包括碾振加速度传感器、GNSS（global navigation satellite system）定位模块、车载集成控制器、无线通信模块和碾压机电源模块共 5 部分，用于实时监测 CV、K_B、F_s 等压实指标值；基于地基反力指标 F_s 和坝料刚度压实检测指标 K 的车载实时监测装置包括碾振加速度传感器、霍尔传感器、GNSS 定位模块、车载集成控制器、无线通信模块和碾压机电源模块共 6 部分。图 1.11 为车载实时监测装置构成。

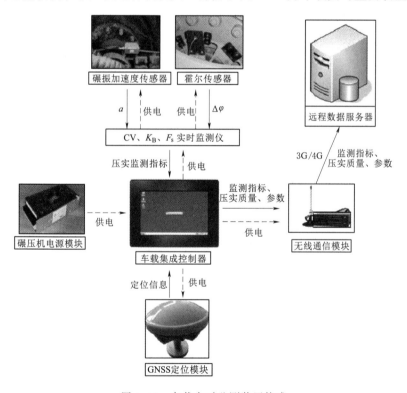

图 1.11　车载实时监测装置构成

a—加速度时域模拟信号；$\Delta\varphi$—电压信号

（1）碾振加速度传感器。碾振加速度传感器安装在振动轮上且不随振动轮转动的部位，实时采集碾轮竖直方向的振动加速度时域模拟信号，并将其转换成时域数字信号。碾振加速度传感器与车载集成控制器通过串行外设接口（serial peripheral interface，SPI）连接，将一个采样周期（时间尽可能短）内的加速度时域数字信号和对应的采样时间传输到车载集成控制器中。

（2）霍尔传感器。霍尔传感器安装在有振幅手轮的碾压机振动轮一侧且不随振动轮转动的部位，感应的磁铁片粘贴在碾压机振幅手轮上且与碾压机偏心块在垂直于振幅手轮的同一平面上，然后通过 SPI 接口连接，将一个采样周期（与碾振加速度传感器一致）内的电压信号和对应的采样时间，传输到车载集成控制器中。霍尔传感器用来记录偏心块的实时位置，进而推求碾轮-填筑料系统中的滞后相位角。

（3）GNSS 定位模块。该模块通过 RS－232 串行接口与车载集成控制器连接。GNSS 定位模块包括卫星信号接收机、卫星天线和差分无线电天线。卫星天线安装在碾压机车顶上，用于接收卫星信号，确定碾压机当前位置，安装部分应尽量靠近碾轮中心点。差分无线电天线用于接收基站的差分信号，接收机做实时动态差分（real－time kinematic，RTK），以提高碾压机定位精度（可达到厘米级）。该模块用于获得任意时刻碾压机位置的坐标，并将该位置坐标与相应的采集时间传送到车载集成控制器中。

（4）车载集成控制器。通过 RS－232 接口分别与 GNSS 定位模块和无线通信模块相连接，并通过 SPI 接口与碾振加速度传感器和霍尔传感器进行连接，包括实时计算分析子模块和车载显示子模块。在实时计算分析子模块中通过计算分析加速度以及滞后相位角数据，得到采样点各压实质量实时监测指标以及压实质量（干密度、压实度）。车载显示子模块显示当前采样点压实质量实时监测指标、压实质量、碾压参数并提供警报功能。

（5）无线通信模块。无线通信模块将车载集成控制器通过 RS－232 接口发送过来的当前碾压机标识、当前采样时刻、当前位置、压实质量实时监测指标以及相应的压实质量实时地通过 3G/4G 网络传送到远程监控端，并接受远程监控端发来的报警信息。

（6）碾压机电源模块。碾压机电源模块将碾压机自身的电源电压转化成车载集成控制器模块所需要的电压。该模块调节电压采用自适应的方式，即无论碾压机自身的电源电压大小如何变化，该模块均可以输出需要的稳定电压。碾压机电源模块将所需的稳定电压供给车载集成控制器，车载集成控制器再根据碾振加速度传感器、GNSS 定位模块、车载集成控制器、无线通信模块对电压的不同需要，经转换变压后分别向上述各部分供电。

3．土石料压实度在线快速评估方法

根据车载实时监测装置，可实时获取监测指标值，再将其与相同位置抽样检测获得的压实度做相关性分析，建立压实度回归评价模型。对建立模型需进行误差分析，若满足工程要求精度，可用于土石料压实质量的快速评估。需指出的是，针对不同填料，料性或含水量发生较大变化时，相应模型需重新建立。

为了精准高效指导施工过程，需将建立的压实度评价模型导入远程监控平台。系统网络结构采用 C/S（customer/server）架构。

1.2.3.2　混凝土质量无损检测

现阶段对混凝土压实度检测方式主要为钻芯取样与核子密度仪法，钻芯取样会对混凝土产生破坏，并且这两种方式只可对混凝土进行离散检测，无法反映混凝土整体压实状况。因此，无损检测技术是近些年来研究的热点问题。

1. Autoclam 渗透性检测

Autoclam 渗透性测试仪（英国）可以在试验室或现场测试混凝土或其他多孔材料的渗气性、渗水性和吸水性。在进行渗气性测试时，仪器记录气体压力衰减的速率；进行渗水性和吸水性测试时，记录恒压状态（渗水性测试水压 0.5bar，吸水性测试水压 0.02bar）下渗入混凝土中水的体积。独特的设计使得仪器备受用户青睐，它使用便捷，测试范围广，可以记录并传输数据至电脑以备之后分析，并且以上测试在不必事先做准备工作情况下就可以快速有效地在现场进行，属于非破损测试，不需要特别的技术工人。

Autoclam 渗透性测试仪主要由仪器主体和电子控制仪两部分组成，如图 1.12 所示。仪器的主体由底盘和主机单元构成。底盘中心隔离出直径为 50mm 的圆孔，用作测试面。主机包括压力传感器、储水器、自动填充进水泵和螺旋电子管，另配置微型增压泵（用于维持稳定压力）和渗透水量计量部件等相关元件。电子控制仪可实现数据自动采集和保存。

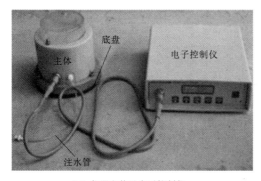
（a）仪器主体及电子控制仪

（b）底盘

图 1.12 Autoclam 渗透性测试仪主要元件

（1）空气渗透性系数评价。对于结构混凝土，Autoclam 空气渗透性系数（API）能够反映实际的空气渗透性，修正后的空气渗透性系数 K 根据式（1.8）计算。根据修正后的空气渗透性系数划分的结构混凝土保护质量等级见表 1.2。

$$K = (API)^{0.875} \times 8.395 \times 10^{-16} \tag{1.8}$$

表 1.2 根据修正后的空气渗透性系数划分的结构混凝土保护质量等级

保护质量等级	$K/[\text{Ln（压力）}/\min]$	保护质量等级	$K/[\text{Ln（压力）}/\min]$
很好	$K \leqslant 0.10$	差	$0.50 < K \leqslant 0.90$
好	$0.10 < K \leqslant 0.50$	很差	$K > 0.90$

（2）吸水系数评价。将 Autoclam 吸水系数除以单位为 m^2 的基础圆环内部面积，然后再乘以 7746，即可得到单位为 $mm/h^{0.5}$ 的吸水系数 k。根据吸水系数划分的保护质量等级见表 1.3。

表 1.3 根据吸水系数划分的保护质量等级

保护质量等级	$k/(\mathrm{mm/h^{0.5}})$	保护质量等级	$k/(\mathrm{mm/h^{0.5}})$
很好	$k \leqslant 1.30$	差	$2.60 < k \leqslant 3.40$
好	$1.30 < k \leqslant 2.60$	很差	$k > 3.40$

2. 冲击回波法

冲击回波法是目前无损检测的主要测试手段之一，主要用于测试混凝土板、混凝土路面、飞机跑道、隧道的二衬、其他板状混凝土结构的厚度，并能定位缺陷（包括孔洞、裂缝、蜂窝）位置，也可对混凝土结构中预应力管内未灌浆区域和灌浆不密实区域进行测试。该方法符合美国 ASTM 标准 C1383-04 厚度确定规定，符合美国混凝土协会 ACI 228.2R-98 确定孔洞、蜂窝、裂缝、分层等缺陷的规定；另外，德国也已经把冲击回波法列入隧道衬砌厚度检测规范。住房城乡建设部的行业标准《冲击回波法检测混凝土缺陷技术规程》（JGJ/T 411—2017）也正式颁布，2017 年 11 月 1 日正式实施。

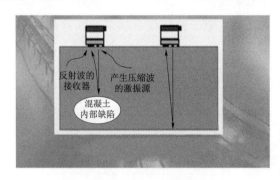

图 1.13 冲击回波法原理示意图

冲击回波法利用小锤或者其他冲击点冲击混凝土表面作为振源，通过被测混凝土介质进行传播，具体原理示意如图 1.13 所示。产生的波有三类：与传播方向平行的纵波，与传播方向垂直的横波，沿固体表面传播的波。这些波遇到波阻抗有差异的界面就发生反射、折射和绕射等现象。传感器接收这些波后，通过频谱分析，将时间域内的信号转化到频率域，找出被接收信号同混凝土质量之间的关系，从而到达到无损检测的目的。

3. 超声质量检测法

超声质量检测法是综合应用智能化计算机、远程探测等技术的检测方法，该方法确保了被检测物体的原有状态，打破了传统技术破坏性检测的局限性和约束。同时，可以实现网络通信、数字信息、精准探测等智能化技术的有效融合，在工程领域中具有广泛的应用前景。超声波投射或发生反射的声波信号在被检测材料密度发生改变或存在杂质、空洞等质量缺陷处发生变化，根据信号变化特征描述物体内部的质量状况，该过程为超声波检测的基本原理和流程。按照传播时间、接受及发射方式的不同，将超声波检测技术分为脉冲反射法、脉冲透射法、共振法及衍射时差法，各方法的检测流程如下：

（1）脉冲反射法。超声波反射的重要条件为两种介质的密度存在差异，超声探头产生的脉冲波进入两种不同材质或密度界面时发生反射。脉冲反射法的接收与发射装置通常选用同一探头，而压电陶瓷转换器为实际工况较为常用的设备。

（2）脉冲透射法。脉冲透射法与 X 射线工作原理大致相同，通过在两侧放置 2 个探头作为被检测物体的发射端与接收端，匀速缓慢移动探头，观察接收端的变化状况，从而反映被检测对象的密度变化和质量状况。

（3）共振法。通过改变超声波特性反映物体内部缺陷的方法即为共振法，当半波长与被检测物体厚度之间出现整数倍关系时就会出现共振，对共振频率利用仪器输出显示。若被检测物体厚度发生改变则共振频率也会出现相应的变化，根据该频率变化特征可获取被检测物体的内部缺陷、厚度变化等质量状况。

（4）衍射时差法。超声波的特性为共振法和衍射时差法检测的基本依据，两者的主要差异为衍射时差法将一对或多对纵坡斜探头对称安放于被检测区域，衍射波、接收信号及反射波可以被探头接收，反射信号在被检测物体内部存在质量缺陷时发生改变，根据反射波发生变化的传播时间和三角关系方程式，可以合理判定存在质量缺陷的大小和位置，其工作原理如图 1.14 所示。

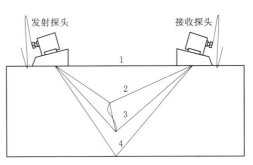

图 1.14　衍射时差法工作原理

1.3　碾压混凝土坝智能施工关键技术研发

工程施工为典型劳动密集型的艰苦行业。鉴于劳动力资源日益紧张，且一线工人职业健康与安全也面临越来越严峻挑战，因此，开发变态混凝土施工现场高效智能化装备技术，形成远程数字化全自动变态混凝土机械作业工法；开发碾压混凝土工作性现场快速测试仪和精细层面质量控制方法，指导现场可靠快速施工。

1.3.1　理论方法

1. 拌合物可碾工作性表征

研制快速含湿率检测仪表，解决施工环境及材料特性下的含湿率表征问题，提高测试精度与检测速度；结合现场实时定位条件，研究开发含湿率指标自动采集、处理与无线上传功能和相应装置，解决碾压质量评价因素的智能化获取问题；建立含湿率表征拌合物工作性联动控制标准，替代传统 VC 值表征拌合物可碾工作性方法，解决不同环境下拌合物合格生产施工的智能化调控问题。

2. 碾压热层压实度评价指标研究

开发基于冲击测试应力横波的波速仪，提出波速在线测试分析方法以及采集信号云端通信技术包括信号数据识别处理、信号特征建模等。基于波速传感器实时采集方法，结合智能化采集多参数评价模型构建，建立现场工艺条件下碾压质量在线智能采集系统。

3. 施工压实质量实时智能评价模型和方法

利用 GPS-RTK 系统监测振动碾在碾压仓面行走准确定位，实时获取碾压速度、碾压遍数及碾压厚度工艺指标；基于碾压工艺信息化参数（碾压厚度、碾压后热层应力波波速）和含湿率、原料配比等参数，研究提出多源异构参数与压实度关系模型，采用模式识别理论，建立施工压实质量评价模型和反馈控制方法。

4. 碾压层面结合质量评价指标模型

统计分析现场含湿率-VC值动态对应规律与评价控制方法；建立基于含湿率、评判结合质量的评价数据库。试验总结仓面环境多因素条件下已碾层、待碾层层间最佳可碾性的拌合物含湿率控制指标系统，建立碾压层面结合质量判据；研究远程数据采集系统框架下作业仓热碾压层面结合质量可视化评价方法。

5. 碾压层薄弱区域压实质量评价模型

针对已有研究中碾压混凝土仓面压实质量评价中仅计算面积合格率，对于其不合格区域未量化分析，易忽视连续不合格点形成的质量风险，故提出薄弱区域欠碾压程度指标 M，精确量化局部区域压实度差异大小和面积特性；同时引入 Voronoi 图，评判不合格点空间连续性。对于面积合格率达到要求施工仓面，通过绘制不合格点 Voronoi 多边形并计算变异系数 CV 值，可以有效评判不合格点对碾压层质量影响。

6. 坝体施工阶段数字化模型

提出基于 AutoCAD/OpenGL 的 3D 建模原理及方法。结合大坝结构施工阶段实时分仓分块区域动态作业实体信息，对平面设计图分析提取相关特征；基于 OpenGL 高级图形处理系统，通过底层开发可视化程序实现自动 3D 建模；结合大坝结构设计图纸及施工阶段仓面设计图纸，建立碾压混凝土坝体 3D 施工信息模型作为信息载体，实时显示施工阶段坝体分仓分块区域动态作业实体信息。

7. 碾压混凝土筑坝精细工艺信息化管理系统

提出基于生产作业层面的施工工艺参数信息属性划分、定义规则、信息处理方法，开发坝体数字模型应用系统的前后端处理程序；实时采集施工现场工艺指标以及对应的地理坐标，并建立基于工艺指标监测数据的云端存储处理系统，通过远程通信服务程序自行接收、处理，导入云数据库归档，确保施工现场多维信息实时有效采集。

8. 碾压混凝土筑坝精细工艺可视化馈控系统

整合相关评价模型进行智能计算与分析，建立碾压混凝土筑坝精细工艺信息化控制系统，确保施工现场多维实时信息实时有效导入、动态效果评价与指标精准显示；应用系统对大坝碾压混凝土施工的水平热层结合性能、密实度及防渗层加浆、振捣质量进行实时现场 Web 在线馈控，实现对碾压混凝土坝施工的施工信息可视化以及全面质量监控，为碾压混凝土现场施工提供一种远程、实时、相对精准与量化可视的质量馈控手段，并为碾压混凝土坝仓面施工质量精细智能控制探索新途径。

1.3.2 技术装备

1. 自动加浆振捣台车智能化系统改造与功效提升

既有"自动加浆振捣台车"设备完成设备增加智能化功能改造，具体为添加设备作业过程 3D 实时动态精确定位技术，加浆作业参数智能采集、无线发送与反馈信号接收技术，振捣效果远端馈控 3D 可视化技术。

2. 搅拌加浆及振捣机械化作业设备研制应用

研发智能自行式搅拌加浆车和便携式自动加浆设备，适应中小型仓面变态混凝土施工。自行式搅拌加浆车具备自由行走、便捷高效输浆、精准流量控浆、搅拌均匀加浆、参数化表征效果与自动反馈调节等功能。便携式自动加浆设备具备便捷高效输浆、精准流量控浆、搅拌均匀加浆、参数化表征效果。开发自动加浆作业 3D 实时动态定位技术，形成加浆作业参数远端智能数字化平台；构建实时作业远程 3D 效果下工艺参数表征，建立评价和反馈控制机制。

3. 在线碾压热层应力波速检测仪

基于横波应力波速测定压实度原理，表面波波速与碾压混凝土压实状态间存在重要联系。为准确采集碾压混凝土中表面波信号，计算表面波波速，研制了一套在线碾压热层应力波速检测仪。

4. 智能含湿率测试仪

根据相对介电常数与含水量的关系来推导含湿率，最后将含湿率以电压信号输出，基于电磁波在碾压混凝土中传播的频率来测量碾压混凝土的相对介电常数。

5. 加浆振捣工序的智能采集与网络通信装备

运用加浆振捣智能设备，通过合理组合使用，能够完全覆盖各类工况、仓面不同条件下的上下游、周边和特殊部位的变态加浆振捣作业。由此，能够确保现场加浆振捣控制作业的顺利实施。

1.4　碾压混凝土坝智能施工技术应用前景

1.4.1　智能碾压工艺开发必要性

我国水工碾压混凝土技术代表了目前世界最先进水平。截至 2018 年年底，我国已建和在建的碾压混凝土坝已超过 200 座，是世界上碾压混凝土筑坝最高、数量最多、技术最难的国家。自我国建成第一座碾压混凝土坑口重力坝、第一座碾压混凝土普定拱坝、第一座碾压混凝土溪柄薄拱坝以来，国内碾压混凝土快速筑坝技术在施工工艺、材料、设备机具等环节全方位创新探索和实践已步入全新阶段，如近期完工的黄登水电站全面尝试并部分实现了全过程数字大坝施工技术。

但是随着筑坝条件日趋困难以及施工技术要求不断提升，目前碾压混凝土筑坝施工中依然存在若干关键技术问题亟待解决。如拌合料制备、运输入仓、大升程厚层碾压快速施工工艺、层间结合质量量化精准控制、变态混凝土数字化精细施工以及智能温控防裂等一系列技术难题依然没有得到有效彻底解决。这其中，部分关键技术曾在一些代表性工程中取得过有益成果。但受制于实践中现场施工过程高度复杂性与工程项目个体主客观条件差异性较大；更重要的是工艺和作业层面精准控制的、能落地的智能数字化关键技术尚未得到真正有效开发研究与实践检验，碾压混凝土筑坝工艺精细化施工能力仍亟待提高，可复制的先进与实用技术以及系列自动化装备还依然十分缺乏。

1.4.2　智能碾压技术前景

智能精细化的碾压混凝土施工技术是未来水工结构建造发展主流方向。更进一步地，随着国内水电向西部开发，以及服务于"一带一路"建设需要，施工的精细化、智能信息化是必由之路。本着提高施工信息化、机械化、智能化目标需求，本书研究成果将产生显著的社会与经济效益及示范引领作用，也可为施工企业的技术升级发展与提升科技竞争力提供有效支持。

碾压混凝土优质高效施工关键技术针对国家、行业正在大力推行的信息化施工管理模式开展研发，将开辟数字化技术和理论在碾压混凝土筑坝施工技术与管理中应用新局面；依靠已形成的装备化技术能力与产品，将破解施工现场碾压混凝土注浆振捣质量无法定量、压实度缺乏实时控制手段等棘手问题，且符合现代模式的施工管理技术要求，为提升数字化、精细化施工和智能化建造技术提供有力支撑。碾压混凝土智能施工实现有效量产，将为推动碾压混凝土筑坝信息化模式提供必要的技术与装备条件，从而成为碾压混凝土质量控制有效抓手。这在满足提高碾压混凝土结构性能、节约社会资源、推进可持续发展、提倡精益建造的社会要求和行业需求方面能起到重要作用。此外，基于碾压混凝土智能施工技术的成功应用，亦可加速促进构建碾压混凝土施工现场其他要素动态信息化管理体系集成，使技术与施工生产环节形成有效对接，进而将碾压混凝土筑坝施工和管理水平推向更高的技术平台，显著促进技术进步和发展。除此，考虑节约工期、减少质量损失等方面的边际效益，也促进了绿色可持续发展，具有显著社会效益。

第2章 混凝土碾压热层质量参数
智能化采集

2.1 拌合料性能及碾压工艺参数采集

2.1.1 技术现状问题

大量碾压混凝土坝实践表明，施工压实质量与层间结合质量对碾压混凝土坝成型质量具有重大影响，且碾压层压实密度直接影响层间结合质量的好坏[107]。因此，碾压混凝土筑坝施工质量控制对大坝安全稳定运行具有重要意义。但目前，工程现场对碾压施工质量控制手段落后，控制精度无法满足精细化施工要求，容易出现由于碾压混凝土性能控制不准确导致可碾性差、液化泛浆不明显以及层间结合强度低等安全问题，严重时甚至在碾压仓面浇筑完成后需将仓面挖开重新浇筑碾压，严重威胁大坝安全。因此研究碾压混凝土施工质量精准智能控制对提高施工效率、减少不必要成本、提高大坝成型质量等具有重要意义。

影响碾压混凝土筑坝工艺质量的影响因素很多[108]，主要分为碾压机械因素、料性因素及自然因素。其中，碾压机械因素主要与碾压车相关，如碾压车自重、碾轮宽度、碾轮质量、碾压速度、碾压遍数、碾压层厚度、激振力参数等；料性因素主要为混凝土配比、骨料湿度、骨料级配、骨料温度等；自然因素主要包括大气湿度、温度及风速等。目前工程实践证明，VC值对碾压混凝土的性能有着重要影响。因此用VC值来评价碾压混凝土对筑坝的影响，通过分析VC值的影响因素，针对性地采取工程措施来保证工程施工质量。不过，VC值法虽然操作简单，但是该方法因用料多，用时长，设备重、移动不便，且依靠人工经验计数等在现场应用存在一定缺陷。因此，碾压混凝土可碾性实时检测比较困难，且施工过程中，拌合物在生产运输时其性能会随着温湿度等因素发生改变，而VC值只能测试未碾压混凝土性能，可见根据VC值法来表征压实质量显得有些不足。因为合理而有实际意义的VC值是针对最优单位体积用水量而言的，应该通过混凝土介电常数测出拌合物的含湿率来表征碾压混凝土工作性。由于VC值与单位用水量、砂率、水胶比和掺合料等有关，可以分析出不同配比的含湿率-VC值关系模型，这样可以在任何配比下用含湿率来替代VC值，为有效检测碾压混凝土工作性提供一种新方法。同时也可用此方法来测试上下层面碾压混凝土含湿率，为实时检测碾压质量提供可能，为建立压实度指标评判体系和标准奠定基础。

此外，传统的碾压混凝土坝浇筑施工质量控制与施工压实度快速检测较难做到实时、全面，比如碾压遍数靠人工统计，难以监控碾压机碾压速度和碾压厚度等参数；碾压结束后，采用核子密度仪检测部分测点的压实度来反映整个单元仓面的碾压质量，这种方法效率较低，且核子密度仪涉及放射源的操作、衰减标定和储存，安全管理成本高，隐患大。现有一些数字化碾压层效果在线馈控方法是基于先期试验仓的碾压遍数、设备参数、行走速度、激振力等工艺参数构建实时评价模型[109]。但现场实际的相关工艺参数获取可靠性仍存在明显不足，如碾压设备的激振力或加速度采集由于设备差异等复杂干扰而难以有效去噪，且碾压机械因素中如碾压车碾压速度、碾压层厚度、碾压遍数等则受人为因素影响较大[110]。碾压车在作业时对仓面所施加的能量为压实功，其与碾压车激振力状态、碾压速度、单位体积混凝土碾压时间相关。碾压速度影响碾压车对压实区域压实时间，碾压速度越慢，则压实时间越长，同样激振力条件下对单位体积混凝土所做的功越大。实际施工中，碾压速度由驾驶人员根据规范要求在一定范围内进行调节，但速度调节的差别非常小，因而这类参数评价模型依旧不能很好地反映碾压密实性真实效果，精度始终不高。

本章碾压工艺评价参数选取则主要考虑料性因素：

（1）含湿率直接影响碾压混凝土的可碾性能，是极为重要的料性因素；实际施工中一般用 VC 值表征碾压混凝土工作性，其与骨料含湿率存在极大的相关性，可以利用含湿率直接替代 VC 值表征碾压混凝土工作性能，因此，可将骨料含湿率指标作为重要参数列入监控模型中[111-113]。

（2）目前一些公路及铁路地基工程压实质量无损检测基于介质不同密实条件下表面波在介质内部波速会发生变化的原理，即随着碾压混凝土密实度发生变化，表面波在其内部的传播波速会随之发生变化；同一密实条件下表面波波速稳定且波动范围小，即应力波对碾压混凝土压实质量敏感性良好。表面波波速值通常在碾压完成后测试，不易受机械性能、环境条件影响，参数获取相对可靠稳定。因此将应力波波速作为一个重要指标放入模型中。

（3）碾压混凝土的二级配与三级配拌合料所用骨料粒径差别较大，压实所需能量不同，对碾压压实质量影响显著，因此将骨料级配设为模型参数是合适的。

（4）碾压混凝土的胶砂比代表配合比中胶凝材料含量。当胶砂比偏低时，振动液化产生的浆体变少，混凝土内部的空隙不能被浆液填充，导致无法振动压实，且碾压层表面无液化泛浆现象；当胶砂比偏大时，拌合物骨料颗粒周围的浆体层增厚，游离浆体增多，现场施工的可碾性降低。因此将胶砂比作为表征碾压混凝土材料特性的定性指标，能够准确控制碾压混凝土的压实状态。

鉴于此，本书基于自主开发研制的智能含湿率测试仪、智能应力波速仪和碾压车轨迹采集仪，实现混凝土含湿率、碾压层表面波波速及碾压混凝土材料级配等碾压工艺特征参数的实时、有效、稳定获取，为碾压施工质量的智能评价预测和数字化馈控效果提供可靠信息数据来源。

2.1.2　研发关键技术

本章通过对众多影响因素进行研究分析，从中找到与碾压质量相关性最高的因素，并作为质量评价模型参数；同时，由于大多数现有仪器设备不能满足料性参数现场实时快速检测要求，为准确及时获取相关参数，需对现有设备进行改进及重新开发，以满足碾压质量检测方法实时、准确、可靠的工程使用要求，也为今后碾压施工质量精细化控制提供新的方法思路。主要内容可分为以下几个方面：

1. 含湿率-VC 值替代关系

研究表明 VC 值与单位体积用水量呈负线性相关，VC 值是对最优用水量而言的，这是含湿率代替 VC 值的理论基础。采用介电常数的方法可以测得混凝土中的含湿率。基于单位用水量可以确定它们之间存在明确的相关关系。最后通过试验确定不同 VC 值对应的含湿率关系图。

2. 智能含湿率测试仪开发

智能含湿率测试仪主要由水分传感器、手持二次仪表和 GPS 定位无线终端设备组成，在嵌入式微处理器的控制下，自动完成混凝土含湿率及 VC 值的测量、计算、显示、存储，并通过高精度 GPS 模块和 4G 模块，实现将仓号、样品序号、含湿率值、VC 值和空间定位数据上传到云端服务器，云端服务器调用远程采集的数据，根据已建立的碾压混凝土压实度质量和层间结合质量模型，实现对馈控区域的碾压质量实时评价控制。

3. 智能应力波速仪研发

为实时获取表面波波速数据，本书作者拟研发一套可用于工程现场实时碾压热层的智能应力波速仪。该波速仪主要包括自制振源系统、信号接收系统、信息处理系统、自动定位系统以及远程信息传输系统五部分，通过采集距自制应力波源不同距离处的瞬态表面波信号，采用数学方法进行时域与频域的转化，计算相应的波速值，然后由 GPS 模块和 4G 模块，实现将仓号、波速值、空间定位数据上传云端服务器，从而实现压实质量与层间结合质量的实时评价。

4. 碾压车轨迹采集仪开发

为准确记录碾压车的轨迹信息，本书作者采用高精度 GPS-RTK 实时跟踪定位系统监测碾压机械在仓面行走轨迹，记录碾压速度，作为控制碾压质量主要参数之一。GPS-RTK 实时跟踪定位系统主要包括基站、GPS 接收机和无线数据传输集成模块。通过在碾压车车顶处安装 GPS-RTK 天线，利用移动端发射信号，将数据传入远程数据库中。数据进入数据库后，内部计算模型直接根据三维信号计算每个时刻碾压车在仓面行走轨迹。

2.2　智能含湿率测试仪研发

2.2.1　可碾性控制原理

2.2.1.1　传统拌合料工作性（VC 值）检测方法

在工程现场一般通过检测碾压混凝土 VC 值对碾压混凝土可碾性进行控制。振动压实指标 VC 值是指按试验规程，采用维勃稠度仪（图 2.1），在规定的振动台上将碾压混凝土振动达到合乎标准的时间，如图 2.2 所示。

根据我国《水工碾压混凝土施工规范》（DL/T 5112—2000）的要求，碾压混凝土的 VC 值宜控制在 2~12s，VC 值过大则拌合物含湿率较低，完成碾压较困难；VC 值过小，拌合物含湿率较高，难以支撑碾压车在表面行走。由于每个工程的施工状况不同，碾压混凝土 VC 值控制指标就不一样，因此，实际施工前设计人员会根据现场实验确定一个出机口和试验现场拌合物

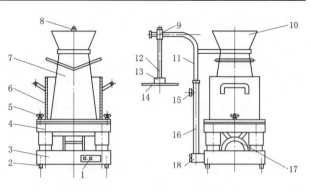

(a) 维勃稠度仪实物　　　　　　　　　　　　(b) 维勃稠度仪结构

图 2.1　维勃稠度仪

1—控制器；2—机脚；3—底座；4—上座；5—蝶形螺母；6—容器；7—坍落度筒；8—螺钉；
9—定位螺钉；10—喂料口；11—旋转架；12—测杆；13—配重螺母；14—透明圆盘；
15—固定螺钉；16—立柱；17—电机；18—六角头螺栓

(a) 放置标准振动台　　　　　　　　　　　　(b) 振动混凝土

图 2.2　VC 值现场测试图

VC 值的最佳控制范围，但在施工现场，就要求在设计允许范围内，根据不同情况采取不同的 VC 值来保证碾压混凝土的可碾性，进而保证碾压混凝土的强度和抗渗性[112]。

常规工艺采用取样装试模现场振动检测 VC 值的方法虽然操作简单，但因用料多，用时长，设备重移动不便，依靠人工经验计数且受环境、作业铺摊影响显著等因素在现场应用存在一定缺陷。因此，碾压混凝土料性参数的实时检测仍是一个难点。

2.2.1.2　理论分析

总的来说，VC 值受砂率、骨料级配、水胶比、单位用水量等因素的影响。有研究表明，相较砂率、水胶比等因素，VC 值受拌合物用水量影响最大，用水量的变化会直接影响碾压混凝土可碾性能，骨料含湿率与 VC 值直接相关，因此可以用骨料含湿率代替 VC 值表征碾压混凝土可碾性能。

2.2.1.3　试验分析

1. 试验材料及配合比

测试采用的水泥为云南省华新（迪庆）水泥股份有限公司生产的"堡垒" P.O 42.5 水泥；砂为混合砂，细度模数为 2.94，表观密度为 2660kg/m³；粗骨料采用果多水电站葛洲坝砂石厂提供的碎石，粒径为5～20mm、20～40mm、40～80mm，表观密度分别为2700kg/m³、2710kg/m³、2710kg/m³；石粉为昌都县渝西建材厂加工生产的石灰岩石粉；粉煤灰为攀枝花利源公司生产的Ⅱ级煤灰；减水剂和引气剂分别为GK-4A型缓凝高效减水剂和GK-9A型引气剂；拌和用水采用生活饮用水。其配合比结果见表2.1。

表2.1　　　　　　　　　　　　碾压混凝土配合比参数表

级配	水胶比	砂率/%	石子比例（小：中：大）	粉煤灰掺量/%	石粉掺量/%	减水剂掺量/%
二级配	0.45	31	50：50：0	40	0	1.0
三级配	0.53	30	30：30：40	35	25	1.0

2. 测试数据

采用常见的两种级配的碾压混凝土，同步采集VC值与相应含湿率指标的部分数据，见表2.2。

表2.2　　　　　　　　　　　　　试　验　数　据

级配	VC值/s	含湿率/%	温度/℃	级配	VC值/s	含湿率/%	温度/℃
二级配	3.8	16.64	19.2	三级配	3.8	16.90	16.4
	3.8	15.96	17.5		3.8	15.96	16.1
	3.6	16.64	17.5		3.6	17.92	16.4
	3.6	17.44	20.0		3.3	19.78	22.0
	3.5	17.68	16.0		3.3	18.20	18.1
	3.4	18.12	16.2		3.2	20.32	22.7
	3.3	18.92	17.5		3.2	19.30	18.0
	3.2	18.65	16.4		3.2	18.85	17.8
	3.2	18.34	16.2		3.0	21.33	22.0
	3.2	18.26	15.1		3.0	21.28	18.0
	3.2	18.20	13.2		3.0	21.02	20.0
	3.1	18.02	16.0		3.0	20.52	17.4
	3.1	17.87	14.2		3.0	20.33	18.0
	3.0	19.10	19.7		3.0	19.72	19.8
	3.0	18.45	19.1		3.0	19.48	18.1
	2.9	20.25	19.4		2.9	21.84	22.0
	2.9	19.52	16.5		2.9	21.68	19.8
	2.9	19.46	16.4		2.9	21.44	19.8
	2.8	20.98	20.4		2.9	21.14	19.9
	2.8	19.76	16.4		2.9	20.49	16.3
	2.7	20.40	19.7		2.8	22.30	19.8
	2.6	20.69	20.0		2.8	22.62	22.0
	2.6	20.47	18.7				
	2.6	20.10	17.5				
	2.4	21.95	20.0				

3. VC 值与含湿率等同性分析

（1）同配比分析。首先检验含湿率－VC 值样本数据的相关性，然后对试验数据进行回归分析，用回归系数及方差检验。若检测结果符合相关性要求，说明含湿率－VC 值分布类型基本一致。为阐明两者之间具体关系，还应对含湿率－VC 值进行回归分析，确认含湿率代替 VC 值的可行性。

1）变量相关性检验。为确定相关分析方法，需要对样本数据进行正态分布检验。$P－P$ 图用来检测数据是否符合指定分布，能够反映被检测变量累积比与某指定分布累积比之间关系。如果 $P－P$ 图上样本数据点近似成一条直线，则该数据点服从正态分布，可选择 Pearson 相关系数法进行分析。

根据测得的 VC 值数据，绘制碾压混凝土含湿率和 VC 值 $P－P$ 图，如图 2.3 和图 2.4 所示。

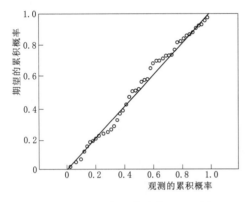

图 2.3　含湿率正态分布 $P－P$ 图

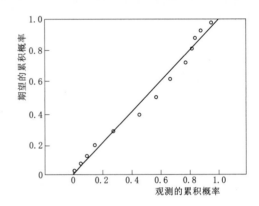

图 2.4　VC 值正态分布 $P－P$ 图

由图 2.3 和图 2.4 可知，含湿率和 VC 值都近似呈现正态分布。相关性分析见表 2.3。

表 2.3　　　　　　　　　　　　　VC 值和含湿量的相关性分析

相关性分析	VC 值	含湿率/%	样本量 N
Pearson 相关性	1	−0.836	47
显著性（双侧）		0.000	47

注　在 0.01 水平（双侧）上显著相关。

表 2.3 中，VC 值与含湿率显著指标为 0.000，小于 0.01，说明 VC 值与含湿率相关性好。

2）变量回归模型检验：选择二级配和三级配两种不同工况，分析 VC 值-含湿率的量化关系。对同一拌合物随机提取若干组——对应的 VC 值和含湿率。由于温度变化会引起相对介电常数波动，为了减小误差，在试验数据采集时记录每组数据当时的环境温度。

对两组数据进行回归分析，结果见表 2.4～表 2.6。

由表 2.4 可知：模型 1、模型 2 校正可决系数分别为 0.894 和 0.870，说明 VC 值与含湿率存在较密切的线性相关性。由表 2.5 可知：模型 1、模型 2 检测值 $P=0.000<0.05$，说明已建立回归模型有统计学意义。由表 2.6 可知：VC 值与含湿率存在显著线性关系。

表 2.4 　　　　　　　　　　　　　模 型 综 合 表

模型	相关系数 R	可决系数 R^2	校正可决系数	估计标准差
1	0.950	0.903	0.894	0.125
2	0.939	0.882	0.870	0.105

表 2.5 　　　　　　　　　　　　　方 差 分 析 表

模　型		平方和	自由度	均方差	统计量 F	检测值 P
1	回归	3.185	2	1.592		
	残差	0.342	22	0.016	102.583	0.000
	总计	3.526	24			
2	回归	1.575	2	0.788		
	残差	0.211	19	0.011	70.997	0.000
	总计	1.786	21			

表 2.6 　　　　　　　　　　　　　系 数 分 析 表

模　型		非标准化系数		标准化回归系数	检验值 t	检测值 P
		B	标准差			
1	常量	7.476	0.340		21.985	0.000
	含湿率	−0.259	0.019	−1.002	−13.766	0.000
	温度	0.029	0.014	0.149	2.052	0.052
2	常量	6.186	0.273		22.649	0.000
	含湿率	−0.178	0.018	−1.053	−10.120	0.000
	温度	0.027	0.015	0.192	1.848	0.080

（2）不同配比分析。为验证含湿率与 VC 值的关系在不同配合比拌合物下仍然存在，改变配比来进行验证。现对二级配原配比（表 2.1）改变砂率进行试验，采用 31%、33% 和 35% 的砂率，其余不变。根据实测含湿率用模型 1 计算 VC 值，计算值与实测值进行对比，结果见图 2.5。

图 2.5 表明，31% 砂率时 VC 的实测值和模型 1 预测值基本一致，而 33% 和 35% 砂率时 VC 的实测值与预测值明显不符，说明砂率对含湿率与 VC 值影响显著。当砂率为 33%、35% 时，虽然实测值不符合模型 1，但是其 VC 值和含湿率之间仍然存在一定的相关关系。因此基于目前试验得出的结论是含湿率可以代替 VC 值。

综上，本书作者基于这一特点已开发出含湿率测试仪并已在西藏某水电站建设过程中成功应用。

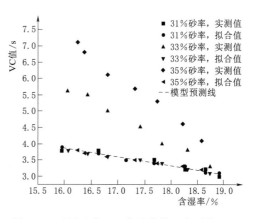

图 2.5　不同砂率 VC 值计算值和实测值对比

2.2.2　含湿率测试仪

2.2.2.1　工作原理

1. 介电常数概念

电介质内部没有自由移动的带电粒子。因此在电场中，只会在表层出现束缚电荷，这些电荷会形成独立电场，对施加电场起到一定的隔绝作用。材料按导电强弱来分，可以分为三类：导体、半导体、绝缘体。它们事实上都是导电的，只是导体的导电性比较强，绝缘体导电性比较弱。从定义上来分，电介质是绝缘体。

根据已有相关研究，电荷 q 进入真空中时，产生电场强度 $\vec{E}$，受到的电场力为 $\vec{F}$：

$$\vec{E} = \frac{q}{4\pi\varepsilon_0}\frac{1}{r^2}\vec{r} \tag{2.1}$$

$$\vec{F} = \vec{E}q_0 = \frac{qq_0}{4\pi\varepsilon_0}\frac{1}{r^2}\vec{r} \tag{2.2}$$

式中：r 为电荷之间距离；ε_0 为真空中介电常数。

由于力的作用是相互的，所以 q 受到力的大小也是 F。同样，电荷 q 在任意电介质中产生电场强度为

$$\vec{E} = \frac{q}{4\pi\varepsilon}\frac{1}{r^2}\vec{r} \tag{2.3}$$

式中：ε 为任意介质介电常数。

由于真空中介电常数是一个理想状况，在实际应用中，选 ε_0 作为参照标准，得到相对介电常数 ε_r：

$$\varepsilon_r = \frac{\varepsilon}{\varepsilon_0} \geqslant 1 \tag{2.4}$$

因为实际电荷产生的电场总会受到影响而使电场强度低于真空电场强度，所以相对介电常数总是不小于 1。

电介质通常被放在电容之中当作增大电容量的有效手段。本方法就是利用探针当电容，探针之间碾压混凝土做电介质，来测试碾压混凝土的介电常数。具体示意图如图 2.6 所示。

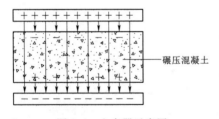

图 2.6　电容器示意图

2. 碾压混凝土介电常数计算

碾压混凝土的介电常数是多组分混合的不均匀介电常数，其中砂、石、水泥、掺合料相对介电常数一般为 5~6F/m，可以认为是同一介质，空气相对介电常数为 1.0F/m，水的相对介电常数为 81.5F/m，虽然水中含有大量离子，但是由已有研究成果可知，在高频率情况下，它对介电常数的影响可以忽略。把碾压混凝土中物质按介电常数大小划分为三类：第一类，空气；第二类，砂、石、水泥、掺合料；第三类，水。每一类以最大颗粒厚度划分为一个条带，各条带相互交错，形成碾压混凝土单元模型。这种颗粒重新移动分配并不会改变混凝土各组分含量，因此碾压混凝土介电常数不变。碾压混凝土介质单元模型如图 2.7 所示。

　　设碾压混凝土中空气的介电常数为 ε_1，体积浓度为 x_1；砂、石、水泥、掺合料介电常数为 ε_2，体积浓度为 x_2；水的介电常数为 ε_3，体积浓度为 x_3。设碾压混凝土体积为 V，长宽都取 1cm，厚度为 h，取二质粒层厚，则碾压混凝土介电常数计算模型如图 2.8 所示。

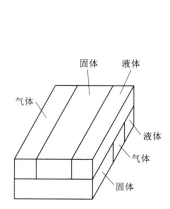

图 2.7　碾压混凝土介质单元模型 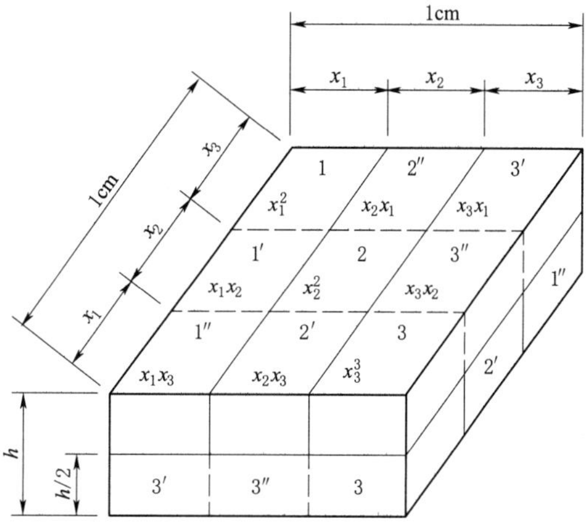　　　　图 2.8　碾压混凝土介电常数计算模型

　　则有下列关系存在：

$$V = V_1 + V_2 + V_3 + V_1' + V_2' + V_3' + V_1'' + V_2'' + V_3'' = h \tag{2.5}$$

$$V_1 = x_1^2 h, \quad V_2 = x_2^2 h, \quad V_3 = x_3^2 h \tag{2.6}$$

$$V_1' = x_1 x_2 h, \quad V_2' = x_2 x_3 h, \quad V_3' = x_3 x_1 h, \quad V_1'' = x_1 x_3 h, \quad V_2'' = x_1 x_2 h, \quad V_3'' = x_2 x_3 h \tag{2.7}$$

　　故存在：

$$V_{12} = V_1' + V_2'' = 2 x_1 x_2 h \tag{2.8}$$

$$V_{23} = V_2' + V_3'' = 2 x_2 x_3 h \tag{2.9}$$

$$V_{31} = V_3' + V_1'' = 2 x_3 x_1 h \tag{2.10}$$

　　根据对单元介质的划分，可作出电容等效电路图，如图 2.9 所示。

　　可得各组分的电容为

$$C_{12} = \frac{C_1' C_2''}{C_1' + C_2''} = \frac{4 x_1 x_2 \varepsilon_1 \varepsilon_2}{4 \pi h (\varepsilon_1 + \varepsilon_2)} \tag{2.11}$$

$$C_{23} = \frac{4 x_2 x_3 \varepsilon_2 \varepsilon_3}{4 \pi h (\varepsilon_2 + \varepsilon_3)} \tag{2.12}$$

$$C_{31} = \frac{4 x_3 x_1 \varepsilon_3 \varepsilon_1}{4 \pi h (\varepsilon_3 + \varepsilon_1)} \tag{2.13}$$

$$C_1 = \frac{x_1^2 \varepsilon_1}{4 \pi h}, \quad C_2 = \frac{x_2^2 \varepsilon_2}{4 \pi h}, \quad C_3 = \frac{x_3^2 \varepsilon_3}{4 \pi h} \tag{2.14}$$

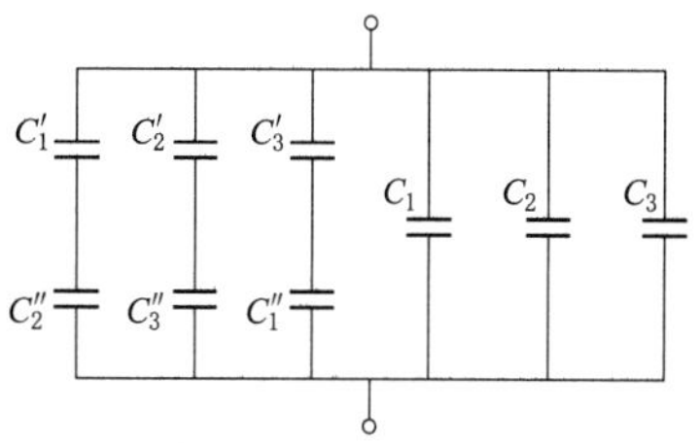

图 2.9　电容等效电路图

　　所取单元碾压混凝土电容为

$$C = \frac{\varepsilon \times 1^2}{4\pi h} = C_1 + C_2 + C_3 + C_{12} + C_{23} + C_{31} \tag{2.15}$$

将式（2.11）～式（2.14）代入式（2.15），得到碾压混凝土介电常数 ε 为

$$\varepsilon = x_1^2 \varepsilon_1 + x_2^2 \varepsilon_2 + x_3^2 \varepsilon_3 + 4x_1 x_2 \frac{\varepsilon_1 \varepsilon_2}{\varepsilon_1 + \varepsilon_2} + 4x_2 x_3 \frac{\varepsilon_2 \varepsilon_3}{\varepsilon_2 + \varepsilon_3} + 4x_3 x_1 \frac{\varepsilon_3 \varepsilon_1}{\varepsilon_3 + \varepsilon_1} \tag{2.16}$$

3. 含湿率测试仪工作原理

碾压混凝土含湿率测试仪利用电磁波在碾压混凝土中传播的频率来测量碾压混凝土的相对介电常数，根据相对介电常数与含水量的关系来推导含湿率，最后将含湿率以电压信号输出。

水的相对介电常数远大于碾压混凝土中其他介质的介电常数，因此水的变化对碾压混凝土相对介电常数的变化有较大影响。由式（2.16）可知，碾压混凝土介电常数 ε 与空气的介电常数 ε_1、体积浓度 x_1、固体（砂、石、水泥、掺合料）介电常数 ε_2、体积浓度 x_2、水的介电常数 ε_3、体积浓度 x_3 均相关。由试验可直接测得 ε_1、ε_2、ε_3 和空气的体积浓度 x_1，同时 $x_1 + x_2 + x_3 = 1$（单位体积碾压混凝土由气相、固相和液相三种介质组成），将这些已知条件代入式（2.16），可以直接得到碾压混凝土相对介电常数与水体积浓度的关系式，据此可根据测试碾压混凝土相对介电常数来推测其体积含湿率。

2.2.2.2　仪器构成

含湿率测试仪的仪器构成主要为电源模块、振荡单元、驱动单元、输出探针、反馈探针、反馈数据采集单元、放大单元、电压输出模块、智能计算模块和含湿率输出模块等，其电路结构如图 2.10 所示。

电源模块为振荡单元、驱动单元、反馈数据采集单元、放大单元提供电压。振荡单元是一个 LC 电路振荡器，振荡器在探针之间产生电磁波，而电磁波在不同介质中的振荡频率是不同的，根据电磁波振荡频率变化来测定碾压混凝土相对介电常数。振荡单元的振荡频率为

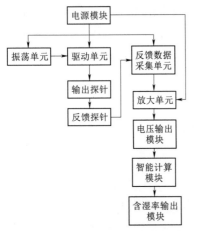

图 2.10　含湿率测试仪电路结构图

$$F = \frac{2\pi}{\sqrt{LC}} \tag{2.17}$$

式中：F 为振荡频率；L 为振荡器电感值；C 为振荡器电容。

在实际测试过程中，振荡单元电感值是设计成固定不变的。由式（2.11）可知，影响振荡频率的唯一因素是电容。而含湿率测试仪的电容是由探头一端的四根钢针插入碾压混凝土中组成的，中心钢针为输出探针，周围三根钢针为反馈探针，反馈探针在探头内部由一个金属圆环连接组成，电容的电介质则是反馈探针组成圆环内部的碾压混凝土。对碾压混凝土介电特性变化影响最大的是水含量的变化，因此决定电容 C 大小的因素是电容中物质的相对介电常数。可见根据振荡频率的变化来测定碾压混凝土相对介电常数是可行的。驱动单元用来协助振荡单元产生电磁波，并将电磁波送到输出探针，使输出探针发射

电磁波。反馈探针用来接收电磁波的振荡频率，并将电磁波频率反馈到反馈数据采集单元。反馈数据采集单元通过电路接收电磁波频率，并将频率以电信号的模式发给放大单元，放大单元将电信号按内部计算程序放大以后，以电压的形式输出。对测得电压值和电容中碾压混凝土含湿率进行分析，求出电压值与碾压混凝土含湿率的关系式，并将此关系式输入智能计算模块。在使用时智能计算模块会根据测得的电压值计算出碾压混凝土含湿率并输出。

2.2.2.3　主要性能和仪器主要技术参数

1. 主要性能

（1）操作性能。碾压混凝土智能含湿率测试仪提供了友好的人机界面，拥有大屏中文显示和 LED 数码显示的操作界面。

使用电压 12V、额定容量 850mAh 的锂电池，一次充满电后可以支撑仪表正常工作 28h，支持车载 12V 充电；DTU-4G 数据传输功能将采集的数据实时上传网络云端服务器，实现测试数据实时共享和集中处理。测试仪内置大存储芯片支撑高数据存储容量，也可以一次性存储 60000 组测量数据。测试仪支持测量深度、混凝土拌合料级配、分类定义等设定。

（2）量测可靠性。系统出厂前需经过严格调试，确保测量精度。一般测量应用采用手持仪表内置的率定曲线，在 0～50% 混凝土含湿率范围内，测量精度可达 ±2%（体积百分比）；特定测量应用中如果以被测混凝土进行预校正，测量精度可达 ±1%（体积百分比）。

混凝土拌合料的盐碱度变化对系统测量精度影响有限。在 0～50% 混凝土自由含水率范围内，由混凝土盐碱度变化可能导致的测量精度误差不大于 ±1.5%（体积百分比）。

（3）几何参数。测试仪主机尺寸为 200mm（长）×200mm（宽）×50mm（厚）；支架高度可调范围为 500～1500mm；整机质量为 2.45kg。

（4）环境要求。宽工作环境为 0～50℃；宽存储环境为 -30～60℃。

（5）包装材料。测试仪采用铝合金机箱，传感器探头采用高强度 ABS 塑料作为密封材料，具有耐腐蚀、高强度和防水防冻功效。

2. 仪器主要技术参数

仪器主要技术参数指标性能见表 2.7。

表 2.7　智能含湿率测试仪参数指标性能

项　目	指　标　内　容	适用范围与注释
量测参数	（1）拌合料的自由含湿率指标（%）； （2）拌合料测试点位置空间坐标参数（x，y，z）	被测物样品中的体积自由含水率；对于离散型混合物，应预选剔除粒径大于 10mm 的大骨料
量测对象	干硬性拌合料、土壤及其他土石类混合物	不同测试对象样品，使用前应进行被测样品标准体积含水率的率定检验
量测量程	精确测量量程：0.05～0.50m³/m³；全量程：0～1.0m³/m³	
量测精度	±1%（体积百分比，以被测样的样品进行校正）	0～50%（体积含水率）

续表

项　目	指　标　内　容	适用范围与注释
电流量指标	20mA	建议读数前 10s 预加热
供电电压	9～12V DC	
输出信号	0～1200mV DC	输出电压型
测试感应体积	ϕ30mm（直径）×60mm（长度）	
环境绝缘	符合 IP68 标准	
定位精度	三维±50mm	实时动态定位，GPS\BEIDOU RTK
量测样品体积	不小于 ϕ105mm（直径）×110mm（长度）	预先剔除 ϕ10mm 粗骨料
样品拍压标准	表面泛浆	拍杆质量 1.4kg，长 15cm，ϕ80mm
采样频率	0.5～5.0Hz	
无线通信	4G/Wi-Fi	
仪器功率	1.5W	
电台功率	5.0W	有效无线传输范围不超过 1km
含湿率-VC指标模型	负线性关系	需要根据现场原材料品种、配比率定

2.2.2.4　测试方法

在现场碾压混凝土含湿率测试过程中，探针作为感应元件，当插入碾压混凝土料测试样时，可能会因大骨料存在而降低测试结果的精准性与稳定性，甚至无法有效量测。此外，相关试验研究表明，VC 值介于 0～10s 的粒径大于 10mm 大骨料，其表面含湿率变化对剩余拌合料影响很小，因此在现场试样测试前采用 10mm 人工筛去除大骨料，将筛网筛过的细石混凝土分三次加入内径为 11cm、高为 10.5cm 的容量筒捣实至表面泛浆；再将探针直接插入捣实的拌合料中进行测试，测试过程如图 2.11 所示，可从相应测点处获取含湿率。具体步骤如下：

（a）筛取拌合物料　　　　（b）拍实　　　　（c）插入探针　　　　（d）读取含湿率值

图 2.11　含湿率测试过程

（1）将筛除粗骨料的混凝土分三次装入容量筒内，每装入一次后就进行拍打压实。每次松散混凝土装入到长刻度线处，用铁制重圆盘拍打到短刻度线处。

（2）将碾压混凝土含湿率测试仪探针竖直插入压实后拌合物中。

（3）打开手持仪表，按测量按钮，智能模块根据拌合物介电常数计算出待测混凝土含湿率，并将含湿率数据通过信号传出线传回至手持仪表，可直接读取混凝土含湿率值。

2.2.2.5　误差分析

根据测试结果分析研发的试验仪器测试结果是否稳定可靠。试验对五种不同配比碾压混凝土含湿率进行测量，每种测量三次，每次测试五组数据，分析测试不同性能碾压混凝土的结果稳定性。测试结果见表 2.8。

表 2.8　　　　　　　　　方　差　分　析

组数	序号	含　湿　率/%					方差
第一组	1	22.2	21.6	22.7	22.9	21.2	0.517
	2	21.5	22.0	22.3	21.9	21.7	0.092
	3	21.6	21.8	22.6	22.4	22.3	0.178
第二组	1	18.4	18.9	19.3	18.1	19.6	0.383
	2	17.9	18.3	18.6	19.0	19.2	0.275
	3	18.2	19.3	19.2	18.7	19.0	0.197
第三组	1	21.7	22.5	20.6	21.0	21.9	0.563
	2	21.2	21.6	22.3	22.7	22.5	0.403
	3	22.4	22.8	21.5	22.5	21.5	0.363
第四组	1	22.0	21.7	21.1	22.8	22.6	0.473
	2	21.1	22.3	22.7	21.6	22.9	0.572
	3	21.3	21.7	21.7	22.5	21.6	0.198
第五组	1	19.8	19.1	20.4	20.8	20.0	0.412
	2	19.3	19.6	20.5	20.8	20.4	0.407
	3	19.5	20.3	20.2	19.8	19.9	0.103

试验结果表明：用含湿率测试仪测试五种不同配合比碾压混凝土骨料含湿率结果良好，剔除异常值后，相同配合比碾压混凝土含湿率测量结果稳定且每组测量数据方差均小于 0.6，大部分测量数据方差小于 0.4，这表明用含湿率测试仪及测试方法来测试碾压混凝土得到的结果稳定可靠，能够满足精度要求。

综上所述，本书利用电磁波在混凝土中传播频率变化测量其相对介电常数，转换计算出混凝土含湿率，研发了含湿率测试仪，但是其功能尚不完备：

（1）这种方法需要人工记录相关测试数据，无法满足实时定位检测与无线通信要求。

（2）通过少量随机取点测试骨料含湿率，不能表征整个浇筑仓面的混凝土含湿率状况，无法对大面积碾压混凝土进行全层面的施工压实质量控制。

2.2.3　智能含湿率测试仪

由于含湿率测试仪仅仅具备骨料含湿率测试功能，为满足定位检测与网络传输通信要求，需进一步对含湿率测试仪进行二次开发，并集成 GPS 定位与数据传输模块，在嵌入式微处理器的控制下，自动完成混凝土含湿率及 VC 值的测量、计算、显示、存储，并通过高精度 GPS 模块和 4G 模块，实现将仓号、样品序号、含湿率值、VC 值和空间定位数据上传到云端服务器，云端服务器则可基于建立的碾压层压实质量及层间结合质量预测模型，实现对馈控区域碾压施工质量的实时评价与动态管控。

为此，本书作者具体进行了如下几项智能化改进。

2.2.3.1　输入系统优化

含湿率测试仪仅包含基础功能键，现场测试时，不同坝段、仓号、层号等重要位置信息很难通过技术手段实时检测获取，使用中有许多不便。同时，利用碾压轨迹时间位置信息确定混凝土级配参数可能存在误差，在含湿率检测时输入级配信息可有效提高可靠性。因此对含湿率测试仪系统功能设置进行改进。首先对含湿率测试仪仪表功能键进行改进，将原控制键盘分成两部分，如图 2.12 所示。第一部分用于设定碾压混凝土含湿率测量点的基本位置信息，包括仓号、段号、层号、级配及新拌混凝土碾压状态相关参数；第二部分为基础功能键，包括开/关键、上下移动键、测量键、菜单键及确定键。

改进后的测量输入系统使用时，先在第一部分控制键盘设定仓号、段号、层号和级配信息，设置完成后，使用第二部分控制键盘进行碾压混凝土含湿率检测及将数据上传到云服务器。智能含湿率测试仪对输入系统的整个监控系统各参数间的时空对应关系进行了极大优化，有效提高了监控系统使用性能。

2.2.3.2　GPS 定位系统开发

智能含湿率测试仪的定位系统采用差分定位，差分定位技术是依据卫星定位所具有的时空相关性进行实时定位。同区域下的接收机，接收的测量值中包含误差的成分近似相等又或者具有高度的相关性[114-115]。在差分定位中，将某一个接收机所在位置设为基准站或基站作为参考，该接收机即为基站接收机，差分定位原理如图 2.13 所示。

图 2.12　智能含湿率测试仪仪表控制键盘

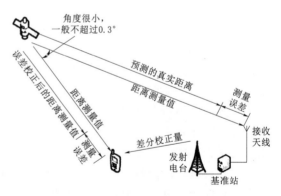

图 2.13　差分定位原理示意图

差分定位中，基准站位置为确定位置，接收机至卫星真实距离可通过计算获取，基准站处接收机所测得距离与真实距离差值即为距离改正数，相同区域内同一时刻不同接收机对同一卫星观测值所产生误差具有极大的相关性，可通过基站所获得距离改正数对移动站测得的数据进行误差修正。将一台 GPS 接收机放置在位置信息准确的基准站进行观测，根据基准站可确定的精确坐标，计算基准站至卫星的距离改正数，计算完成后基准站将距离改正数发送至信号接收端。系统同时接收 GPS 观测数据及基准站发出的距离改正数，自动对定位数据进行修正，提高 GPS 定位精度，经过修正后 GPS 定位精度将由米级缩小至厘米级，可满足工程现场定位要求。

智能含湿率测试仪的 GPS 模块采用单点定位，选择型号为 HX－CA7603A 轻型航空天线和司南航空 K505 GNSS 接收板卡，如图 2.14 所示，其输出位置坐标格式为 PJK 格式，即当地坐标。

碾压混凝土重力坝多属狭长河谷地带，两侧为高山，且在测试过程中有模板、钢筋等障碍物，因此，如果将 GPS 航空天线靠近仓面放置，一方面由于高度角变小，接收机天线接收的卫星数量较少，信号较弱；另一方面，碾压混凝土仓面反射的卫星信号（反射波）进入接收机天线，将对

（a）轻型航空天线　　（b）GNSS接收板

图 2.14　轻型航空天线和 GNSS 接收板卡

直接来自卫星的信号产生干涉，从而使观测值偏离，产生较大的"多路径误差"，使定位精度急剧降低。因此，将 GPS 航空天线固定在智能含湿率测试仪表面上，且测试仪放置在距离地面 1m 的三脚架上，如图 2.15 和图 2.16 所示。

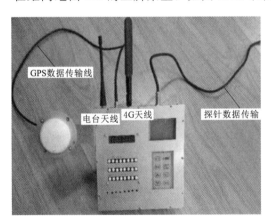

图 2.15　智能含湿率测试仪定位装置

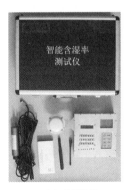

（a）分部结构　　（b）实物组装

图 2.16　碾压混凝土智能含湿率测试仪

2.2.3.3　远程数据传输

由于碾压混凝土坝的特殊性，建设区域一般位于较偏僻区域，工程现场网络信号较差，只能接收到 2G 信号。因此，参数无线上传对远程信息传输技术选择的要求较高。经过多次现场试验，决定采用 4G 无线通信技术进行数据传输，其主要由存储器件、基带处理器、射频模块和 4G 模块等组成，如图 2.17 所示。

基带处理器对存储器件中的多源异构数据采用融合算法进行处理，形成固定数据传输格式，并对其进行 A/D 转换、分段、调制、交织、信道编码与波形生成等一系列处理。

射频模块选用无线射频技术数据远程传输，也称 RFID 技术。RFID 组件主要包括阅读器及射频卡，使用前根据使用要求设置信号发送频率，阅读器通过发射天线发送射频信

号，在发射天线工作范围内射频卡将产生感应电流，射频卡被激活，激活后信息通过内置发射天线发射至系统中，系统接收到信号后将其发送至阅读器中，阅读器将接收的信号进行解调解码，完成后将信息发送到后台主系统中进行处理；主系统将根据逻辑运算判断是否进行处理工作，根据不同的设置要求对信号进行控制处理，最终发出指令控制系统处理信息。市场中射频卡种类很多，研究团队经过对比分析后选用 WSN‐02 无线传输模块。WSN‐02 无线传输模块是一种稳定性良好、性价比高、功耗低的无线微功率透明数据收发模块。WSN‐02 无线传输模块接收灵敏度可达－120dBm，传输距离达到 1000～2000m，接收工作电流小于 30mA，5μA＜休眠电流＜30μA，灵敏度及传输距离均可满足现场数据传输要求，整体功耗低，确保在现场可长时间使用。

最后，智能含湿率测试仪采用 RFID 技术，通过 4G 通信模块，将含湿率检测数据自动和实时上传至数据库中。整个过程的实现如图 2.18 所示。

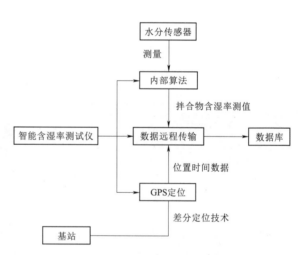

图 2.17　ZSD2410 DTU7 模全网通模块　　　　图 2.18　骨料含湿率检测实时上传过程示意图

2.2.4　智能含湿率测试仪测试标准方法

基于设备的成功研发，提出智能含湿率测试仪测试标准方法，具体步骤如下：

（1）设置相关信息参数。①设置仓号、段号、层号、级配和新拌混凝土压实状态；②按【开/关】键，打开智能含湿率测试仪仪表开关。

（2）试样制备。将筛除粗骨料的混凝土分三次装入容量筒内，每装入一次后就进行拍打压实。每次松散混凝土装入到长刻度线处，用铁制重圆盘拍打到整体处于密实状态。

（3）测试。①将智能含湿率测试仪的探针竖直插入压实后拌合物中；②按【测量】键，仪器即可按顺序测量记录探测器电极所处位置的介质体积含湿率；③按【菜单】键—【确定】键，进入混凝土含湿率数据上传界面，再次按【确定】键进行含湿率数据上传，按【菜单】键，返回主页面，以便下次测量碾压混凝土含湿率。现场测试如图 2.19 所示。

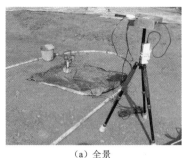

(a) 全景　　　　　　　　　　　　　(b) 细部

图 2.19　现场含湿率测试应用

（4）测试注意事项。①打开智能含湿率测试仪，直到显示界面显示 0—0，表明数据上传正常，且搜星满足定位精度要求时，方可进行测试；②检测碾压混凝土含湿率时，为检测准确，需将水分传感器探针部分完全插入混凝土中，但混凝土中含有大量大骨料，插针插入时容易触碰到大骨料而无法完全没入混凝土中，因此需将混凝土中大骨料完全剔除后进行检测；③为保证测试骨料含湿率的准确性，将筛除骨料后的碾压混凝土分三次放入圆筒中时，需使每次放入混凝土量大致相等，放入后拍打压实时需确保表面泛浆，保证圆筒中压实后的拌合物整体均匀；④将智能含湿率测试仪探针插入拌合物中时，确保传感器沿垂直方向一次性插入且过程中不能晃动，一次直接插入可避免空气进入拌合物中，增加拌合物中空气含量，影响检测的准确性；⑤检测时需多次检测取平均值，为保证准确性，每次检测完后需将拌合物重新击打压实，每次检测的位置不能相同，确保检测值有足够的代表性。

2.2.5　开发试验及验证

本书作者将智能含湿率测试仪应用于某工程 1～5 号坝段（1876～1882m），按 2.2.4 节智能含湿率测试仪测试标准方法进行测试并分析其应用效果。

本书作者在春秋、夏、冬三种季节工况下分别对二级配、三级配碾压混凝土进行 100 组含湿率测试，同时检测相应 VC 值，以确定含湿率测值是否能替代 VC 值表征碾压混凝土可碾性能，部分试验数据见表 2.9。

经过统计可以发现以下结论：

（1）夏季工况下，二级配碾压料含湿率、VC 值平均值为 20.88%、2.97s；三级配碾压料平均为 20.35%、3.19s。

（2）春、秋季工况下，二级配碾压料含湿率、VC 值平均值为 21.09%、2.89s；三级配碾压料平均为 20.59%、3.05s。

（3）冬季工况下，二级配碾压料含湿率、VC 值平均值为 20.93%、2.89s；三级配碾压料平均为 20.49%、3.08s。

同时，分析同一工况数据可以发现，三级配碾压混凝土相比二级配含湿率低 0.5% 左右（0.53%、0.50%、0.44%），而 VC 值则高出大约 0.2s（0.22s、0.16s、0.19s），发现二者关系稳定性良好，进一步证实了新型智能含湿率测试仪获取数据的可靠性。

表 2.9　　　　　　　　　　　　　　　　试验数据（部分）

夏				春、秋				冬			
二级配		三级配		二级配		三级配		二级配		三级配	
含湿率/%	VC值/s	含湿率/%	VC值/s	含湿率/%	VC值/s	含湿率/%	VC值/s	含湿率/%	VC值/s	含湿率/%	VC值/s
21	3.1	20.3	3.2	20.9	2.8	20.3	3.1	20.7	3	20.3	3.2
20.8	3	20.1	3.2	20.8	2.9	20.3	3.1	20.9	2.8	20.3	3.1
20.8	2.9	20.4	3.3	22.4	2.6	20.5	3.2	20.7	2.9	20.6	3.1
21	3	20.1	3.1	21	3	20.7	3.2	23.9	2.2	20.5	3
20.6	3.1	22.2	2.8	20.8	2.9	20.3	3	20.7	2.8	20.4	3.2
21	3.1	20.2	3.1	20.7	3	23.5	2.4	20.8	2.8	23.2	2.4
22.5	2.6	20.4	3.2	21.1	2.9	20.5	3.2	20.7	3	20.2	3.1
20.5	3.1	20.1	3.2	22.6	2.4	20.7	3.1	20.8	2.8	20.4	3.2
20.9	3	20.2	3.2	20.8	2.9	20.3	3.2	21.1	2.8	20.5	3.1
20.9	3	20.1	3.3	20.4	3.1	20.4	3.1	20.9	2.8	20.5	3.1
20.8	3	22.2	2.7	21	3	20.4	3.1	20.7	3	20.4	3.1
20.7	3	20.4	3.2	21	3	20.5	3	21	2.8	20.6	3.1
20.7	3	20.4	3.2	21	2.9	20.4	3.1	20.7	3	20.4	3
20.7	3	20.4	3.2	21	3	20.6	3.1	19.3	3.4	20.1	3.1
20.5	3	20	3.3	20.7	2.9	20.4	3.2	21	3	20.5	3.1
20.5	3	20.4	3.3	21	3	22.8	2.6	20.7	3	22.5	2.6
19.3	3.5	20.5	3.2	21.1	3	20.2	3.1	21	2.9	20.5	3
20.9	3	20.4	3.2	21.1	3	20.3	3.1	20.8	3	20.3	3.1
21	3	20.1	3.2	23.2	2.4	20.2	3	21	2.8	20.3	3.1
20.9	3	20.3	3.2	20.9	2.9	20.5	3.1	20.6	3	20.5	3

为更加明确地表示出两者的相关性能，分别对比相同工况下数据图形，如图 2.20 所示，可以发现夏季二级配下含湿率图与 VC 值图形具有很好的负相关性，尤其是数据突出点表现极为明显，即含湿率越高，VC 值越小。在其他相同状况下，含湿率与 VC 值的关系也有同样的结论。

2.2.6　适用范围及特点

1. 适用范围

该仪器系统支持量程为 0～50%（体积比）的拌合料自由含湿率测量，主要适用于在水利水电工程的碾压混凝土拌合料的拌合站、运输、现场以及实验室等环境下对拌合料的快速测量、定位与无线自动传输，也可以用于其他离散介质如土壤、土石混合料等较为干硬性工程材料的含湿率测试与信息采集传输，以及农业土壤系统及作物精量控制用水系统的在线检测，还可以用于管道灌溉、喷滴灌等灌溉自动控制系统。

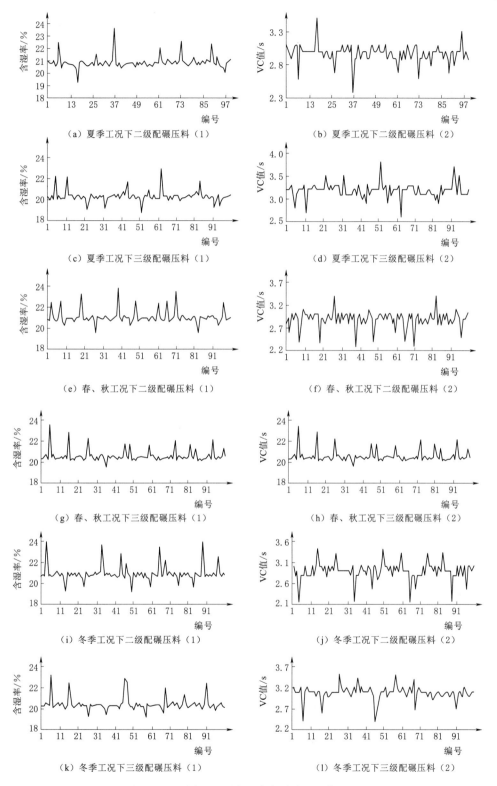

（a）夏季工况下二级配碾压料（1）　　　（b）夏季工况下二级配碾压料（2）

（c）夏季工况下三级配碾压料（1）　　　（d）夏季工况下三级配碾压料（2）

（e）春、秋工况下二级配碾压料（1）　　　（f）春、秋工况下二级配碾压料（2）

（g）春、秋工况下三级配碾压料（1）　　　（h）春、秋工况下三级配碾压料（2）

（i）冬季工况下二级配碾压料（1）　　　（j）冬季工况下二级配碾压料（2）

（k）冬季工况下三级配碾压料（1）　　　（l）冬季工况下三级配碾压料（2）

图 2.20　不同工况下含湿率与对应 VC 值对比图

2.使用特点

（1）该仪器检测方法科学，测量数据精确。就测试混凝土拌合料含湿率而言，该测试方法相比传统 VC 值测试依靠人工观察振动泛浆判定的经验方法，更加合理准确。

（2）智能化程度高。仪器可实时定位，同步给出被测点的精准三维坐标，解决了现场检测测点位置属性的实时检测问题，为正确获取评价材料属性分布状态以及智能化管控提供了独特技术支持。

（3）使用方便，检测便捷。由于测试取样少，现场检测快捷高效，可以填补碾压混凝土已碾层目前无法实时检测的不足。

2.2.7　维修保养及注意事项

在野外作业时，避免长期将液晶显示器置于强烈的阳光下；长时间不使用仪器时，应将仪器电源断电，轻拿轻放，避免仪器内部电路板以及相关线路短路或损坏。避免雨天以及极端天气下使用。

1.测试仪的供电

测试仪采用通用的充电宝供电，选择容量在 10000MAH 以上，用户需经常查看电池电量，当电池电量下降至 10% 左右时，需要对电池进行充电。正常情况下充电器能在 3h 内完成对仪表配备的电池充电。

2.测试仪的保养及注意事项。

使用"碾压混凝土智能含湿率测试仪"前请先完整阅以下说明：

（1）不要试图将"传感器"的探针插入石子或硬的土块中，以免损坏探针。

（2）测量时，请务必将"传感器"探针完全插入基质中，以减少操作误差，提高测量精度。

（3）完成一次测量后，正确使用接长杆将"传感器探针"拔出基质，拔出过程不允许摇动或旋转接长杆，也不允许直接拽拉"传感器"的电缆。

（4）完成一次测量后，要注意清除"传感器"探针表面的附着物，以免使下一次测量产生误差。

（5）完成一天测量工作后，请使用干净、干燥的软布清洁测试仪外壳、接线电缆和接长杆等。

（6）测试仪不使用时请放置在干燥环境下保存。

3.常见故障排除

（1）故障 1：长按键盘 1 仪表"开/关"键无法开机。请确认电池是否有电，可直插充电电源确认。

（2）故障 2：液晶屏读数异常。请确认传感器的连接插头是否正确插入手持仪表的插孔内，传感器连接不正常时探头仪表测得的浮空电压无任何参考价值。

（3）故障 3：GPS 定位数据异常，常出现浮动解或无法定位。①请确认在室外广阔区进行操作；②请检查固定基站电源状态；③检查固定基站是否正常工作；④检查移动天线接线松脱。

（4）故障 4：充电宝显示"电池电压低！请立即充电！"。请立即充电。

2.3　碾压热层智能应力波速仪研发

2.3.1　传统核子密度仪检测方法

工程现场对碾压混凝土施工层压实度控制方法很多，其中常用的主要是灌砂法、环刀法及核子密度仪法三种。灌砂法及环刀法操作过程烦琐，使用时会对碾压仓面造成一定的破坏，且二、三级配混凝土这类混合料粗骨料大、不均匀，不适合混凝土碾压层现场检测；核子密度仪法操作过程对仓面几乎无损害，基本可视为无损检测。因此施工规范明确指定采用核子密度仪法对工程现场施工层压实度进行评价和工艺控制。

核子密度仪法主要通过同位素放射原理检测碾压混凝土中与干密度相关元素的含量，根据建立的数学模型，计算获得碾压混凝土干密度值，进而得到碾压混凝土压实度值，压实度计算公式如下：

$$D = \frac{\rho}{\rho_0} \times 100\% \tag{2.18}$$

式中：D 为碾压混凝土相对密实度，%；ρ 为施工仓面实测表观密度，kg/m^3；ρ_0 为基准表观密度，kg/m^3，是已选定配合比的碾压混凝土在室内试验中获得的表观密度大值平均值。

目前现场常用压实度检测方法为核子密度仪法，但使用中存在很多问题：

（1）检测烦琐。使用核子密度仪时，需在碾压混凝土表面打孔至规范要求深度，后将核子密度仪放入孔中，对该位置处压实度进行检测，检测完成后人工记录检测数据，整个检测过程较为烦琐。

（2）可靠度低。用核子密度仪法检测压实度主要依靠放射性元素检验混凝土中与压实质量相关元素含量，通过与实验室标定值进行对比，得到压实度值，但实际检测时，同一位置处不同方向元素检测结果存在一定差别，可靠性较低。

（3）安全风险。由于核子密度仪固有特性，其内部包含放射性元素，使用时存在辐射泄漏以及放射源遗失风险。

（4）定期标定。测试仪器主要依靠放射性元素进行检测工作，每过一段时间元素会衰减导致检测产生误差，需定期到指定部门重新标定。

（5）代表性差。核子密度仪检测压实度为碾压完成后随机点检测，检验不合格后碾压车重新碾压。由于测点相对较少，无法有效表征整体仓面碾压层实时压实效果。

因此，核子密度仪检测压实度已无法满足精细化施工及快速施工要求，研究实时、快速、准确及可靠的压实度检测方法显得十分迫切。

2.3.2　基于表面波波速测定压实度原理

在介质表面激励的瞬间，介质将产生振动，整个过程类似于地震。因此，激励后介质中产生震动波，从震源中心处向周围传播。按照介质质点运动的特点，震波主要分为两类：体波和表面波。其中体波包含纵波及横波，而表面波主要是瑞雷波和拉夫面波。纵波是由振源向外辐射的弹性波，是一种振动方向与其传播方向相同或平行的压缩波，一般只能在拉伸压缩的弹性介质中传播；横波则是一种沿振源向外辐射振动方向与传播方向垂直的剪切波，一般只能在固体介质中传播。当介质中存在分界面时，一定条件下体波会形成相长干涉，叠加产生出一些频率较低、能量较强的次声波，这类地震波与界面有关，即为表面波，其仅在固体介质表面进行传播。

目前，基于应力波穿透混凝土时在不同条件下波速有所变化的特性，很多桩基、混凝土结构的质量检测中，都将分析应力波在其内部传播速度作为一个重要的检测方法。而在实际工程中，超声波法和反射波法已广泛应用于混凝土构件、土石地基及混凝土地基内部质量检测领域。通过不同的激发装置对介质表面进行激励，激励后将在介质内部产生各种应力波，使用合适的检测装置检测应力波波速变化以反映介质内部质量，检测时对构件及地基表面不会造成破坏，因此两种方法均属于无损检测方法。

应力波在介质中传播实际就是振动扰动能量在介质中的传播，因此介质的变化会影响应力波波动参数的变化。应力波波速、能量衰减、传播时间等参数会受介质中各种因素的影响而发生改变。介质孔隙率变化会引起应力波波速变化，随着碾压混凝土不断被振动压实，内部颗粒不断重新组合，空隙不断减少。同等条件下，应力波波速会随着孔隙率降低而发生改变，当碾压混凝土被压实至密实状态后再碾压，其孔隙率不会发生改变，应力波波速将趋于稳定。

基于以上分析可知，表面波波速与碾压混凝土压实状态间存在重要联系。为准确采集碾压混凝土中表面波信号，计算表面波波速，本书作者研制一套碾压热层智能应力波速仪。

2.3.3　表面波滤波处理方法

现场检测过程中，应考虑到工程现场环境复杂性。各种施工机械在碾压混凝土表面作业均产生振动，甚至周边人员走动等都可视为振源。这类干扰源以低频噪声的形式与重球产生的宽频带表面波干涉叠加，使波速仪采集的波形信号发生很大的改变和变形，严重影响后续波速提取。此外，振动碾产生的 $40\sim50\mathrm{Hz}$ 的干扰噪声、碾压混凝土坝 $0\sim4\mathrm{Hz}$ 固有频率以及加速度传感器对 $5\mathrm{Hz}$ 以下超低频信号放大效应均以噪声的形式存在于采集的表面波信号中。为此，本书采用高通数字滤波器，设置阻带下限边缘频率 $57\mathrm{Hz}$，通带上限边缘频率 $53\mathrm{Hz}$，滤除 $53\mathrm{Hz}$ 以下低频波，极大程度上消除低频噪声对表面波的干扰[116]。另外，采用小波阈值去噪对加速度传感器高频采集特性引起的噪声和环境白噪声进行削减，提取出较为纯净的表面波信号。

在数字信号处理中，高通数字滤波器按照逼近函数可以分为巴特沃斯高通数字滤波器（Butterworth filter）、切比雪夫高通数字滤波器（Chebyshev filter）、贝塞尔高通数字滤波器（Bessel filter）和椭圆高通数字滤波器（elliptic filter）。在相同阶数且阻带下限归一化频率均为 0.6 的情况下，四种滤波器的幅频特性曲线如图 2.21 所示。

从图 2.21 可知，巴特沃斯高通数字滤波器在通频带内的频率响应曲线最为平坦，没有起伏，但是阻带区下降较慢。Ⅰ型切比雪夫高通数字滤波器在阻带区比巴特沃斯高通数字滤波器衰减速度快，但通带区有轻微的等纹波。贝塞尔高通数字滤波器虽然有最佳的线

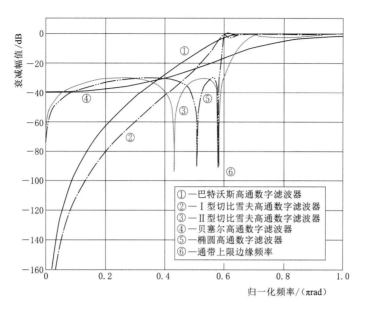

图 2.21 幅频特性曲线

性相位特征，但是幅频特性的选频性差，过度频带宽，阻带区下降最慢。椭圆高通数字滤波器的幅频曲线下降最陡，但是在阻带区，椭圆高通数字滤波器与Ⅱ型切比雪夫高通数字滤波器产生幅值较大的等纹波，阻带稳定性较差。鉴于Ⅰ型切比雪夫高通数字滤波器具有较好的选频特征，且稳定性好，因此本书将其作为高通数字滤波器，消除低频噪声对表面波的干扰。

2.3.3.1　Ⅰ型切比雪夫高通数字滤波器设计

Ⅰ型切比雪夫高通数字滤波器是用途最广泛的滤波器，其依赖于数学方法 Z 变换。因此，切比雪夫高通数字滤波器的运算速度快，被广泛应用于信号处理领域。

（1）高通数字滤波器的技术要求。已知，通带边缘频率为 f_p，通带最大衰减为 δ_p；阻带边缘频率为 f_s，阻带最小衰减为 δ_s，表面波采样频率为 f；通带和阻带归一化的边缘频率分别为 Ω_p 和 Ω_s：

$$\Omega_p = 2\pi \frac{f_p}{f} \tag{2.19}$$

$$\Omega_s = 2\pi \frac{f_s}{f} \tag{2.20}$$

（2）预扭曲模拟边缘频率：

$$\omega_p = \frac{2}{T} \tan \frac{\Omega_p}{2} \tag{2.21}$$

$$\omega_s = \frac{2}{T} \tan \frac{\Omega_s}{2} \tag{2.22}$$

式中：ω_p 为通带预扭曲的模拟上限频率；ω_s 为阻带预扭曲的模拟下限频率；T 为周期，其值为 $\frac{1}{f}$。

（3）归一化模拟低通技术指标：

$$\lambda_p = 1 \tag{2.23}$$

$$\lambda_s = \frac{\omega_p}{\omega_s} \tag{2.24}$$

式中：λ_p 为通带归一化频率；λ_s 为阻带归一化频率。

（4）设计归一化模拟低通滤波器指标：

$$K = \sqrt{\frac{10^{0.1\delta_s}-1}{10^{0.1\delta_p}-1}} \tag{2.25}$$

$$n = \frac{\mathrm{arcosh}(K)}{\mathrm{arcosh}(\lambda_s)} + 1 \tag{2.26}$$

式中：n 为模拟低通滤波器的阶数。

$$\varepsilon = \sqrt{10^{0.1\delta_p}-1} \tag{2.27}$$

式中：ε 为通带纹波系数。

（5）切比雪夫模拟低通滤波器的极值和零点：对于 n 阶 I 型切比雪夫模拟低通滤波器，传递函数为 $H(s)$，传递函数在 $s=\mathrm{j}\lambda$ 处的幅值响应为 $G_n(\lambda)$：

$$\left. \begin{array}{l} G_n(\lambda) = |H(\mathrm{j}\lambda)| = \dfrac{1}{\sqrt{1+\varepsilon^2 T_n^2\left(\dfrac{\lambda}{\lambda_s}\right)}} \\[2em] \lambda = \dfrac{\omega_p}{\omega} \end{array} \right\} \tag{2.28}$$

式中：ε 为通带纹波系数，ε 越大，纹波也越大；$T_n(x)$ 为切比雪夫多项式。

$$T_n(x) = \begin{cases} \cos[n\cos^{-1}(x)] & (|x| \leqslant 1) \\ \cosh[n\cosh^{-1}(x)] & (|x| > 1) \end{cases} \tag{2.29}$$

由于式（2.29）中 $\cosh(x)$ 是双曲余弦函数，$T_n(x)$ 可展开为多项式，所以该函数称为切比雪夫多项式。 I 型切比雪夫滤波器的极值点 pm 为传递函数特征方程在 $s=\mathrm{j}\lambda$ 的零点，且 $\lambda_s=1$：

$$1 + \varepsilon^2 T_n^2(-\mathrm{j}s) = 0 \tag{2.30}$$

令 $-\mathrm{j}s = \cos\theta$，可得切比雪夫多项式的三角函数形式：

$$1 + \varepsilon^2 T_n^2 \cos\theta = 1 + \varepsilon^2 \cos^2(n\theta) = 0 \tag{2.31}$$

其中 θ 可以通过下式求解：

$$\theta = \frac{1}{n}\arccos\left(\frac{\pm\mathrm{j}}{\varepsilon}\right) + \frac{m\pi}{n} \tag{2.32}$$

传递函数的极值为

$$p_m = \mathrm{j}\cos\theta = \mathrm{j}\cos\left[\frac{1}{n}\arccos\left(\frac{\pm\mathrm{j}}{\varepsilon}\right) + \frac{m\pi}{n}\right] \tag{2.33}$$

式中：$m=1,\ 2,\ 3,\ \cdots,\ 2n$。

根据双曲函数和三角函数的性质，将式（2.33）写为复数形式：

$$p_m^{\pm} = \pm\sinh\left(\frac{1}{n}\mathrm{arcsinh}\frac{1}{\varepsilon}\right)\sin\theta_m + \mathrm{j}\cosh\left(\frac{1}{n}\mathrm{arcsinh}\frac{1}{\varepsilon}\right)\cos\theta_m \tag{2.34}$$

式中：$\theta_m = \dfrac{\pi}{2}\dfrac{2m-1}{n}$。

（6）模拟低通滤波器的传递函数 $H(s)$。式（2.34）表明 $2n$ 个极点分布在 s 平面的一个椭圆上，椭圆的实半轴长度为 $\sinh\left[\dfrac{1}{n}\mathrm{arsinh}\left(\dfrac{1}{\varepsilon}\right)\right]$ 和虚半轴长度为 $\cosh\left[\dfrac{1}{n}\mathrm{arsinh}\left(\dfrac{1}{\varepsilon}\right)\right]$；且当 n 为奇数时有一对极值点落在实轴上，当 n 为偶数时实轴上没有极值点。$2n$ 个极值点关于虚轴对称分布，在 $H_n(p)$ 和 $H_n(-p)$ 各占一半。为保证传递函数的稳定性，选择左半平面的极值点作为滤波器频率响应的极值点，则归一化的模拟低通滤波器的传递函数为

$$G(p)=\frac{1}{2^{n-1}\varepsilon}\prod_{m=1}^{n}\frac{1}{p-p_m^-} \tag{2.35}$$

式中：p_m^- 为左半平面的极值点。

然后对函数 $G(p)$ 去归一化得到模拟低通滤波器的实际传递函数，如下：

$$H(s)=\frac{1}{\varepsilon\times2^{N-1}\prod\limits_{i=1}^{N}\left(\dfrac{s}{\lambda_s}-p_m^-\right)} \tag{2.36}$$

（7）通过双线性变换将模拟低通传递函数转换为低通数字滤波器的系统函数：

$$H_L(z)=H(s)\bigg|_{s=\frac{2(1-z^{-1})}{T(1+z^{-1})}}=\frac{1}{\varepsilon\times2^{N-1}\prod\limits_{i=1}^{N}\left[\dfrac{2(1-z^{-1})}{\lambda_s T(1+z^{-1})}-p_m^-\right]} \tag{2.37}$$

（8）用频带变换法将低通数字滤波器的系统函数 $H_L(z)$ 转换为高通数字滤波器的系统函数 $H(z)$。

2.3.3.2　小波阈值去噪

2.3.3.1 节通过 Ⅰ 型切比雪夫高通数字滤波器对波速仪采集的表面波信号进行高通滤波，消除 53Hz 以下低频噪声的干扰。但是由于波速仪 A/D 转换器的采样速率过高产生高频噪声以及环境白噪声等，使采集的表面波信号不可避免地伴有随机噪声。因此，在计算波速之前，应对其进行小波阈值去噪，消除高频噪声对计算结果的影响，从而提高波速反演结果的精确度。小波阈值去噪的原理如图 2.22 所示。

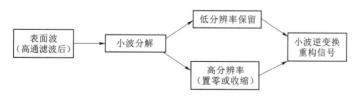

图 2.22　小波阈值去噪原理图

小波阈值去噪属于时频分析的一种方法，具有多分辨性，是分析非平稳离散信号的有效方法。它通过伸缩平移等运算功能，对几乎所有常见函数空间进行准确刻画；同时对不同频率的波形信号进行多尺度细化分析，有效提取信号中的特征信息，并缓解低通滤波对边缘数据的不敏感性。由于小波阈值去噪对高频信号采取逐渐细化的时域步长，从而满足在不同尺度上聚焦任意局部信号。因此，这类方法广泛应用于信号处理、图像压缩以及语

音分析等领域。小波阈值去噪具体步骤如下：

1. 一维离散小波变换

小波变换过程中，小波函数具有多样性。因此选择最优小波函数对表面波去噪至关重要。通过研究几种小波特性并比较其滤波效果，本书提出采用 7 阶 Daubechies 小波函数 $\psi(t)$。Daubechies 小波具有以下特点：①具有双正交特性，并且是紧支撑；②小波函数 $\psi(t)$ 和尺度函数 $\varphi(t)$ 的支撑区为 $2N-1$，$\psi(t)$ 的消失距为 N；③不具有对称性。Daubechies 小波通过平移拉伸变换后，得到一个连续小波序列，如下：

$$\psi_{a,\tau}(t) = \frac{1}{\sqrt{a}}\psi\frac{t-\tau}{a} \tag{2.38}$$

式中：a 为尺度因子，为常数，其作用是对 $\psi_{a,\tau}(t)$ 函数做伸缩变换，$a>0$；τ 为位置参数，为常数。

由于 Daubechies 小波没有明确的表达式，因此采集的表面波信号的小波变化没有解析解；只能通过离散小波变换，采用数值算法对得到的连续小波函数 $\psi_{a,\tau}(t)$ 进行尺度离散化与位移离散化，即令 $a = a_0^j$，$a_0 > 0$，$j \in Z$，$\tau = ka_0^j\tau_0$，得到离散小波序列：

$$\psi(a_0^j, t) = a_0^{\frac{-j}{2}}\psi[a_0^{-j}(t-k\tau_0)] \quad (j,k \in Z) \tag{2.39}$$

为解决离散小波变换产生的数据冗余问题，引入二进制小波，即令 $a_0 = 2$，同时将 τ_0 归一化，得到 $\psi_{j,k}(t)$：

$$\psi_{j,k}(t) = 2^{-\frac{j}{2}}\psi(2^{-j}t-k) \tag{2.40}$$

式中，$j \in Z$，$k \in Z$，则对任意信号 $x(t)$ 的小波系数 $c_{j,k}$ 为

$$c_{j,k} = WT_{(j,k)} = \int x(t)\psi_{j,k}^* dt \quad (j,k \in Z) \tag{2.41}$$

由于 $\{\psi_{j,k}(t)\}$ 为平方可积函数空间中规范正交基，因此任意 $x(t) \in L^2(R)$ 均可展开为小波级数形式：

$$x(t) = \sum_{j \in N}\sum_{k \in Z}c_{j,k}\psi_{j,k}(t) \tag{2.42}$$

2. 小波分解

在离散小波变换中，时间 t 为连续变量，但是实际采集的波形信号是离散的。因此需要对其进行时间离散化。取 $t = nT_s$，$T_s = 1$，可将 $x(t)$ 转化为 $x(n)$。在给定尺度函数 $\varphi(n)$ 和小波函数 $\psi(n)$ 条件下，离散信号 $x(n)$ 均可表示多尺度分解下小波函数（高频）与尺度函数（低频）之和，其中信号 $x(n)$ 在 V_j 空间的正交投影为

$$XV_j = \sum_{k \in Z}<x(n), \varphi_{j,k}(n)>\varphi_{j,k}(n) \tag{2.43}$$

由于 $\{\varphi_{j,k}(n)\}$ 和 $\{\psi_{j,k}(n)\}$ 是空间 V_j 和 W_j 的规范正交基，信号 $x(n)$ 在两个空间的投影分别为

$$a_j[n] = <x(n), \varphi_{j,k}(n)>, \quad c_j[n] = <x(n), \psi_{j,k}(n)> \tag{2.44}$$

式中：$a_j[n]$ 为尺度函数系数；$c_j[n]$ 为小波函数系数。

通过设计低通和高通两个滤波器，分别提取表面波低频部分和高频部分，从而实现在各尺度下尺度函数系数和小波函数系数的获取，如下：

$$a_{j+1}[k] = \sum_{n=0}^{K-1} h(n-2k)a_j[n] = a_j * \overline{h}[2k] \tag{2.45}$$

$$c_{j+1}[k] = \sum_{0}^{K-1} g(n-2k)a_j[n] = a_j * \overline{g}[2k] \tag{2.46}$$

式中，$*$ 为卷积符号；第 j 层中 a_{j+1} 和 c_{j+1} 的长度为 $K = \left[\dfrac{N}{2^a}\right]$；$h$ 和 g 组成一对共轭滤波器，且满足式（2.47）：

$$g[k] = (-1)^n h[1-k] \tag{2.47}$$

3. 小波阈值去噪

（1）阈值函数选择。小波阈值去噪中常用的阈值函数为硬阈值去噪函数和软阈值去噪函数。考虑到硬阈值去噪后小波系数在阈值点处具有不连续性和跳跃性，导致过滤噪声后的重构信号不平滑，且可能存在尖峰，因此本书采用软阈值去噪，既保证较好的去噪效果，又不失平滑性。软阈值去噪公式如下：

$$w_\lambda = \begin{cases} \mathrm{sgn}(w)(|w|-\lambda) & (|w| \geqslant \lambda) \\ 0 & (|w| < \lambda) \end{cases} \tag{2.48}$$

（2）基于改进 Minmax 准则的阈值选择。小波阈值去噪中，阈值的确定是另一个关键因素。阈值过大或偏小都将对信号的去噪效果产生影响。通过波速仪现场试验发现，高频采集噪声和环境白噪声广泛分布于高频区。阈值过大，信号中有效的高频成分被过滤，重构信号的失真度较大。若阈值过小，广泛分布于信号中的高频噪声难以消除，使去噪后的信号与原始信号较为相近，达不到去噪的效果。因此，本书提出改进 Minmax 准则的阈值选择方法，一方面，利用 Minmax 阈值不易消除信号中有效成分的优势，另一方面，结合现场采样环境，设置相关参数 k，最大程度上降低噪声对表面波的干扰，公式如下：

$$\lambda = \begin{cases} \sigma_j(0.3936 + 0.1829\log_2 N) & (N > 32) \\ 0 & (N \leqslant 32) \end{cases} \tag{2.49}$$

$$\sigma_j = k\frac{|\dot{c}_j(k)|}{0.6745} \tag{2.50}$$

式中：N 为波速信号的采样点数；j 为分解尺度，$j = 1,2,3,4,5$；$|\dot{c}_j(k)|$ 为分解尺度 j 条件下，小波系数绝对值的中值；k 为比例因子，由试验数据分析确定，$k=2$。

（3）分解层数选择。分解层数的选择对去噪效果具有直接影响。由于去噪阈值基于改进 Minmax 准则，使表面波中有效信号成分得到很好的保护。当分解层数较少时，去噪效果不明显，表面波中残留的噪声较大。随着分解层数的增多，高频噪声被进一步减弱，信噪比降低。当分解层数达到 5 层时，信噪比不再随分解层数的增多而降低，且保持恒定，这表明信号中的噪声成分已经减弱到最低点，如图 2.23 所示。因此，本书确定小波阈值去噪的最佳分解层数为五层，如图 2.24 所示。

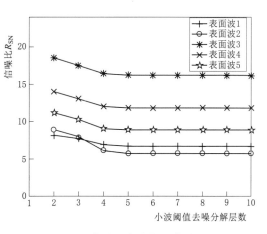

图 2.23　信噪比与分解层数关系图

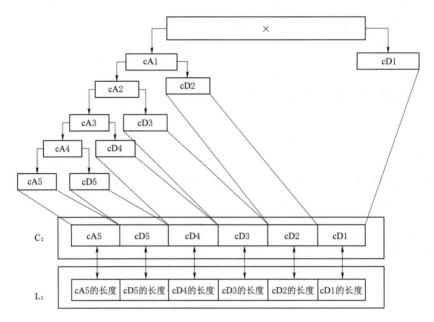

图 2.24　波形信号的多级分解图
X—信号；cA—低频波；cD—高频波

4. 信号重构

采用小波逆变换，对经过阈值去噪后的小波系数进行重构，生成去噪后的波形信号。重构的波形信号为各尺度下低频输出和高频输出之和，如下：

$$x(n) = \sum_k a_{j-1}(k)\varphi(2^{j-1}n-k) + \sum_k c_{j-1}(k)\psi(2^{j-1}n-k) \tag{2.51}$$

5. 去噪评价指标

离散信号的去噪效果好坏通常采用信噪比作为评价指标，如下式：

$$R_{SN} = 10\lg \frac{\sum_{i=1}^{N} x(i)^2}{\sum_{i=1}^{N} [x(i) - \hat{x}(i)]^2} \tag{2.52}$$

式中：N 为波形信号长度；$x(n)$ 为高通滤波后的表面波信号；$\hat{x}(n)$ 为小波阈值去噪后的表面波信号。

信噪比越小，去噪后的表面波信号中残留的高频噪声越少，过滤后获取的表面波越纯净。信噪比越高，则表面波中残留的噪声信号越多，去噪效果越差。

2.3.4　基于 SASW 的波速计算模型

波速仪现场检测过程中，首先通过在固定高度落球冲击地面，在激发点形成具有一定频率带宽的表面波。波速仪上的两个定点加速度传感器采集时间域的表面波信号 $a_1[n]$ 和 $a_2[n]$。为方便描述，我们定义距离震源最近处加速度传感器为 A_1，距离振源最远处加速度传感器为 A_2，所以 $a_1[n]$ 为加速度传感器 A_1 采集的表面波信号，$a_2[n]$ 为加速

度传感器 A_2 采集的波形信号。将采集的两个波形信号分别经过Ⅰ型切比雪夫高通数字滤波器消除低频噪声和小波阈值去噪减弱高频采集噪声、环境白噪声；然后通过表面波谱分析获取表面波波速值；并结合 GNSS 定位系统和远程无线传输系统，实现测点处波速值、时空信息以及区域信息等参数实时上传云服务器数据库并存储。

表面波信号 $a_1[n]$ 和 $a_2[n]$ 经滤波处理后分别为 $x_1[n]$ 和 $x_2[n]$。通过傅里叶变化，A_1 处表面波频谱为

$$\overline{x}_1(f) = F[x_1(n)] = \sum_{n=0}^{N-1} x_1(n) e^{-j\omega n} \tag{2.53}$$

A_2 处表面波频谱为

$$\overline{x}_2(f) = F[x_2(n)] = \sum_{n=0}^{N-1} x_2(n) e^{-j\omega n} \tag{2.54}$$

将两个时间序列的波形信号进行互谱分析，得到交叉功率谱密度，如下：

$$P(f) = \overline{x}_1(f)\overline{x}_2(f) \tag{2.55}$$

交叉功率谱密度是一个关于频率的复函数，将其转化为极坐标形式：

$$P(f) = M(f) e^{i\theta(f)} \tag{2.56}$$

式中：$M(f)$ 为幅值谱，用于表示同时存在于 $\overline{x}_1(f)$ 频谱和 $\overline{x}_2(f)$ 频谱的主要频率成分；$\theta(f)$ 为相位谱，表示存在于两个时间序列的每个频率成分的相对相位。

幅值谱 $M(f)$ 和相位谱 $\theta(f)$ 可由式（2.57）和式（2.58）获取：

$$M(f) = P(f)\overline{P(f)} \tag{2.57}$$

$$\theta(f) = \arctan\frac{\text{Im}[P(f)]}{\text{Re}[P(f)]} \tag{2.58}$$

根据获取的相位谱，可以计算表面波在两个加速度传感器 A_1 和 A_2 之间的传播时间 $t(f)$，如下式：

$$t(f) = \frac{\theta(f)}{2\pi f} \tag{2.59}$$

由两个加速度传感器之间的距离 L，得到不同频率成分的相速度：

$$V_R(f) = \frac{L}{t(f)} = \frac{2\pi f L}{\theta(f)} \tag{2.60}$$

$$\frac{L_R}{3} < L < 2L_R \tag{2.61}$$

式中 L 应满足式（2.61），两个加速度传感器之间的距离应小于两倍波长且大于波长的三分之一，防止因波的周期性，导致计算的表面波波速偏大。根据波的频率与波长关系，可计算各频率波在碾压后混凝土中传播的波长，从而得到 $V_R - f$ 图。

$$L_R(f) = \frac{V_R(f)}{f} \tag{2.62}$$

2.3.5　智能应力波速仪研制

2.3.5.1　应力波激发装置选择

为研究应力波在碾压混凝土中的传播速度，需要在混凝土表面激励形成一组稳定可靠

的振源。考虑到工程现场环境复杂，各种施工机械在碾压混凝土表面作业，甚至周边人员走动等均可视作振源，振动能量会以应力波的形式在混凝土碾压热层中传播。因此，本书作者设计了一套可以激发一组稳定可靠且能量足够大的表面波装置，要求是可以明显区分现场其他干扰波，主要考虑以下几个问题：

（1）应力波能量的确定。为保证检测效果的准确性及可靠性，需确保每次激发的表面波具有同样的频率、振幅，即确保每次激发的表面波能量相同，以表明波速变化与表面波本身特性无关。

（2）对激发装置的外形进行选择。同样的激发能量，若激发装置为方形或圆形，其与碾压混凝土接触面积不同，产生的表面波会有所区别，因此需对激发装置的外形进行选择。

（3）保证激发能量足够大，弱化干扰波产生的影响。若激发能量过大对加速度传感器量程要求较高，且会导致智能应力波速仪整体质量偏重，降低仪器现场适用性，因此需对激发装置的质量进行优化。

针对选择激发设备所需注意的一系列问题，本书在实验室进行了大量试验研究。对将方形及圆形铁球作为激发装置进行比较，试验发现，方形铁具坠地时无法控制接触位置，且接触面不稳定；圆形铁球以自由落体方式下落时，任意方式落下与表面接触位置均相同。此外落地位置不同，对作用在介质表面强度有一定影响，直接影响产生表面波的能量。最终选用圆形铁球作为表面波激发装置。

为使激发装置每次激发能量相同，将铁球固定在同一高度，使其以自由落体方式下落、接触混凝土表面。由于铁球质量及下落高度相同，对同一位置所激发表面波能量必然相同。因此，使用电磁铁将铁球固定在一定高度位置，检测时直接旋转电磁铁按钮释放铁球使其自由下落，如图 2.25 所示。

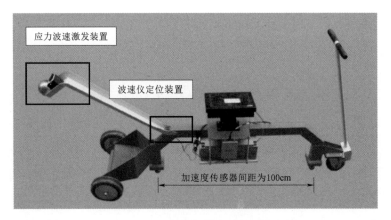

图 2.25　智能应力波速仪组件

为选定合适铁球质量，选用 1～5kg 铁球进行试验，以确定铁球质量对表面波波速是否存在影响，试验结果见表 2.10。

试验结果表明，在相同条件下，不同质量铁球在同一介质表面所激发表面波波速接近，因此可认为铁球质量对波速几无影响。小球质量越大，所激发表面波能量越大，区别

表 2.10　　　　　　　　　　不同铁球质量波速测试效果分析

序号	质量/kg		纵波波速/(m/s)			均值/(m/s)
1	259.20	261.62	255.42	269.86	250.01	259.23
2	266.03	249.86	258.82	267.69	251.42	256.95
3	262.66	270.32	259.68	267.89	264.32	265.55
4	261.42	265.48	259.90	266.46	262.39	263.56
5	271.32	269.08	260.32	261.90	270.42	265.43

性越强，可有效降低干扰波影响，但铁球过大易使智能应力波速仪整体质量过大。本书同时考虑降低干扰影响及仪器使用性，选定 3kg 铁球作为激发源。

2.3.5.2　加速度传感器间距选择

表面波在介质中传播速度很快，在混凝土中可以以数百米每秒的速度进行传播，所以在混凝土中准确可靠地采集到需要的表面波信号存在一定难度。为提高表面波信号采集精度，降低周围干扰信号影响，使用信号触发方式采集表面波信号。

本书考虑到信号在混凝土中传播速度较快的特点，即信号从第一个加速度传感器到第二个加速度传感器时间极短，因此，两个加速度传感器放置间距的选择十分重要。为确定合适的间距，本书作者进行了大量室内与室外试验。同时考虑间距及智能应力波速仪现场使用性能，选取 50cm、60cm、70cm、80cm、90cm、100cm、150cm 七种不同间距分别进行试验，选用 3kg 铁球在 50cm 处以自由落体方式下落作为激发振源，试验结果见表 2.11。

表 2.11　　　　　　　　　　不同设置间距波速测试效果分析

间距/cm	波速/(m/s)						标准差/(m/s)
50	279.62	299.62	332.24	288.71	308.89	314.79	18.90
60	298.42	281.46	313.22	308.72	315.69	325.62	15.42
70	293.39	319.78	323.42	279.62	299.42	307.63	16.54
80	305.69	316.72	312.48	299.72	297.62	302.67	6.80
90	296.23	302.63	311.32	309.73	315.98	317.90	7.50
100	305.62	298.57	315.06	314.78	308.41	306.78	6.19
150	289.67	276.75	299.89	319.09	314.57	320.21	17.69

试验结果表明：100cm 间距下表面波信号采集效果最佳，方差最低，测值稳定可靠。当间距较小时，传感器被激活后信号将迅速到达第二个加速度传感器处，间隔时间过短易降低信号分辨率，会加大信号处理难度及信号处理误差；间距较大时，信号到达第二个加速度传感器前传感器将接收过多干扰信号，首波位置难以精确确定，信号处理时易产生误差。最终选定 100cm 作为两个加速度传感器放置间距，如图 2.26 所示。

2.3.5.3　加速度传感器信号采集装置选择

考虑施工现场环境复杂、碾压混凝土表面凹凸不平、仪器易损坏及现场信号采集较困难等问题，信号采集装置的选择极为重要。加速度传感器在波速仪放置及现场信号采集方

（a）钢制触点 （b）隔震垫 （c）球形波速采集组件

图 2.26 波速采集组件图

面主要考虑以下三点：

（1）若加速度传感器直接与波速仪刚性连接，两个加速度传感器在采集信号时易受车身影响，产生耦合效应，无法满足采集精度要求。

（2）工程现场环境复杂，加速度传感器自身比较脆弱，若其直接与碾压混凝土表面接触，很容易在测量过程中受到损坏。

（3）施工现场碾压混凝土摊铺时表面凹凸不平，碾压后表面相对平整，但局部会存在一定高差，加速度传感器难以良好采集信号。

考虑隔震垫隔震减噪效果良好且使用方便，使用上下两块 5cm×5cm×1cm 隔震垫将触点与车身隔开，可以有效避免检测时加速度传感器产生耦合效应。为强化隔震效果，在隔震垫中加入环氧板，使其较好粘附在环氧板上。为保护加速度传感器不被破坏同时稳定接收混凝土中表面波信号，将其与高度为 10cm 的钢制触点刚性连接，使信号可沿触点直接传至传感器处。碾压混凝土表面凹凸不平，为使钢制触点与混凝土表面接触良好，在触点处加入压紧弹簧，人工控制触点上升、下降高度，考虑现场存在一定高低差，在触点处保证上下 5cm 伸缩长度，检测时直接将触点压紧在混凝土表面，以保证两者接触良好。基于以上分析，本书提出在传感器处加入钢制触点作为过渡段，在钢制触点处加入压紧弹簧，触点与小车间使用隔震垫隔开，如图 2.26 所示。

2.3.5.4 GPS 定位系统整合

为将表面波波速数据与骨料含湿率、骨料级配及压实度数据实现现场作业面时空对应，需获取检测时间及位置信息。因此在波速仪上安装 GPS 定位系统。为使定位精度满足工程要求，设备开发采用了 RTK 差分定位系统。差分定位技术是依据卫星定位所具有的时空相关性进行实时定位。

现场检测时，在固定位置设置基站，将 GPS 移动站的定位盒直接与工控机相连接，且智能应力波速仪检测前完成现场定位；待检测完成后，定位数据和检测数据自动传输至远程数据库中，如图 2.27 所示。

2.3.5.5 信号采集系统选择

为能准确获取碾压混凝土中表面波传输信号，本书在应力波速仪中设置信号采集系统。系统主要包括：表面波激发装置、加速度传感器、采集仪、铅蓄电池及工控机。其中表面应力波激发装置即自制振源。两个加速度传感器经比较后选用国内朗斯公司研发的 LC0101 加速度传感器，该加速度传感器的主要技术指标为：灵敏度为 100mV/g、量程为

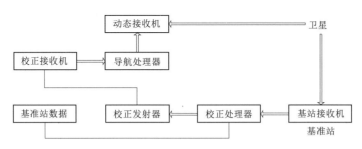

图 2.27　波速仪实时通信示意图

±50g、频率范围为 0.5～8000Hz（±10%）、安装谐振点 25kHz、分辨率为 0.0002g、重量为 9g、安装螺纹为 5mm。采集仪选用 NI 公司开发的 9250 采集仪，采集仪的主要技术参数为：2 个最大差分模拟输入通道、最大采样率为 51.2kS/s、模拟输入电压范围为 −5～5V、IEPE 激励 2mA、BNC 正面连接式。铅蓄电池选用两块叮东 12V24AH 铅蓄电池，单个电池体积为 16.0cm×17.0cm×12cm、重量为 7.3kg，充电电压 220V，充电时长 8h，续航最长时间为 40h。工控机为朗歌斯 15 寸❶触摸屏一体机，如图 2.28 所示，配置参数如下：背光类型 LED、触摸屏为电容式、分辨率为 1024×768、相应时效为 5ms。

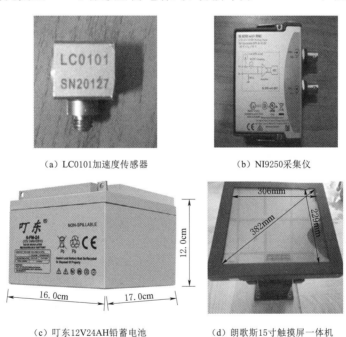

（a）LC0101加速度传感器　　　　（b）NI9250采集仪

（c）叮东12V24AH铅蓄电池　　　（d）朗歌斯15寸触摸屏一体机

图 2.28　信号采集系统装置

　　其中，LC0101 加速度传感器获取混凝土中表面波信号，NI9250 采集仪采集传感器所获取信号，朗歌斯触摸屏一体机中包含信号处理系统，对信号进行处理，铅蓄电池为一体机及采集仪供电。

---

❶　1 寸≈3.33cm。

考虑信号中存在很多有代表性的微弱信号，采集时这些信号很容易被忽略，采样频率足够大时可以有效捕捉到微弱信号，但采样频率过大时会采集到很多微弱干扰信号，增加信号处理难度。为选定合适的采样频率，选用采样频率为 5kHz、10kHz、20kHz、51.2kHz 分别测试，见表 2.12。

表 2.12　　　　　　　　　　　　试　验　数　据

组数	采样频率/kHz	波速/(m/s)					标准差/(m/s)
1	5	372.68	297.35	238.79	242.69	397.28	72.99
2	10	318.92	248.73	297.48	231.33	249.58	37.11
3	20	304.52	279.68	297.80	304.52	285.42	11.33
4	51.2	306.72	303.18	298.72	295.42	308.46	5.44

试验结果表明：采样频率越大，波速测值越稳定可靠。通过研究发现，采样频率越大，相同时间内采集到的信号越多，微弱信号被捕捉到的可能性越大，采集精度越高。所以选用的采用频率越高，结果越准确。尽管采样频率过大会增加信号处理难度，为提高计算精度，本书选定 51.2kHz 为采样频率。

表面波在碾压混凝土中传播速度极快可达到数百米每秒，有效信号的采集过程将在几毫秒内完成，为减少无效数据，加快数据处理速度，设置采集时间为 1s；加速度传感器若连续采集信号，表面波到达第一个加速度传感器前采集的信号均为无效信号，因此选用触发采样，为防止加速度传感器被干扰信号触发，选择触发量级为 10%。

2.3.5.6　信号处理系统建立

1. 表面波波速计算

通过研究发现，若能找到表面波到达每个传感器的初始信号即首波位置，通过两者的时间差 Δt，即获取表面波在碾压混凝土中传播时从第一个加速度传感器到达第二个加速度传感器所用时间，利用时间差即可得到表面波在介质中传播速度，如下：

$$v = \frac{L}{\Delta t} \tag{2.63}$$

为准确找到首波信号，本书提出以下方法：

（1）每个加速度传感器获取的原始数据为 51200 个点，将所有的点记为数组 1，从第 0 个点开始，取后面的 100 个点，找出这 100 个点中最大值与最小值的差值，将其保存；然后依次遍历第 1、2、3、…、51199 个，总共 51200 个点，将所获得的所有差值记为数组 2。

（2）将数组 1 中每两个相邻的点作差，获取差值并保存，共获得 51199 个点，记为数组 3。

（3）通过比较找到数组 2 中最大值点，从此点开始向前遍历，直到某个点的值小于 0.0005，将此位置编号保存，将其位置编号减去 100，并设置为起始位置。

（4）将数组 3 从设置的起始位置处开始遍历，取起步位置处后面 20 个点，从这 20 个点的 0 个开始，依次进行求和，即为 0，0+1，0+1+2，…，0+1+2+…+19，若求和所得的 20 个点中某点的值大于 0.0005，则该点即为所求特征点位置；若 20 个求和点每个都小于 0.0005，则取起始位置后一个元素开始，依然进行求和操作。往后一直循环，直到找到特征点位置。

（5）找到两个加速度传感器特征点位置后，计算两者时间差即为表面波在两者间传输时间。

2. 数字滤波器选择

考虑现场干扰信号对首波信号获取影响明显，为准确得到首波信号，需对采集到的信号进行处理以消除干扰信号的影响。根据频率分析，采样频率为 51.2kHz 时，高截止频率为 600Hz，低截止频率为 125Hz，因此有效信号的通带为 125～600Hz，所以选用巴特沃斯带通滤波器，即 Labview 中巴特沃斯滤波器，巴特沃斯带通滤波器软件界面如图 2.29 所示。滤波器类型选择带通，阶数为 2。

通过效果对比图（图 2.30）可以看出，巴特沃斯带通滤波器可明显降低干扰信号影响，表明滤波效果良好。

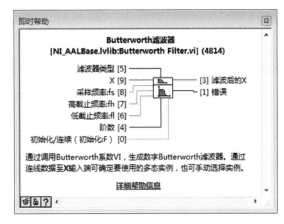

图 2.29 巴特沃斯带通滤波器软件界面

将信号处理系统放置在工控机中，当信号采集完成后，程序自动对采集信号进行处理，处理完成后直接输出表面波波速值。

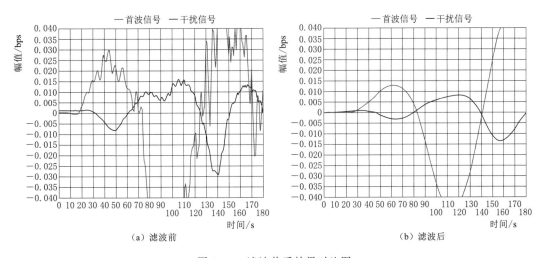

（a）滤波前　　　　　　　　　　　　　（b）滤波后

图 2.30 滤波前后效果对比图

2.3.5.7 信号远程传输系统建立

采集信号经信号处理系统处理完成后，需通过信号远程传输系统传输至数据库中。数据远程传输选用 GPRS DTU。GPRS DTU 全称为 GPRS 数据传输单元，是专门用于将数据通过 GPRS 网络进行传送的 GPRS 无线设备[117]。GPRS DTU 的四个核心功能如下：

1. 内部集成 TCP/IP 协议栈

GPRS DTU 内部封装了 PPP 拨号协议以及 TCP/IP 协议栈并且具有嵌入式操作系统，从硬件上，它可看作是嵌入式 PC 与无线 GPRS MODEM 的结合；它具备 GPRS 拨号上网以及 TCP/IP 数据通信的功能。

2. 提供串口数据双向转换功能

GPRS DTU 提供了串行通信接口，RS－232、RS－485、RS－422 等都属于常用的串行通信方式，而且 GPRS DTU 在设计上大都将串口数据设计成"透明转换"的方式，即 GPRS DTU 可以将串口上的原始数据转换成 TCP/IP 数据包进行传送，而不需要改变原有的数据通信内容。因此，GPRS DTU 可以和各种使用串口通信的用户设备进行连接，而且不需要对用户设备做改动。

3. 支持自动心跳，保持永久在线

GPRS 通信网络的优点之一就是支持 GPRS 终端设备永久在线，因此典型的 GPRS DTU 在设计上都支持永久在线功能，这要求 DTU 具有上电自动拨号、采用心跳包保持永久在线（当长时间没有数据通信时，移动网关将断开 DTU 与中心的连接，心跳包就是 DTU 与数据中心在连接被断开之前发送一个小数据包，以保持连接不被断开）、支持断线自动重连、自动重拨号等特点。

4. 支持参数配置，永久保存

GPRS DTU 作为一种通信设备，应用场合十分广泛。在不同的应用中，数据中心的 IP 地址及端口号、串口的波特率等都是不同的。因此，GPRS DTU 都应支持参数配置，并且将配置好的参数保存内部的永久存储器件内。一旦上电，就自动按照设置好的参数进行工作。

DTU 传输数据目前在电力、环保、水文、气象等领域得到广泛应用。DTU 传输数据主要优点是网络覆盖范围大，信息传输安全可靠，信息传输按传输流量计费、成本较低。本书对比市场几种产品后选用 USR－GPRS232－730 型号 DTU（图 2.31），相关指标参数为：速率为 14400～57600m/s、标准频段为 850/900/1800/1900Hz 四频、波特率为 2400～921600b/s、缓存 RX/TX4Kbyte、电源电压为 9.0～24.0V、平均工作电流为 22～24.0A。

图 2.31　USR－GPRS232－730 型号 DTU

2.3.5.8　智能应力波速仪行走系统

工程现场环境复杂，碾压混凝土表面凹凸不平，智能应力波速仪装有工控机、铅蓄电池、采集仪等重要硬件，整体质量较大，为提高设备的实用性，智能应力波速仪在工程现场必须具备良好的行走性能。智能应力波速仪在碾压混凝土仓面自由行走，可选用四轮行走或三轮行走方式。考虑四轮行走时，在仓面行走车身较稳定，因此波速仪选用四轮行走形式，前两轮为万向轮，后面两轮为定向轮。前置为一拉动杆，拉动杆沿波速测试仪行走方向可在 90°范围内转动，保证人工拉动时可沿最省力方向拉动，如图 2.32 所示。

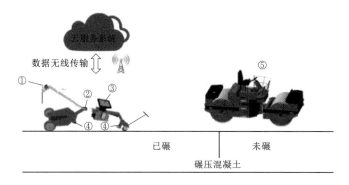

图 2.32　波速测试仪仓面行走示意图

①—应力激发器；②—GPS‐RTK 定位；③—数据处理器；④—应力波采集传感器；⑤—碾压车

2.3.5.9　系统整合实现

智能应力波速仪实现采集、计算、上传过程如图 2.33 所示。

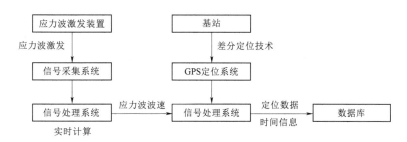

图 2.33　智能应力波速仪数据采集上传过程示意图

2.3.6　智能应力波速仪测试标准方法

基于设备的成功研发，提出智能应力波速仪测试标准方法，具体步骤如下：

（1）将波速仪传感器位置定在测试区域正上方，固定好后，打开 GPS 定位装置，在采集系统中按要求设置采集参数，其中采集频率为 51.2kHz，采集时间为 1s，加速度传感器激活能量为 10%。

（2）打开 GPS 定位盒，待测试软件显示搜星完成后进行定位。

（3）单击采集软件中开始采集按钮，将表面波激发装置中电磁石按钮由 ON 转至 OFF 位置，向碾压混凝土表面释放铁球。

（4）采集完成后，数据自动导入数据处理系统，系统自动运算获取表面波波速值。

（5）采集处理完成后打开 GPRS DTU，同步将时间位置信息及表面波波速值传输至远程数据库中。

（6）为排除表面波采集中的偶然性，需对同一点测试三次，按上述步骤进行执行，如图 2.34 所示。

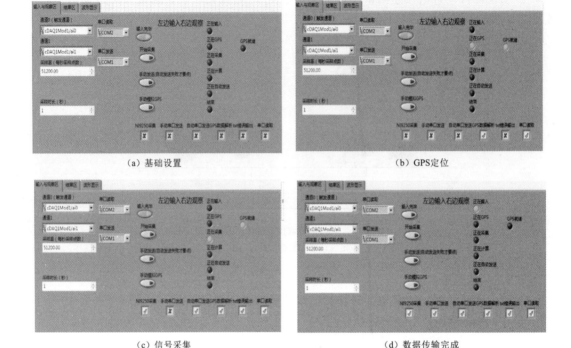

|（a）基础设置|（b）GPS定位|

|（c）信号采集|（d）数据传输完成|

图 2.34　软件使用流程图

检测过程中注意事项如下：

（1）使用智能应力波速仪采集数据时，必须保证一定范围内没有大型施工机械作业。施工现场每个大型施工机械工作时都可看作一个振源，激发的应力波能量较大，会对智能应力波速仪准确检测产生一定的影响。

（2）检测过程中，应保证波速仪整体的稳定性，车身不能晃动。由于加速度传感器连接在波速测试仪中，虽然经过处理后确保检测时不会产生耦合，但车身晃动时会带动传感器晃动，可能使测值错误。

（3）三次测试时，不能移动智能应力波速仪，移动后检测位置改变，即使在同一个检测单元中，检测数据必然会产生一定差别，三次检测主要为消除检测过程中可能出现的偶然误差，因此检测时不可移动智能应力波速仪位置。

2.3.7　智能应力波速仪试验及验证

本书使用研发的智能应力波速仪在实验室进行碾压混凝土试验，主要分析智能应力波速仪的稳定性、可靠性及准确性，见图 2.35。

为模拟现场环境，设计了长 3m，宽 1m，高 0.4m 的木模架，在其中摊铺碾压混凝土，使用重锤错位锤击混凝土表面进行压实。采用这种室内模拟试验方法实现现场碾压车碾压效果，实现模拟压实后混凝土密实度不断变大；每次压实后测试小车置于夯实混凝土表面层波速检测。试验分成两组进行，对二级配、三级配碾压混凝土分别进行测试，分析波速对不同级配碾压混凝土的敏感性；对每次夯压后的密实混凝土均进行波速检测，分析

（a）压实　　　　　　　　　　　　　　（b）测试

图 2.35　夯实模拟智能应力波速仪室内试验

波速对不同压实状态混凝土料的敏感性；每种级配混凝土各选五个点进行测试，以避免试验结果的偶然性。试验结果见表 2.13、图 2.36。

表 2.13　　　　　　　　　夯实模拟碾压热层表面智能应力波速仪测试结果

级配	组数	第一遍碾压后波速/(m/s)	第二遍碾压后波速/(m/s)	第三遍碾压后波速/(m/s)	第四遍碾压后波速/(m/s)	第五遍碾压后波速/(m/s)
二级配	第一组	271.48	289.64	299.58	316.23	319.07
	第二组	268.42	284.78	303.58	318.35	314.37
	第三组	266.43	291.32	308.57	322.47	316.48
	第四组	273.78	287.69	309.86	317.42	319.75
	第五组	262.98	282.57	302.69	318.97	318.59
三级配	第一组	259.2	280.5	296.82	306.72	305.42
	第二组	260.72	276.89	298.12	310.46	311.42
	第三组	253.98	281.82	293.79	304.79	306.33
	第四组	258.75	277.79	296.23	305.42	309.89
	第五组	261.42	274.39	292.98	312.49	309.76

通过室内试验可以发现：同种碾压条件下二级配碾压混凝土中表面波速度明显略高于三级配碾压混凝土，随着混凝土料不断被振动压实，表面波传播速度逐渐提高，夯压完成后，表面波波速趋向稳定。试验结果表明，使用智能应力波速仪测试不同压实状态下两种级配碾压混凝土料的表面波波速数据稳定，反映不同夯压遍数即不同压实状态下波速均有所差别，说明波速对不同级配及不同压实状态碾压混凝土层的敏感性良好。

综上，使用研发的智能应力波速仪，采用室内模拟测试方法检测了夯压混凝土中表面波波速值，表明测试方法可靠，结果稳定，可以满足现场碾压工况检测精度要求。

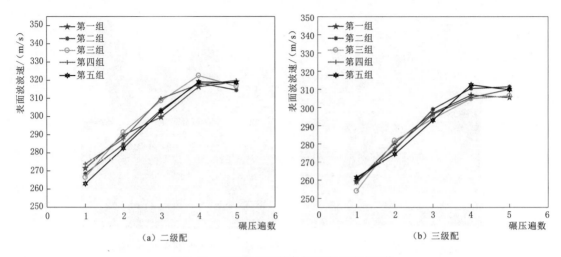

图 2.36　不同碾压遍数条件下表面波波速值

2.4　热层碾压轨迹跟踪技术

2.4.1　碾压条带识别技术

为实现实时检测压实质量，需实时获取模型参数。碾压混凝土大坝在建设过程中，由下到上不同坝段碾压混凝土仓面面积有很大差别，大仓面面积高达数千平方米，小仓面面积仅有数百平方米。碾压仓面整体面积较大，直接监控全仓面压实质量无法实现，为方便压实质量检测，同时实现各参数间的时空对应，需对碾压混凝土仓面进行单元划分，直接检测每个单元中碾压混凝土压实质量。

划分单元面积直接影响检测精度及测量工作量，因此选取合适的单元面积至关重要。单元面积不能过大，单元面积过大则代表性较差，无法实现精细化控制目标；单元面积不宜过小，单元面积过小，控制精度高但测量工作量太大，影响工程进度，无法满足快速施工要求，且实际工程中，部分小区域压实效果不佳不影响大坝整体质量，存在一定容错性。工程现场使用的碾压车碾轮宽度一般为 2.2m 左右，实际碾压时使用错距法，相邻碾压条带间存在一定的重叠区域，因此将划分单元宽度定为 2m，正方形单元容易建立模型且单元划分清晰，将划分单元面积设置为 $2 \times 2m^2$，同时满足精细化控制及快速施工要求。

同一碾压条带振动碾机作业时压实功相近，相邻区域所摊铺骨料料性接近，其所需压实能量相近，因此可认为用同一碾压条带相邻区域压实度相同。每个仓面按面积划分完成后，周边会有部分区域未被纳入划分单元中，直接以相邻单元压实质量表征其压实质量。实际测量时，整个仓面被划分成数百个甚至上千个单元，测量时会有所缺漏。部分单元测量数据缺失时，以同一碾压条带相邻单元压实度均值表征其压实质量。

2.4.2　GPS-RTK 定位

碾压条带数据的获取则采用高精度 GPS-RTK 实时跟踪定位系统监测碾压机械在仓

面行走轨迹，记录碾压车不同时间的位置信息。GPS-RTK 天线定点静态测试时，在没有遮挡的情况下，水平面定位误差为 1cm，高程定位误差为 3cm。当测试区域有障碍物遮挡时，水平面定位误差为 3cm，高程定位误差为 5cm。定位数据的更新速度为 1s。定位数据由 4G 通信模块实现远程传输，支持最大 50M/150Mb/s 的理论上下行数据传输速度，数据丢包率为 2.7%。现场测试前，首先，将基站固定设置在施工区较近的空旷区域，在碾压车上安装 GPS-RTK 天线，如图 2.37 所示。利用移动端发射信号，将数据传入远程数据库中，如图 2.38 所示。根据实时获取的三维位置信息，可以直接显示每个时刻碾压车在仓面行走轨迹。整个监测过程采用全自动信息化采集传输方式，存在的误差仅为测量误差，基本可以忽略不计。

（a）碾压车　　　　　　　　　　　　　　（b）采集仪

图 2.37　碾压车轨迹采集仪

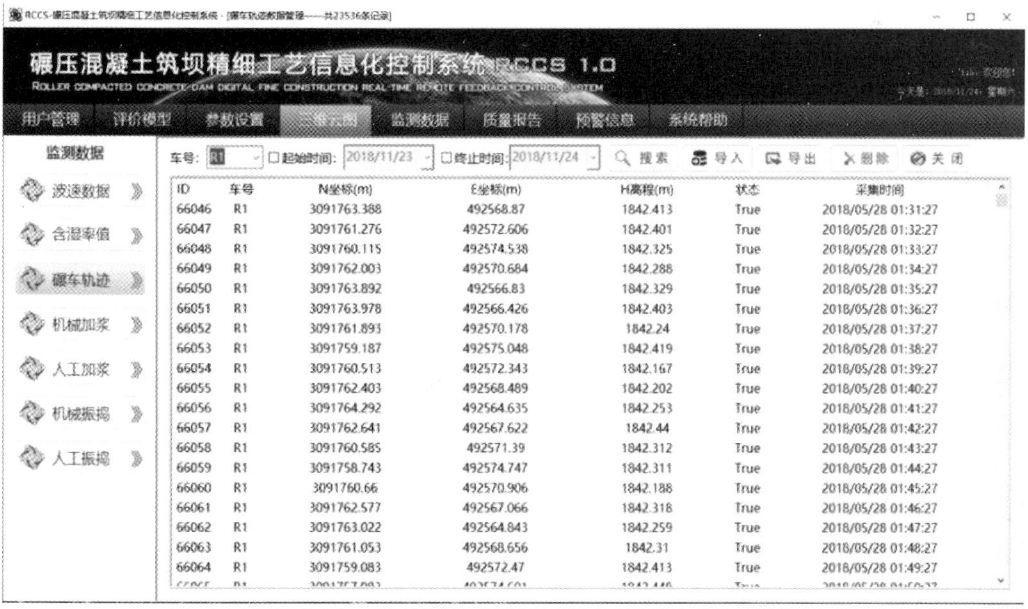

图 2.38　碾压车轨迹数据库示意图

2.5　碾压含湿率及热层波速在线联合检测技术

为实现碾压混凝土压实质量现场实时准确评价，本书提出一种基于应力波和含湿率实时评价碾压混凝土压实度指标的新型方法。首先，在确定碾压混凝土骨料级配后，通过智能含湿率测试仪（图 2.39）实现碾压混凝土含湿率及 VC 值的实时预测，采用智能应力波速仪自动采集混凝土碾压层的应力横波传播速度，将以上两种实测料性参数连同其空间定位数据共同上传至云端服务器；其次，基于拌合料含湿率、碾压层混凝土中应力波波速以及骨料级配等计算参数输入率定完成的 BP 神经网络模型，实现碾压混凝土压实质量的实时准确评价；最后，利用建立的施工层分格单元模型，给出碾压层压实度合格性指标分布，实时评价反馈控制，实现对碾压混凝土施工层的压实质量管控。

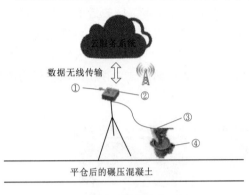

图 2.39　拌合料含湿率实时测量仪器
①—GPS-RTK 定位；②—数据处理器；
③—含湿率测试探针；④—拌合料置料筒

2.5.1　技术实现方法

总体技术原理如图 2.40 所示，具体步骤如下：

（1）BP 神经网络预测模型训练和评价模型率定。现场采集二级配、三级配和四级配碾压混凝土的测试样本不少于 500 个测点数据（包括实时碾压层横波应力波速、含湿率值以及对应的拌合料级配），采用 BP 神经网络算法对试验数据进行训练，并使用《水工碾压混凝土施工规范》（DL/T 5112—2021）确定的核子密度仪现场检测方法对应数据对评价模型精度进行验证和率定。

（2）选择级配指标。实际工程中二级配、三级配和四级配碾压混凝土施工区域有明显区分，可根据二级配、三级配、四级配碾压混凝土分别训练模型，使用时直接根据实际施工区域级配情况选择相应预测模型。

（3）仓面拌合料含湿率测量。碾压混凝土堆料摊铺于仓面，用平仓机摊铺均匀后，利用拌合料含湿率实时检测仪，按步骤对碾压料进行湿筛、装填、压实、测试、上传，对测点分别取样本测量三次，记录平均值，自动完成计算、显示、存储，并通过高精度 GPS-RTK 模块和 4G 通信模块，实现将仓号、测点序号、含湿率值、VC 值和测点定位数据上传到云端服务器，自动导入 BP 神经网络预测模型。

（4）碾压后应力横波波速采集。采用快速高效的现场波速测试仪在仓面碾压完区域随机测量采集碾压完热层的横波波速值。首先应力波激发装置使 2kg 钢球从固定高度（离地 750mm）自由落下产生应力波，随后在距落球点 500mm 和 1500mm 的前后两个钢制触点采集到横波首波信号并传送到所连接的传感器，采集到的横波信号通过滤波处理，提

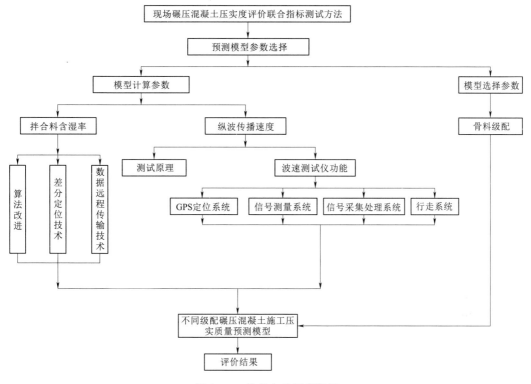

图 2.40　技术实现原理框图

取到 2kg 定量冲击下的固定距离间横波首波差，进而获得被测局部区域的横波应力波波速，并通过高精度 GPS-RTK 模块和 4G 通信模块，将测试点分类序号、横波应力波波速和测点定位数据上传到云端服务器，并自动导入 BP 神经网络预测模型。

（5）BP 模型预测与现场质量馈控。仓面料性实测参数导入经率定准确的 BP 神经网络预测模型后，可直接评价给出每个测点碾压混凝土压实度，并对照验收要求判断合格情况，便于不合格区域现场实时补碾。

采用以上技术方案可以弥补当前碾压混凝土热层碾压完成后的压实度实时检测缺陷，作业过程中能实现远程、精准地掌握碾压质量情况，并可以快速有效馈控决策管理，现场、远程人员可同步精细掌握和控制碾压层的混凝土施工实时质量，实现信息化施工。

2.5.2　压实度和含湿率现场联合测定试验

选取某工程左岸 10 号坝段碾压区的第 4 施工仓第 11 层（1 号～5 号坝段，高程 1882.00～1888.00m）。该区域为二级配碾压区域，通过在施工现场实时采集碾压工艺参数并上传，远程评价碾压混凝土现场施工压实质量并进行现场馈控，开展了有效实施应用，并运用核子密度仪在现场采集碾压压实度实测值，验证了本书成果可靠性。

（1）选取碾压区域内二级配混凝土，实时检测仓面若干组单独测点的含湿率值和应力横波速值，并通过 BP 神经网络预测模型得出上述测点压实度指标。

（2）采用核子密度仪同步检测以上测点获取压实度检测值，建立对应关系。模型计算

时输入某评价单元内某点实时测量数据（二级配骨料、含湿率 21.1%、应力横波波速
257.98m/s），得到预测压实度 94.12%，采用核子密度仪检测该点压实度为 95.30%，两
者差值满足精度要求。其余预测评价数据见表 2.14，除少量异常值外，两者差值均小于
0.8%，说明基于现场应力波和含湿率联合测试所建立的施工层压实度评价模型可以较好
反映现场碾压混凝土施工压实情况。

表 2.14　　　　　　　第 11 层二级配部分测点碾压混凝土预测评价数据

含湿率 /%	应力横波波速 /(m/s)	预测压实度 /%	压实度 /%	含湿率 /%	应力横波波速 /(m/s)	预测压实度 /%	压实度 /%
21.2	275.42	96.85	96.87	19.3	270.00	95.25	95.80
21.2	283.25	97.35	97.45	19.3	282.42	97.58	97.89
21.2	296.74	98.25	98.12	19.3	289.08	98.50	98.60
20.5	267.45	96.24	94.38	19.3	306.72	98.90	99.40
20.5	274.38	96.88	96.48	19.0	267.40	94.50	94.58
20.5	287.79	97.42	97.80	19.0	280.32	97.32	97.62
20.5	297.57	99.20	98.50	19.0	289.98	98.25	98.40
19.6	268.72	94.56	94.12	19.0	297.62	98.38	99.12
19.6	284.65	97.38	97.25	18.3	270.42	97.28	97.52
19.6	293.10	98.15	97.98	18.3	284.25	98.28	98.42
19.6	303.20	98.96	98.88	18.3	300.12	98.90	99.30

利用本书所提出的基于应力波和含湿率联合测试实时评价碾压混凝土压实度指标方
法，可形成碾压混凝土施工热层的实时压实质量评价模型。现场使用表明，实时评价模型
使用效果良好，能满足快速、精细化馈控施工要求。

2.6　级配和胶砂比实时获取

2.6.1　级配

碾压混凝土是由粗骨料、细骨料（砂）、水泥、粉煤灰等组成的多相混合体。在受碾
过程中，碾压混凝土拌合料振动液化，胶凝材料浆体的黏度系数急剧降低，骨料颗粒在重
力和振动应力波的作用下重新排列构成一个稳定骨架。粗骨料的级配状况将直接决定该骨
架的空隙率和可碾性以及嵌挤密实作用。因此，本书定义级配因子 β 衡量粗骨料的级配
情况：

$$\beta = \frac{r_s + r_m}{r_m + r_l + r_z} \tag{2.64}$$

式中：r_s 为粗骨料粒径在 5～20mm 的质量百分比；r_m 为粗骨料粒径在 20～40mm 的质
量百分比；r_l 为粗骨料粒径在 40～80mm 的质量百分比；r_z 为骨料粒径在 80～150mm 的
质量百分比。

然后通过不同配比的二级配、三级配甚至全级配料的紧密密度试验，发现骨料级配因子 β 与振实空隙率具有较强的非线性相关性，相关系数 $R^2 = 0.89$，如图 2.41 所示。

从图 2.42 可以看出，骨料级配因子 β 越小，对应的振实空隙率越小，即在相同振动能量输入情况下，该级配的碾压混凝土越易压实；骨料级配因子 β 越大，振实空隙率随之增大，即该级配的碾压混凝土越不容易压实，所以合理的级配有利于密实性，而 β 作为反映碾压混凝土级配特征参数，应当作为碾压混凝土压实度实时监控的变量。

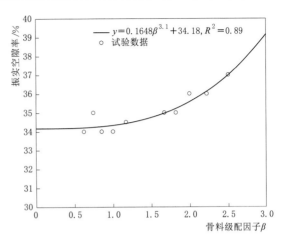

图 2.41　骨料级配因子 β 与振实空隙率关系

根据测试点处的三维坐标信息实时获取碾压混凝土的级配因子 β。首先构建三维块域坐标与级配因子集合的映射关系 f，并预存入程序。当仓面测点的四维时空信息上传云服务器数据库时，根据其三维空间坐标，运用式（2.65）计算对应的级配因子 β：

$$\beta(n,t) = f(X_n, Y_n, Z_n, t) \quad (n \in N^+, \quad t \in R) \tag{2.65}$$

式中：t 为时间；X_n，Y_n，Z_n 分别为 t 时刻第 n 个测点的空间位置坐标；$\beta(n, t)$ 为 t 时刻第 n 个测点的级配因子。

2.6.2　胶砂比

胶砂比代表碾压混凝土中的胶凝材料含量，见式（2.66）。胶砂比直接影响混凝土拌合物的和易性以及硬化后的各项性能。

$$CS = \frac{m_c}{m_s} \tag{2.66}$$

式中：CS 为胶砂比；m_c 为 1m³ 碾压混凝土中胶凝材料（水泥、粉煤灰或矿粉）质量，kg；m_s 为 1m³ 碾压混凝土中砂的质量，kg。

胶砂比过小时，骨料的总比表面积和空隙率变大。在自重和振动碾激振力的作用下液化产生的水泥浆体过少，粗骨料被水泥浆体包裹不充分；骨料间的摩擦力增大，混凝土内部的空隙不能被浆液填充，导致无法振动压实，且碾压层表面无液化泛浆现象。随着胶砂比增大，即胶凝材料的增加，砂粒能够均匀悬浮在水泥浆体中，形成"滚珠"效应；且包裹在骨料颗粒表面的水泥浆层越厚，润滑作用越好，振动液化产生的水泥浆液更易于填充碾压混凝土中的空隙，形成密实骨架结构。若胶砂比过大，骨料间的水泥浆变稠，黏聚力增加；虽然黏聚性和保水性较好，但是流动性降低，现场施工的可碾性降低。因此，将胶砂比作为表征碾压混凝土材料特性的定性指标，能够准确控制碾压混凝土的压实状态。

在碾压混凝土压实质量实时监控系统中，仓面测点处混凝土胶砂比 CS 可根据三维坐标信息实时获取。首先构建三维块域坐标与胶砂比集合的映射关系 g，并预存入程序。当测点的三维空间坐标信息上传云服务器数据库时，运用式（2.67）计算对应的胶砂比：

$$CS(n,t)=g(X_n,Y_n,Z_n,t) \quad (n \in N^+, \quad t \in R) \tag{2.67}$$

式中：t 为时间；X_n，Y_n，Z_n 分别为 t 时刻第 n 个测点的空间位置坐标；$CS(n,t)$ 为 t 时刻第 n 个测点的胶砂比。

2.7 碾压过程多源异构数据的集成与交互方法

2.7.1 碾压过程数据特点

没有一个统一的数据预处理过程和单一技术能够用于多样化的数据集。要解决碾压施工工艺过程参数多源异构数据的集成与交互问题，需考虑性能需求和数据集的特性，选择合适的数据处理方案。

如前所述，本书分别选取了碾压层表面波波速、拌合料含湿率、骨料级配和胶砂比作为碾压层压实质量评价参数；选取了碾压结合面上、下热层本体含湿率及压实度作为层间结合质量评价参数；此外还包括动态三维模型数据。上述系列分类数据构成了碾压施工过程质量控制的数据源信息流，这类数据源信息流体现出以下特点：

（1）多源性。因各类型数据获取方式不同，生成的数据信息具有多源性。如含湿率、表面波波速分别由智能含湿率测试仪与智能应力波速仪获取。

（2）异构性。不同数据源所采用的底层数据结构和框架不同，因此多源数据的组织结构也存在较大差异。

（3）多维度。参数信息往往除了三维空间信息、时间信息外，还包含反映工艺过程特征及变化的属性信息，且工艺过程中涉及众多施工参数，因此施工信息维度多。

（4）动态性。随着工艺过程实施进展，施工不同阶段不确定因素以及实施方案的随机性变化，如材料改变、碾压分层变化等，都会导致实时信息属性不断改变，所以数据源信息始终表现为动态性。

（5）不确定性。碾压层施工质量控制过程干扰性大且不确定性强，由此也决定了施工质量控制信息的产生具有不确定性。例如，实际施工往往通过在仓面布设一定数量的随机点、采用不同设备现场检测评价参数以表征全层面的施工质量，具有随机性和灰色性等不确定性。

（6）多尺度。碾压施工过程是一个复杂的系统工程，为有效组织、计划施工，常将整个工程按照从整体到局部再到细部——碾压混凝土坝体—碾压区—碾压仓和碾压层进行逐级分解，相应工艺信息也可按照其内容所反映项目分解级别，分为从宏观到中观再到微观等不同尺度。具体地，工艺信息既可以反映某一碾压层的工艺质量微观特征和变化，又可以反映某一施工仓甚至整个坝体的特征与变化。故工程施工信息的尺度较多。

（7）可挖掘性。信息的多维度、多尺度、动态性和不确定性，决定了这些紧密联系的碾压工艺信息之间潜藏着未知的规律。利用所掌握的数据挖掘方法和技术手段，可充分分析掌握现场更多已知信息背后的过程、特点、规律。因此，越是丰富的异构集成数据信息流，可挖掘性越强。

综上，本书涉及的碾压工艺施工过程可获取量化信息具有多源性、异构性、多维度、动态性、不确定性、多尺度和可挖掘性等特征，能为碾压混凝土坝施工过程质量的在线智能仿真馈控提供较为全面的信息来源。

2.7.2　数据的集成与交互

为实现碾压层施工质量的智能分析与多维可视化馈控，现场工艺信息与三维实体模型信息如何集成与交互是关键。本书采用基于 API 的数据集成方法，通过云服务平台开发应用对获取的多源异构数据进行整合、交互，如图 2.42 所示。

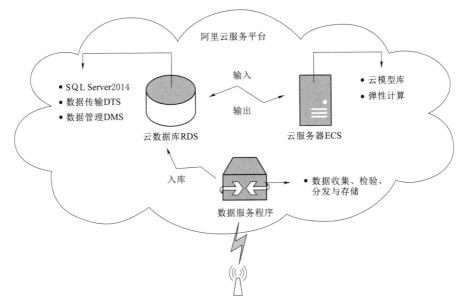

图 2.42　基于 API 的数据集成示意图

首先，采用 VC＋＋2010 编程语言，开发了基于云平台的数据服务程序，实现数据获取、检验、分发和存储；其次，在云平台创建 RDS（relational database service）链接 SQL Server 数据库作为云数据库，实现数据存储、数据传输（data transmission service，DTS）及数据管理（data management service，DMS）功能；最后，使用云服务器（elastic compute service，ECS）存储各智能评价模型算法作为云模型库，利用云计算弹性可扩展和高性能计算的特点，基于实时数据进行过程信息参数的动态计算，输出计算结果，并返回至数据库保存。

2.7.2.1　数据的集成

数据服务程序包含多个通信端口，实时侦听无线上传的现场施工工艺参数，对所接收数据进行预处理后存储至云数据库，以实现数据有效集成。

1. 含湿率

智能含湿率测试仪将采集的含湿率数据上传至数据服务程序 20007 端口，数据格式如下：

$$\$,<1>,<2>,S/N,<3>,<T>,<D>,<N>,<E>,$$

$$<H>,<4>*END<CR><LF>$$

其中：$ 为数据起始引导符；<1>代表智能含湿率测试仪编号，按 A~Z 顺序编码；<2>为区位编码，共六位，前两位、中间两位、后两位分别表示仓号、段号及层号；S/N 表征含湿率采集状态，S 表示碾压前拌合料，N 表示上层混凝土铺料前的下层历时碾压混凝土；<3>为含湿率值，共三位，存储值范围为 1~999；<T>为 UTC 时间，单位为 hhmmss（时分秒格式）；<D>为日期；<N>为北向坐标，单位为 m；<E>为东向坐标，单位为 m；<H>为海拔高度，单位为 m；<4>为介电传感器状态，1 表示正常，0 表示异常；<CR><LF>分别表示每帧结束后的回车和换行，即 Carriage Return 与 Line Feed。

为确保数据有效性，数据服务程序仅保留介电传感器状态值为 1 对应的数据组，其他数据则予以删除。

2. 碾压层表面波波速

与含湿率数据的传输接收模式类似，智能应力波速仪生成固定数据格式的波速数据组，通过无线网络传输至数据服务程序 20008 端口，数据格式如下：

$$\$,<1>,<2>,<T>,<D>,<N>,<E>,<H>,<3>,<4>,$$
$$<5>*END<CR><LF>$$

其中：$ 为数据起始引导符；<1>为波速仪编号；<2>为波速值；<T>为 UTC 时间；<D>为日期；<N>为北向坐标，单位为 m；<E>为东向坐标，单位为 m；<H>为海拔高度，单位为 m；<3>为移动站解算状态，1 代表差分解，2 代表浮点解，3 代表固定解；<4>为参与解算的卫星数，即移动站搜索到的卫星数；<5>为水平精度因子。

数据服务程序仅保留移动站解算状态值为 3 对应的波速数据组，其他数据予以删除。

3. 碾压车定位数据

碾压车顶部 GPS 定位设备发送各碾压车定位数据，由通信端口 20009 进行侦听，数据格式如下：

$$\$,<1>,<T>,<D>,<N>,<E>,<H>,<2>*END<CR><LF>$$

其中：$ 为数据起始引导符；<1>表示碾压车车号；<T>为 UTC 时间；<D>为日期；<N>为北向坐标，单位为 m；<E>为东向坐标，单位为 m；<H>为海拔高度，单位为 m；<2>代表定位坐标解算状态，1 表示正常，0 表示异常。

对位于施工仓面范围外的异常定位数据予以删除，其他数据录入云数据库。

4. 三维模型数据

将 DXF 格式的 AutoCAD 三维模型文件导入云数据库进行存储，可直接以文件形式手动存储至数据库，也可通过远程系统提供的模型导入接口实现快速导入。

5. 统一坐标

为确保碾压混凝土坝施工质量信息的有效导入和动态显示，首先需将三维实体模型的 AutoCAD 用户坐标系转换到大坝地理坐标系。考虑碾压混凝土施工仓面属于小测区范围，高斯投影变形误差的影响可忽略不计，模型 Z 轴方向与 GPS 高程方向一致，公共点的高程误差对转换得到的点平面坐标影响不大。因此，选择简易的平面转换模型进行平面坐标转换，见式（2.68），高程设为某一固定常数：

$$\left.\begin{array}{l}(X',Y')=K\boldsymbol{R}(X,Y)+(\Delta X,\Delta Y)\\[2mm]\boldsymbol{R}=\begin{bmatrix}\cos\alpha & -\sin\alpha\\ \sin\alpha & \cos\alpha\end{bmatrix}=\begin{bmatrix}A & -B\\ B & A\end{bmatrix}\end{array}\right\} \qquad (2.68)$$

式中：(X,Y) 为 CAD 系统坐标；(X',Y') 为 WGS84 平面坐标；$(\Delta X,\Delta Y)$ 为坐标平移参数；$\boldsymbol{R}$ 为旋转矩阵；α 为旋转角度；K 为缩放参数（若三维模型按 $1:1$ 比例进行绘制，则 $K=1$）。

综上，利用基于云平台的数据服务程序对所获数据进行预处理，将有效数据按序存入云数据库，以实现多源异构数据的初步集成。

2.7.2.2　数据的交互

1. 三维实体模型与导入参数交互匹配

质量评价以一个碾压层为基本单位进行控制，若无法准确辨识碾压层，将导致数据匹配碾压层混乱，不能反映真实碾压工艺实际情况，碾压质量控制也无从谈及。但仅靠测点数据 GPS 定位高程信息识别碾压层位置，则极易发生错误。因此，将三维模型各层级构件的"图层编码"与现场实时施工信息的"区位编码"一一映射，实现仓面采集的施工工艺数据向碾压层的正确导入。具体步骤如下：

（1）三维块域模型编码带有级配编码信息，模型坐标与大坝地理坐标对应后，即可实时获取全层面任意点处骨料级配及对应胶砂比信息。

（2）调取拌合料含湿率数据中的区位编码，与三维实体模型中的图层编码相匹配，确定当前施工碾压层位置。

（3）以第一条拌合料含湿率数据的采集时间为起始时间，以最后一遍碾压后含湿率数据的采集时间作为结束时间，确定当前施工碾压层内所有数据的采集时间段，据此将所有数据按其平面坐标均匹配至该碾压层对应测点位置。

（4）基于以上材料参数信息，调取模型层中分区单元信息，导入波速测试值（缺省波速值，通过 3.1 节方法进行有效补充填入），至此可形成评价碾压层实时层面的多源工艺过程参数信息集成导入，供后续 BP - ANN 碾压层压实度实时预测评价模型以及基于 Bagging - BP 层间结合质量评价模型进行质量分析。

（5）由实时仿真评价碾压层与层间压实质量信息，经云平台系统及数据库，实时反馈至远端计算机和现场终端，可实现实时再现仿真分析碾压质量信息效果。

综上，通过现场工艺与材料过程参数化信息以及 OpenGL 建立的精准实体三维施工层模型，采用图层编码与信息区位编码一一映射的方式，实现坝体施工模型与工艺参数的动态耦合，完成碾压施工过程多源异构信息数据的时空集成与后续智能化质量评价馈控的交互实现。

2. 数据信息交互方式

本书提出的现场工艺过程型异构参数信息与智能评价效果交互方式，通过编写特定的 activeX 数据对象（activeX data objects，ADO）和 SOCKET 通信，实现了数据流双向通信模式。其实现原理的技术路线，如图 2.43 所示。

图 2.43 中，碾压工艺质量评价结果以参数化三维实体模型为载体、以图形数字化格式反馈至远程——现场智能终端（远程多维可视化系统和现场 Web 在线质量馈控系统），后续章节将详细介绍。

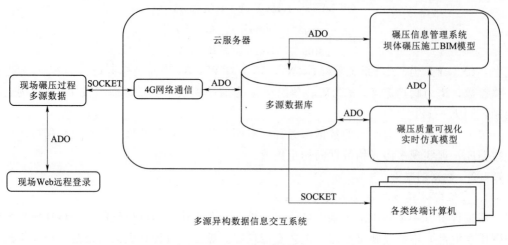

多源异构数据信息交互系统

图 2.43 数据信息交互

第3章 碾压层质量智能精细评价方法

3.1 碾压施工质量评价现状

碾压混凝土是用振动碾压实的超干硬性混凝土。由于碾压混凝土施工方法和筑坝材料的特殊性，在碾压混凝土分层碾压施工过程中，层面压实度低与层面出现薄弱环节都会对渗透性和抗剪强度产生较大影响，对坝体的安全和耐久性构成很大的威胁[118]。因此热层的压实效果、碾压层间结合质量以及薄弱区域特征都对碾压混凝土坝成型质量有重大影响，严格控制压实度、层间结合质量以及薄弱区域质量具有重要意义。

在目前实践中，工程现场对施工碾压工艺控制手段落后，压实度与层间结合质量检测粗放、控制精度较低，且定量评价指标时仅依赖统计意义下合格率，已无法满足精细化施工要求。施工现场因压实质量与层间结合质量控制不严，导致仓面成型质量差的问题时常发生，严重时甚至在碾压仓面浇筑完成后需将仓面挖开重新碾压施工，严重威胁大坝安全。因此，研究碾压混凝土施工压实质量的实时有效控制方法对提高施工效率、减少不必要成本浪费、提高大坝成型质量等方面具有重要意义。

3.1.1 层面压实质量

根据 2.3.1 节中所述核子密度仪检测压实度现存问题，本书基于可准确获取的实时拌合料含湿率、碾压层表面波波速及碾压混凝土材料级配特征参数性能等，采用基于改进的GA-BP 神经网络，根据现场实际采集的工艺材料性能参数，试图构建新的实时压实度预测评价模型，实现快速、准确、实时及可靠的压实度检测。

现场施工过程中，由于分层碾压施工，层面出现薄弱环节的概率比常规混凝土大，这些薄弱环节对渗透性和抗剪强度的影响较大，处理不当坝体将出现强透水层面。因此层间结合质量成为碾压混凝土质量控制的另一个关键的因素。现场试验中，通过钻孔取芯的方式测试取样试件的抗剪强度、劈裂抗拉强度以及渗透性等指标表征层间结合质量，然而，个别取样点的层间结合质量并不能代表全仓面的层间结合质量[45]。因此，开展基于实时远程监控系统的碾压混凝土坝层间结合质量动态评价研究是控制碾压混凝土坝层间结合质量的有效手段。

3.1.2 层间结合质量

虽然碾压混凝土坝修建历史已有 40 余年，但严格检控层面质量的工程为数不多。若不严格控制层面质量，层面抗拉强度影响系数（层间强度/本体强度）的减小会导致大坝结构拉应力、剪应力安全度下降，应引起重视。

层间结合质量对碾压混凝土耐久性和大坝抗滑稳定性非常重要。但在连续浇筑碾压混凝土层面施工过程中，通常只检测了待碾层混凝土的可碾性，并没有针对已碾层混凝土性能进行检测。根据理论分析与现场试验研究可知，层间结合质量不仅与碾压后上下层的含湿率有关，还与上下层的压实度密切相关[119]。碾压后压实度值越低，含湿率值越高，层间结合质量越差，所取芯样的抗剪强度与劈裂抗拉强度越低。因此，本书将可准确获取的上下层含湿率值以及对应的压实度作为控制指标应用到层面结合质量控制方面，采用基于改进遗传算法的 BP 神经网络，根据现场实际采集的工艺材料性能参数，试图构建新的实时层间结合质量预测评价模型，快速、准确分析评价施工仓面检测点处的碾压混凝土层间结合质量。

3.1.3　压实薄弱区域质量

薄弱点识别反馈也是碾压作业必须重视的环节，对于保证结构整体质量和提高现场施工效率具有重要意义。对于碾压混凝土压实质量控制，《水工碾压混凝土施工规范》（DL/T 5112—2021）要求每层每铺 $100\sim200\text{m}^2$ 至少应有一个测点，且测点压实度不应小于 97%，最终以其合格点数占比代表采集区域整体质量合格率。这种质量合格率反映的是碾压层区域满足标准压实度的面积比例，无法体现不合格区域影响程度。压实薄弱区域客观存在，但应控制在某一范围内，确保不至于影响结构整体性能。随着实时监测技术广泛应用于振动压实作业工程中，如瑞典结合 Geodynamik 公司推出 CDS 系统，实时展现填筑体压实密度，更加直观展现碾压仓面内薄弱区域。

因此，为了保证压实质量评估的可靠性，在抽检某碾压层压实效果时，不仅要考虑整体压实度合格率以及层间结合质量，不合格区域的薄弱程度、薄弱面积以及空间聚集性也应当成为质量评估的重要内容。

3.2　仓面参数的不确定性分析

施工现场复杂性、抽样采点随机性以及环境影响多变性都会导致施工环节较大变异性，因此需要将获得参数信息分为确定性信息和不确定信息。不确定性存在将会影响压实质量预测结果准确性，因此，需要借助数学方法进行处理，使得评价结果更加合理可靠。本书采用空间插值方法，对离散参数进行整合、补充和优化，获得全层面高粒度化数据，并通过设置不同数量的样本序列和不同大小的网格方案，对比分析参数的空间模拟精度以量化分析其空间不确定性，由此可通过合理制定离散参数采样方案，提高碾压施工质量评价精度。

3.2.1　常用空间插值方法

地质统计学中的空间插值方法是数字土壤领域监测土壤属性变化的时空定量方法，常用方法包括克里金（Kriging）插值法、反距离加权（inverse distance weighted，IDW）插值法及地理加权回归（geographically weighted regression，GWR）插值法等。

1. Kriging 插值法

Kriging 插值法是一种线性、无偏、最优的空间内插估值方法。对变量在待测点 x 处的估计值 $Z^*(x)$，等于该点影响范围内的 n 个有效观测值 $Z(x_i)$ 的线性组合，即

$$Z^*(x) = \sum_{i=1}^{n} \lambda_i Z(x_i) \tag{3.1}$$

式中：λ_i 为各观测值 $Z(x_i)$ 对估计值 $Z^*(x)$ 的权重，取决于测量点之间的距离、预测位置和基于测量点的整体空间排列。

在保证估计无偏性（预测值期望为 0）和最优性（预测值方差最小）的条件下，可根据变量的半方差函数计算 λ_i，见式（3.2）：

$$\gamma(h) = \frac{1}{2} N(h) \times \sum_{i=1}^{N(h)} \left[Z(x_i) - Z(x_i + h) \right]^2 \tag{3.2}$$

式中：$\gamma(h)$ 为半方差值；$N(h)$ 为距离等于 h 时的点对数；$Z(x_i)$ 为位置 x_i 处的变量值；$Z(x_i + h)$ 为在距离 $x_i + h$ 处的变量值。

但因数据的非正态分布会影响半方差函数的精度，所以 Kriging 插值法在拟合半方差函数前，需保证数据的正态分布或进行正态变换。

此外，自 1951 年首次提出以来，克里金插值法发展产生了多个变体，包括普通克里金（ordinary Kriging）、泛克里金（universal Kriging）、简单克里金（simple Kriging）、协同克里金（Co_Kriging）、对数正态克里金（logistic normal Kriging）、指示克里金（indicator Kriging）、概率克里金（probability Kriging）等，这些方法对应有不同的假设条件及适用情形，需根据具体情况正确选择适当的方法。

2. IDW 插值法

IDW 插值法是一种基于相近相似原理将离散点状数据面状化的局部内插方法，即距离预测点越近的样点，被赋予的权重越大。IDW 插值法简便易行，可为数据集提供一个合理的插值结果，其关键在于权重函数［式（3.3）］与搜索半径等控制参数的选取。

$$w_i = \frac{1/d_i}{\sum_{i=1}^{n} (1/d_i)^p} \tag{3.3}$$

式中：n 为参与计算的样本点个数；d_i 为插值点 (x, y, z) 与第 i 个样本点 (x_i, y_i, z_i) 的距离；p 为反距离幂指数，是大于零的常数。

搜索半径可分为两类："固定型"可通过预设一个固定的搜索半径阈值，使该距离内的所有样本点参与计算；"非固定型"则固定样本个数，即搜索半径可变。

3. GWR 插值法

1996 年 Brunsdon 等提出 GWR 插值法，可有效模拟空间变异过程。GWR 插值法根据回归点为每个数据点赋予一个反距离权重[120]，即

$$Y_i = \beta_0(u_i, v_i) + \sum_{k=1}^{m} \beta_k(u_i, v_i) X_{ik} + \varepsilon_i \tag{3.4}$$

式中：Y_i 为预测的在 i 点位置的某种属性值；(u_i, v_i) 为 i 点位置的坐标；β_0 为 i 点位置的拦截参数；m 为独立变量的个数；β_k 为第 k 个变量的回归系数；X_{ik} 为 i 点位置的独

立变量值；ε_i 为 i 点的随机误差项。

除此之外，还有样条插值法、贝叶斯最大熵及高精度曲面建模等空间插值方法。综合考虑方法的计算精度及实用性，本书选用 IDW 插值法进行仓面离散采样参数的空间插值。

3.2.2　基于 IDW 的仓面离散采样参数不确定性分析

为保证离散采样点数据表征碾压层整体施工质量的可靠性，现场取点时保证测点位置在仓面均匀分布[121]。本书采用 IDW 插值法，以施工仓面碾压混凝土松铺料时采集的拌合料含湿率测试数据作为原始数据集，对离散样本参数进行整合、补充及优化，实现全层面高粒度化赋值；并通过设置不同数量的样本序列和不同大小的网格方案，对比分析含湿率空间模拟精度以量化分析其空间不确定性。步骤如下：

（1）属性异常值检验。采用 3σ 准则剔除原始数据集异常值，得到有效样点数据集。

（2）建立独立数据集。首先从有效样点数据集中随机抽取 10 个以上样点作为验证数据集，剩余样点作为预测数据集；再从预测数据集中分别获取均匀分布于仓面范围内的不同数量预测样本子集。

（3）IDW 插值法控制参数设定。在预设样本点在碾压仓面范围内均匀分布的前提下，本书采用非固定型搜索半径，即固定选择距预测位置最近的 3 个实测样本点进行插值计算，并基于最小平均绝对误差（mean absolute error，MAE）标准确定最佳幂指数 $p=1$。

$$\text{MAE} = \frac{1}{N} \sum_{i=1}^{N} \mid W_i(x_i, y_i, z_i) - W^*(x_i, y_i, z_i) \mid \tag{3.5}$$

式中：N 为验证点个数；W_i、W^*、(x_i, y_i, z_i) 分别为第 i 个验证点处的含湿率实测值、模拟值及对应三维坐标。

（4）数据分析。采用 ArcMap10.2 Spatial Analyst 分析工具，选用 IDW 插值法，按上述参数设定，分别对各预测样本子集以不同大小的网格划分模式进行拌合料含湿率全层面模拟，并将模拟结果输出云图。

（5）精度评价。采用验证样点含湿率预测值与实测值的均方根误差（root mean square error，RMSE）评价基于不同样点数量、不同网格划分模式下的含湿率空间模拟精度：

$$\text{RMSE} = \sqrt{\frac{\sum_{i=1}^{N} (W_i - W'_i)^2}{N}} \tag{3.6}$$

式中：N 为验证样点个数；W_i 和 W'_i 分别为第 i 个验证样点含湿率实测值与预测值。

3.3　碾压热层压实度智能评价模型

根据实时获取的决定现场碾压效果核心指标的波速值、含湿率、级配因子以及胶砂比，采用基于改进的 GA-BP 神经网络，构建其与碾压层压实度复杂非线性关系，分析预测仓面检测点处的碾压混凝土压实度值，从而快速、全面、准确评价施工仓面压实质量。

BP 神经网络和遗传算法均属于人工智能算法。BP 神经网络模拟人脑神经组织结构，由大量处理单元广泛互联构成网络体系，采用误差反向传递算法，计算多层前馈神经网络的权重和阈值，解决无法处理的非线性问题。但是 BP 算法易陷入局部极值从而导致网络训练失败。遗传算法是一种全局寻优算法，能克服一般迭代算法陷入局部极小的缺点。因此，通过 MATLAB 编程，构建遗传算法优化 BP 神经网络的碾压混凝土压实度预测模型，实现压实质量实时在线评价[122]。

3.3.1　GA‑BP 神经网络模型原理

典型的 BP 神经网络由输入层、隐含层和输出层构成。BP 神经网络是一种多层前馈神经网络，网络主要特点是信号前向传递，误差反向传播。信号前向传递中，输入信号从输入层经隐含层逐层处理，最终到达输出层，每层的神经元只受直接相连前层神经元的影响。若输出层最终输出与期望值差别较大，转入反向传播状态，即利用输出后误差推算前一层误差，再利用此误差进一步推算更前一层误差，一层一层反向传播可获得各层的误差估计值，根据预测误差值调整网络权值及阈值，从而使模型预测值不断逼近期望输出值，两者误差不断减小，直到达到模型精度要求。BP 神经网络拓扑结构如图 3.1 所示。

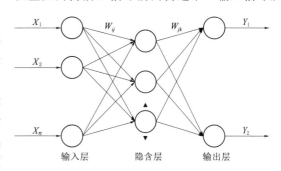

图 3.1　BP 神经网络拓扑结构图

图 3.1 中，$X_1, X_2, \cdots, X_n$ 为 BP 神经网络模型输入值，$Y_1, Y_2, \cdots, Y_m$ 为 BP 神经网络预测值，w_{ij} 和 w_{jk} 为 BP 神经网络权值。从图 3.1 可知，BP 神经网络模型可视为一个非线性函数，网络输入值和模型预测值分别为函数中的自变量及因变量。当输入节点数为 n、输出节点数为 m 时，BP 神经网络表达的就是从 n 个自变量到 m 个因变量的函数映射关系。

BP 神经网络的学习由信息正向传播和误差的反向回传两个过程组成。这两个过程反复交替，直到连接权值不再发生改变，网络输出误差达到精度要求为止。算法的具体步骤如下：

（1）确定网络模型，初始化网络及学习参数。

（2）提供训练模式，选实例作学习样本；训练网络直到满足学习要求。

（3）前向传播过程中，对给定训练模式输入，计算网络的输出模式，分析误差，若误差不能满足精度要求，则误差反向传播，否则转到（2）。

（4）误差反向传播过程。

BP 神经网络算法流程如图 3.2 所示。

BP 神经网络具有良好的自学习、自适应、自组织性及较强的鲁棒性和非线性处理能力，其应用范围涉及专家系统、模式识别等诸多领域。此外，BP 算法具有计算量小、并行性强等优点。尽管 BP 神经网络具有以上显著优点，但是也有其不足之处。BP 神经网

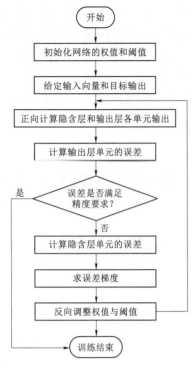

图 3.2 BP 神经网络算法流程

络训练过程收敛速度慢，学习效率低；在寻优的过程中，对于复杂的多因素问题，极易陷入局部极小值；隐含层节点个数难确定。因此，需要探索解决这些问题的方法[123-124]。

3.3.2 基于 GA‐BP‐ANN 的碾压压实质量馈控模型

首先，GA‐BP 神经网络需对数据进行训练，使模型具备联想预测能力，基于 GA‐BP 人工神经网络的施工压实质量馈控模型建立的具体步骤如下：

（1）初始化种群。首先建立 BP 神经网络结构，随机产生一组权值与阈值，并将网络中所有的权值和阈值直接采用实数编码的方式形成一组有序的染色体 X：

$$X = \{W_{i,j}^m, b_i^m\} \tag{3.7}$$

式中：$W_{i,j}^m$ 为前一层的第 j 个神经元对当前层（即第 m 层）的第 i 个神经元的权值；b_i^m 为第 m 层的第 i 个神经元的阈值。

式（3.7）中 $m=1,2,\cdots,M$；$i=1,2,\cdots,S^m$；$j=1,2,\cdots,S^{m-1}$。M 表示 BP 神经网络共有 M 层，S^m 表示第 m 网络层有 S 个神经元。

然后设定染色体的个数 P，即种群的个数为 P。由于采用浮点编码的方式对权值和阈值进行编码，因此每个染色体上的基因是一个二维矩阵，每个染色体的编码长度为 S：

$$S = S^0 S^1 + \sum_{m=1}^{M-1} S^m (S^{m+1} + 1) + 1 \tag{3.8}$$

式中：S^0 为学习样本的维数，即输入层神经元个数。

（2）适应度函数选取。适应度函数的选取直接影响遗传算法的收敛速度和解的好坏，所以适应度函数应该尽可能简单。由于遗传算法的搜索目标是寻找所有进化代中使网络误差平方和最小的权值与阈值，而遗传算法向适应度函数值增大的方向进化，因此将目标函数映射成求最大值模式的非负形式，即适应度函数采用网络误差平方和的倒数：

$$f(X_i) = \frac{1}{E(X_i)} = \frac{1}{\sum_{j=1}^{S^M} (t_{ij} - a_{ij}^M)} \tag{3.9}$$

式中：$E(X_i)$ 为网络误差平方和；a_{ij}^M 表示第 i 个染色体（个体）在输出层的第 j 个输出节点的输出值；t_{ij} 为对应的目标值；$f(X_i)$ 为第 i 个体的适应度。

$$a^{m+1} = f^{m+1}(W^{m+1} a^m + b^{m+1}) \quad (m=1,2,\cdots,M-1) \tag{3.10}$$

式中：f 为传递函数矩阵；W 为权值；b 为阈值；a^m 为输入变量；a^{m+1} 为输出变量。

（3）种群进化。种群的进化主要包含三个环节，即基因选择、基因交叉和基因变异。

基因选择是指种群中的个体在基因交叉前，根据适应度函数，选择父代群体中最优个体的过程。个体的适应度值越大被选择的概率越大，适应度值越小被挑选的概率越小。本书根据适应度函数将每个个体适应度值由大到小进行排序，然后采用几何规划排序选择运算，得到上一代个体直接进入下一代的概率，父代通过这种方式将优质个体保存并传递到下一代，从而实现了基因选择的功能。

首先，根据适应度函数将每个个体适应度值由大到小进行排序，采用几何规划排序选择运算，得到上一代个体直接进入下一代的概率 P_e，父代通过这种方式将优质个体保存并传递到下一代。然后从第 l 代种群中随机选择两个亲本 X_i^l 和 X_j^l，且 $l = 1, 2, \cdots, N$，N 表示种群最大遗传代数，在实数编码的方式下，采用算术交叉的方式进行交叉，产生的新个体由下式确定：

$$\left.\begin{array}{l} X_i^{l'} = \alpha X_i^l + (1 - \alpha) X_j^l \\ X_j^{l'} = (1 - \alpha) X_i^l + \alpha X_j^l \end{array}\right\} \tag{3.11}$$

式中：$X_i^{l'}$ 和 $X_j^{l'}$ 为交叉后的个体；α 为 [0，1] 之间的随机数，通过交叉运算产生新的染色体，拓宽了搜索的多样性，从而有利于寻找全局最优解。

最后，对染色体进行基因变异产生新的个体，加快在接近最优解邻近区域的收敛速度。变异函数采用实数编码下的非均匀变异算法，在父代中随机选择变异点 k，使父代基因由 $X = x_1 x_2 \cdots x_k \cdots x_s$ 变为 $X' = x_1 x_2 \cdots x_k' \cdots x_s$，若变异 x_k 处的基因范围为 [L_{min}^k，L_{max}^k]，则变异产生的新基因 x_k' 如下：

$$x_k' = \begin{cases} x_k + (L_{max}^k - x_k) \left[\beta\left(1 - \dfrac{l}{N}\right)\right]^3 & [\text{random}(0,1) = 0] \\ x_k - (x_k - L_{min}^k) \left[\beta\left(1 - \dfrac{1}{N}\right)\right]^3 & [\text{random}(0,1) = 1] \end{cases} \tag{3.12}$$

式中：β 为 [0，1] 之间的随机数，random 表示产生随机数。随着进化代数的增加，基因 x_k 的改变量 Δ 接近零的概率也增加。

在种群进行基因交叉和基因变异后，将生成的新个体插入到种群中，并计算新个体的适应度，选择较为优秀的个体，然后重复步骤（2）、（3），使权值与阈值不断进化，得到一组遗传算法优化的权值 $\boldsymbol{W}(0)$ 与阈值 $\boldsymbol{b}(0)$。

（4）BP 神经网络优化。将遗传算法优化的权值 $\boldsymbol{W}(0)$ 与阈值 $\boldsymbol{b}(0)$ 作为初始值，应用 BP 算法在这个解空间中对网络进行精调，从而搜索出最优解或近似最优解。在 BP 算法对网络训练时，正向传播过程中，每层的输出函数为 $\boldsymbol{a}^m$，见式（3.10），其中 $m = 0, 1, 2, \cdots, M$。该网络的输入变量矩阵为 $\boldsymbol{a}^0$：

$$\boldsymbol{a}^0 = \boldsymbol{p} \tag{3.13}$$

最后一层神经元的输出变量矩阵作为该网络的输出变量矩阵 $\boldsymbol{a}$：

$$\boldsymbol{a} = \boldsymbol{a}^M \tag{3.14}$$

当每次输入变量值变化时，其网络输出值都与目标值相比较，然后调整相应的权值与阈值，从而使均方差最小：

$$F(x)=E(e^{\mathrm{T}}e)=E\big[(t-a)^{\mathrm{T}}(t-a)\big] \tag{3.15}$$

根据 LMS 算法，输出层的误差可以近似表示为

$$\hat{F}(x)=\big[t(k)-a(k)\big]^{\mathrm{T}}\big[t(k)-a(k)\big] \tag{3.16}$$

式中：$t(k)$ 为第 k 次迭代时的目标变量矩阵；$a(k)$ 为第 k 次迭代时输出变量矩阵。

在训练网络时，当正向传播的结果不能满足精度要求时，网络从输出层反向传递误差，在训练误差 $\hat{F}(x)$ 的作用下，网络中各权值修正为

$$w_{i,j}^{m}(k+1)=w_{i,j}^{m}(k)+\gamma\big[w_{i,j}^{m}(k)-w_{i,j}^{m}(k-1)\big]-\alpha(1-\gamma)s_i^m a_j^{m-1} \tag{3.17}$$

式中：$w_{i,j}^{m}(k)$ 表示第 k 次迭代时的第 $m-1$ 层的第 j 个神经元对第 m 层的第 i 个神经元的权值；s_i^m 为第 m 层的第 i 个神经元的敏感度；γ 为势态因子，且 $0\leqslant\gamma<1$，它通过变化权值或阈值来消除网络的振荡，输出的振荡越剧烈，γ 值越小；α 为学习速率，在振荡较小的条件下可以尽量取较大值，在振荡较剧烈的情况下取较小值。

各阈值修正为

$$b_i^m(k+1)=b_i^m(k)+\gamma\big[b_i^m(k)-b_i^m(k-1)\big]-\alpha(1-\gamma)s_i^m \tag{3.18}$$

式中：$b_i^m(k)$ 表示在第 k 次迭代时的第 m 层的第 i 个神经元的阈值。

在输入样本值与目标值已知的条件下，对每个输入样本重复式训练。当所有样本都训练完毕后，判断目标函数是否满足精度，满足精度要求，则训练完毕；否则继续训练直到满足精度为止。

3.3.3 模型精度

根据 3.3.1 节确定的模型结构，建立碾压混凝土施工压实质量监测模型。由于碾压混凝土的压实度与现场实际碾压料的含湿率、碾压层表面波速值、级配和胶砂比呈现复杂的非线性关系；此外，压实度还受碾压机械、温度、天气等外部因素影响，因而简单的网络结构很难准确预测压实度且稳定性较差，而网络结构过于复杂又将增加网络权值训练时间且出现过拟合现象。所以，本书采用 "1-2-1" 网络结构（一层输入层、二层隐含层、一层输出层），如图 3.3 所示。隐含层的神经元的个数分别为 9 和 4，其对应的传递函数分别为 logsig 和 purelin，网络的学习速率 $\eta=0.01$。

现场碾压混凝土配合比设计见表 3.1，通过试验获取大量试验数据，剔除异常值后，将 200 组样本点数据作为训练样本。其中二级配区域与三级配区各选择 100 组试验数据，采用 GA-BP 神经网络进行训练。部分训练样本见表 3.2 及表 3.3。二级配对应的胶砂比为 0.25，三级配对应的胶砂比为 0.18。

表 3.1　　碾压混凝土配合比设计

级配	水胶比	砂率/%	粉煤灰掺量/%	ZB-1Rcc15掺量/%	引气剂掺量/万	石子百分比 小：中：大	单位用水量/(kg/m³)
三级配	0.54	37	60	0.9	8	30：40：30	85
二级配	0.45	39	55	0.9	10	50：50：0	95

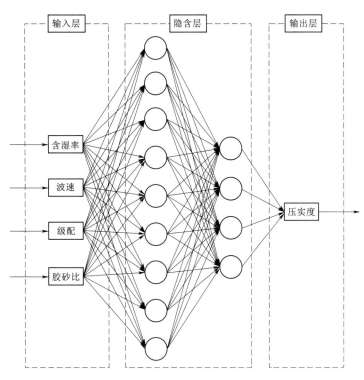

图 3.3 GA-BP 神经网络结构图

表 3.2 二 级 配 试 验 数 据

含湿率 /%	纵波波速 /(m/s)	压实度 /%	含湿率 /%	纵波波速 /(m/s)	压实度 /%
19.8	272.38	95.52	18.2	282.42	94.86
19.8	288.98	97.32	18.2	286.49	97.35
19.8	306.42	97.60	18.2	297.75	97.86
19.8	319.76	98.12	18.2	317.58	98.36
18.4	263.12	92.85	19.6	270.10	95.12
18.4	284.90	97.10	19.6	282.32	97.15
18.4	304.33	97.92	19.6	310.25	97.86
18.4	316.70	98.32	19.6	321.28	98.78
17.7	269.35	94.32	20.2	276.43	96.12
17.7	285.63	96.85	20.2	288.92	97.68
17.7	306.72	97.47	20.2	312.62	98.25
17.7	314.30	98.05	20.2	319.78	98.90
19.6	265.43	94.27	18.3	267.62	95.70
19.6	281.62	96.10	18.3	282.85	96.83
19.6	308.96	97.32	18.3	309.62	97.58
19.6	318.72	98.10	18.3	312.45	98.00

表 3.3　　　　　　　　　　　　　　三 级 配 试 验 数 据

含湿率/%	纵波波速/(m/s)	压实度/%	含湿率/%	纵波波速/(m/s)	压实度/%
20.5	257.42	94.25	21.6	260.58	95.28
20.5	278.85	96.85	21.6	272.45	97.15
20.5	294.42	97.28	21.6	289.74	98.68
20.5	304.12	97.95	21.6	299.76	99.16
22.3	256.43	94.72	20.4	262.34	95.18
22.3	273.32	97.05	20.4	273.62	97.20
22.3	293.56	98.45	20.4	285.82	98.58
22.3	308.79	99.12	20.4	306.68	99.08
21.3	269.42	93.28	19.9	271.58	94.68
21.3	272.78	96.78	19.9	275.62	97.12
21.3	289.86	97.42	19.9	281.35	97.68
21.3	302.36	98.16	19.9	294.65	98.10
21.6	259.42	94.25	22.2	262.58	93.75
21.6	269.85	96.98	22.2	273.42	96.88
21.6	285.83	97.78	22.2	282.38	97.36
21.6	291.48	98.32	22.2	293.65	97.90

在 GA - BP 神经网计算过程中,设置种群数目为 50,种群进化次数为 100。在进化过程中,误差平方和与个体适应度值随迭代次数的变化情况如图 3.4 和图 3.5 所示。经过约 40 代的搜索后,误差平方和值达到最小且趋于平稳。实际的适应度值变化曲线在约 60 代的进化后达到最大值且趋于平稳。

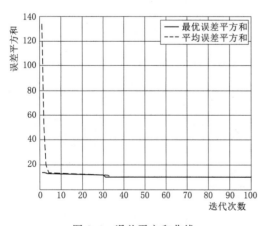

图 3.4　误差平方和曲线

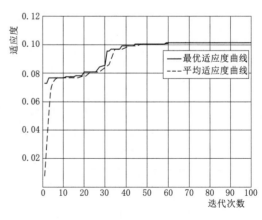

图 3.5　适应度值变化曲线

模型运行结果见图 3.6 与图 3.7,分别表示 GA - BP 神经网络的拟合效果图像与均方

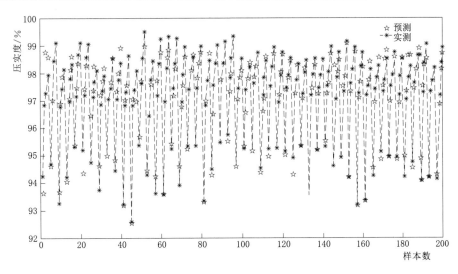

图 3.6　拟合曲线图

误差响应曲线。GA‐BP 神经网络在迭代 600 次左右时趋于稳定，迭代 1471 次时停止，均方误差达到最小值。模型训练前期，误差下降速度较快，急速下降后逐渐趋于平缓，到达一定的训练次数后，模型达到目标误差要求，表明拟合结果较好。

基于建立的两个碾压混凝土施工压实质量监测模型，将 30 组验证样本放入模型中验证模型精度，结果见表 3.4、表 3.5 及图 3.8。

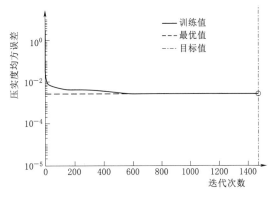

图 3.7　GA‐BP 神经网络均方误差随迭代次数变化曲线
（均方误差在迭代次数为 1471 时达到最小值 0.0026333）

表 3.4　　　　　　　　二级配碾压混凝土施工压实度模型精度分析　　　　　　　　％

预测值	实际值	偏差	预测值	实际值	偏差
95.78	94.56	1.22	94.10	93.55	0.55
97.12	96.78	0.34	97.80	97.32	0.48
97.68	97.35	0.33	98.32	98.05	0.27
98.42	98.12	0.30	98.80	99.30	−0.50
95.15	95.43	−0.28	95.70	94.62	1.08
96.87	97.28	−0.41	96.88	97.33	−0.45
97.52	97.80	−0.28	98.42	98.50	−0.08
98.50	98.45	0.05	98.92	99.25	−0.33
94.48	95.62	−1.14	94.84	95.30	−0.46
98.26	97.45	0.81	95.92	96.82	−0.90

预测值	实际值	偏差	预测值	实际值	偏差
98.58	98.20	0.38	97.45	97.68	−0.23
99.20	98.84	0.36	97.90	97.95	−0.05
93.85	93.16	0.69	95.05	94.62	0.43
95.98	96.72	−0.74	97.32	97.28	0.04
98.69	97.85	0.84	98.24	98.15	0.09
98.16	98.42	−0.26	99.96	99.40	0.56

表 3.5　　　　　　　　　三级配碾压混凝土施工压实度模型精度分析　　　　　　　　%

预测值	实际值	偏差	预测值	实际值	偏差
96.42	95.35	1.07	95.28	95.15	0.13
97.12	97.55	−0.43	97.27	97.45	−0.18
98.20	98.05	0.15	98.05	97.95	0.10
98.88	98.95	−0.07	98.40	98.55	−0.15
95.12	94.63	0.49	94.60	94.95	−0.35
97.24	97.05	0.19	97.48	97.25	0.23
97.80	97.85	−0.05	97.82	97.75	0.07
98.65	98.75	−0.10	98.42	98.35	0.07
95.12	93.52	1.60	95.86	94.27	1.59
97.28	97.20	0.08	97.58	97.42	0.16
97.85	97.95	−0.10	98.15	97.85	0.30
98.42	98.55	−0.13	98.89	98.25	0.64
93.85	93.20	0.65	94.86	95.15	−0.29
97.42	97.27	0.15	97.14	97.35	−0.21
98.36	98.25	0.11	97.50	97.77	−0.27
98.68	98.75	−0.07	98.52	98.68	−0.16

　　由结果可知，模型预测结果较好，除个别点外，模型预测误差基本都在 0.8% 以内，表明本书所建立碾压混凝土施工压实质量实时监测模型预测精度较高，可以满足工程现场使用要求。

　　产生模型误差的原因有：①进行学习的样本数据均采用同一测点多次测量去掉异常点后取平均值，所使用样本数据存在一定的测量误差；②使用 MATLAB 中 BP 神经网络工具箱对数据进行拟合建立模型，拟合中本身就存在一定误差，且是系统误差，不可避免。

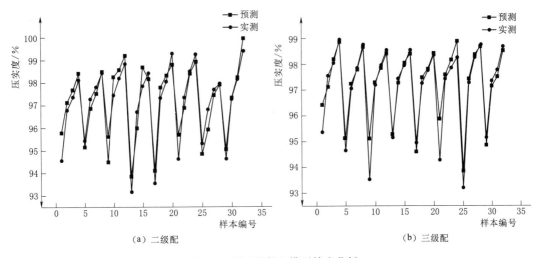

图 3.8　碾压混凝土模型精度分析

3.4　基于 BP-ANN 的碾压层间结合质量智能预测模型

3.4.1　模型基本训练

首先，BP 神经网络需要对数据进行训练，使模型具备联想预测能力。BP 神经网络训练过程包括以下七个步骤：

（1）网络初始化。根据系统输入值及输出值（X，Y）确定网络输入层神经元 n、输出层神经元 m，通过模型要求确定隐含层节点数与各隐含层神经元数，初始化 BP 神经网络的权值与阈值，输入层与隐含层、隐含层与输出层神经元之间连接权值 w_{ij}、w_{jk}。w_{ij} 表示输入层第 i 个神经元对隐含层第 j 个神经元的权值，w_{jk} 表示隐含层第 j 个神经元对输出层第 k 个神经元的权值。初始化隐含层阈值 a 及输出层阈值 b，通过训练数据确定学习速率和神经元激励函数。

（2）隐含层输出。通过输入层输出数据 X、连接权值 w_{ij} 及隐含层阈值 a，计算隐含层输出 H：

$$H = f\left(\sum_{i=1}^{n} w_{ij} x_i - a_j\right) \quad (j = 1, 2, \cdots, l) \tag{3.19}$$

式中：l 为隐含层节点数；f 为隐含层激励函数。

（3）输出层输出计算。根据隐含层输出 H_j、连接权值 w_{jk} 和阈值 b，计算 BP 神经网络预测输出 O_k。

$$O_k = \sum_{j=1}^{l} H_j w_{jk} - b_k \quad (k = 1, 2, \cdots, m) \tag{3.20}$$

（4）误差计算。根据网络预测输出 O 和期望输出 Y，计算网络预测误差 e。

$$e_k = Y_k - O_k \tag{3.21}$$

（5）权值更新。根据网络预测误差 e 更新网络连接权值 w_{ij}、w_{jk}。

$$w_{ij} = w_{ij} + \eta H_j (1 - H_j) x(i) \sum_{k=1}^{m} w_{jk} \quad (i = 1, 2, \cdots, n; \quad j = 1, 2, \cdots, l) \quad (3.22)$$

$$w_{jk} = w_{jk} + \eta H_j e_k \quad (j = 1, 2, \cdots, l; \quad k = 1, 2, \cdots, m) \quad (3.23)$$

式中：η 为学习效率。

（6）阈值调节。根据模型误差 e 重新调节隐含层及输出层阈值 a，b。

$$a_j = a_j + \eta H_j (1 - H_j) \sum_{k=1}^{m} w_{jk} \quad (j = 1, 2, \cdots, l) \quad (3.24)$$

$$b_k = b_k + e_k \quad (k = 1, 2, \cdots, m) \quad (3.25)$$

（7）误差判断。判断最终误差是否满足要求，若未能满足模型误差要求，返回第二步重新训练。

3.4.2　模型结构

（1）数据归一化处理。神经网络模型在训练前一般需对输入数据进行归一化预处理，以消除各维数据间数量级差别，避免因为输入数据间存在较大差别而加大神经网络模型预测误差，因此采用最大最小值法，将所有输入数据全部转化为 $[0, 1]$ 之间的数。

$$x_k = \frac{x_k - x_{\min}}{x_{\max} - x_{\min}} \quad (3.26)$$

式中：$x_{\min}$ 为输入数据中的最小值；$x_{\max}$ 为输入数据中的最大值。

（2）神经网络层数选择。BP 神经网络模型中常用的一般是单层神经网络模型，即包含输入层、单层隐含层和输出层网络结构，对于大多数非线性问题单层神经网络模型已经足使用。由于模型输入参数为上下层含湿率以及对应的压实度，两者相互之间不独立，存在相互关联，因此层间结合质量与含湿率和压实度之间的非线性关系较为简单。如果要提升模型精度，可以增加隐含层节点数，隐含层节点数的调整比较方便，且增加或减少不会使模型结构复杂化，可有效提高模型精度。因此，BP 神经网络模型建立优先考虑单一隐含层原则，本书选择一层隐含层结构，即采用输入层-单层隐含层-输出层的网络模型结构。

（3）隐含层节点数选择。本书所建立模型输入层包含四个参数，即碾压层上层含湿率、上层压实度、下层含湿率和下层压实度，因此输入层有四个神经元。输出层为一个神经元，即硬化混凝土劈裂抗拉强度和抗剪强度平方和根值 $\sqrt{\Delta}$。

隐含层节点数对 BP 神经网络模型预测精度有重要影响：若隐含层节点数过少，会使模型学习效果变差，训练次数增加，效率低下，且最终模型训练精度不高；若隐含层节点数过多，会使模型结构复杂，学习时间变长，导致每次训练时间过长，同时易导致模型容错性差，预测误差较大。隐含层的节点数选择是一个复杂的问题，既不存在合适的解析式直接计算，也没有合适的方法准确确定，一般根据设计者的经验调试确定。但确定隐含层节点数时有两个基本原则：

1）隐含层节点数必须小于 $N-1$（N 为训练样本数），若隐含层节点数大于等于 $N-1$，会导致网络模型的系统误差与训练样本特性无关而趋近于零，使建立的模型没有泛化能力，没有应用价值。

2）训练样本数必须多于模型中连接权数，一般为 2～10 倍。若训练样本数少于连接权数，为完成训练，将训练样本分成几部分进行轮流训练，才可以获得可靠的神经网络模型。

本书确定隐含层节点数采用多公式确定边界及反复试验方法，首先通过三个公式确定节点数边界，节点数从 n_{1_min} 至 n_{1_max} 逐步累加试验，到达 n_{1_max} 后，根据模型试验情况，向上累加，直至找到最佳隐含层节点数。

通过试验测得碾压混凝土压实度、骨料含湿率及纵波波速数据，利用综合方法反复测试以获取隐含层最佳节点数，见表 3.6。隐含层节点数为 25 时均方误差最小且迭代次数相对较少。最终确定本书所建立神经网络模型为三层网络结构，输入层神经元为 4 个，隐含层节点数为 25 个，输出层神经元为 1 个。

表 3.6　　　　　　　　　　　　隐含层最佳节点数选择

隐含层节点数	迭代次数	均方误差	隐含层节点数	迭代次数	均方误差
3	72	0.01140	17	78	0.00889
4	89	0.01050	18	50	0.00905
5	114	0.01060	19	76	0.00881
6	94	0.01100	20	60	0.00832
7	89	0.01030	21	65	0.00830
8	75	0.01060	22	76	0.00842
9	58	0.01020	23	100	0.00781
10	4073	0.01150	24	68	0.00855
11	55	0.01060	25	79	0.00771
12	136	0.00878	26	79	0.00958
13	70	0.00905	27	68	0.00943
14	75	0.00965	28	80	0.0108
15	69	0.00995	29	91	0.00921
16	69	0.00920	30	73	0.00953

（4）神经网络传输函数选择。BP 神经网络模型中传输函数有很多，最常用的主要是三种，即硬极限传输函数、线性传输函数及对数 S 型传输函数。实际建模时，常用的三种传输函数为线性函数 purelin、对称 S 型函数 logsig 及双曲正切 S 型函数 tansig。为找到最佳传输函数，本书采用对比试算的方法进行比选，即两两组合，找到训练时间最短、精度最高的传递函数，试验结果见表 3.7。

表 3.7　　　　　　　　　　　　传 递 函 数 选 择

输入层与隐含层间传递函数	输出层与隐含层间传递函数	迭代次数	均方误差
logsig	logsig	610	0.00506
logsig	tansig	521	0.00308
logsig	purelin	49	0.00982

续表

输入层与隐含层间传递函数	输出层与隐含层间传递函数	迭代次数	均方误差
tansig	tansig	408	0.00810
tansig	purelin	79	0.00771
tansig	logsig	792	0.00733
purelin	purelin	10000	0.0166
purelin	logsig	154	0.00957
purclin	tansig	2381	0.0125

通过表中三种函数九个组合的试验结果可知，在优先考虑模型精度的前提下，logsig - tansig 组合均方误差最小，且迭代次数较少，效果明显优于其他八种组合。因此本书输入层与隐含层间传递函数选用 logsig，隐含层与输出层间传递函数选用 tansig。

3.4.3　模型精度

建立 BP 神经网络模型后，需对所建立模型进行误差分析，若建立模型误差无法满足要求，需对模型中各参数重新选择，直至满足精度要求。本书神经模型采用误差分析指标为均方误差，如下式：

$$\text{MSE} = \frac{1}{N} \sum_{i=1}^{N} (y_i^{\text{test}} - y_i^{\text{ANN}})^2 \tag{3.27}$$

式中：N 为学习样本数；y_i^{test} 是模型预测值；y_i^{ANN} 是模型实际输出值。

本书通过均方误差进行模型误差分析，均方误差越小，所建立模型精度越高，误差达到目标误差时即认为所建立模型符合精度要求。

根据前文确定的模型结构，建立碾压混凝土施工压实质量监测模型，模型共三层，包括输入输出层及一层隐含层，网络结构为 2 - 25 - 1，选用传递函数分别为 logsig 和 tansig；训练算法选用 trainlm 即 Levenberg - Marquardt 算法，trainlm 算法对数据量不大的神经网络模型有最快的收敛速度；设置最大训练次数为 10000 次，训练结果间隔步数为 10，学习速率为 0.01，目标误差 MSE 值为 0.01。

根据现场试验获取相应含湿率数据，碾压混凝土配合比设计见表 3.1，然后根据 GA - BP 神经网络计算出相应的压实度，相应的芯样劈裂抗拉强度和抗剪强度平方和根值 $\sqrt{\Delta}$，构建一个 25 组数据的训练样本并放入模型中学习，训练样本见表 3.8。

表 3.8　　　　　　　　　　　试 验 数 据 统 计 表

芯样	上层含湿率 /%	上层压实度 /%	下层含湿率 /%	下层压实度 /%	劈裂抗拉强度 /MPa	抗剪强度 /MPa	$\sqrt{\Delta}$ /MPa
A_1	23.3	98.3	22.1	96.6	1.33	7.34	7.46
A_2	22.8	97.6	24.0	99.4	2.15	10.63	10.85
A_3	21.7	95.9	23.4	98.5	2.04	8.17	8.42
A_4	21.1	95.1	23.9	99.3	1.72	9.28	9.44
A_5	24.0	99.2	24.0	99.4	1.76	10.03	10.18

续表

芯样	上层含湿率 /%	上层压实度 /%	下层含湿率 /%	下层压实度 /%	劈裂抗拉强度 /MPa	抗剪强度 /MPa	$\sqrt{\Delta}$ /MPa
A_6	21.7	95.9	21.9	96.3	1.83	7.3	7.53
A_7	22.6	97.3	23.0	98.0	1.93	8.21	8.43
A_8	21.8	96.2	23.9	99.3	1.35	9.29	9.39
A_9	23.0	97.9	22.6	97.4	1.75	8.23	8.41
A_{10}	22.2	96.7	22.7	97.5	1.72	8.15	8.33
A_{11}	22.9	97.7	22.9	97.7	1.95	8.27	8.50
A_{12}	23.7	98.8	22.5	97.3	1.81	8.38	8.57
A_{13}	23.6	98.7	21.8	96.1	1.67	7.66	7.84
A_{14}	23.5	98.5	21.5	95.8	1.45	7.33	7.47
A_{15}	23.7	98.9	23.0	97.9	1.91	6.57	6.84
A_{16}	22.4	96.9	23.7	99.0	1.64	9.42	9.56
A_{17}	22.0	96.5	21.5	95.8	1.27	7.27	7.38
A_{18}	22.1	96.6	22.5	97.2	1.38	8.04	8.16
A_{19}	21.5	95.6	22.4	97.1	1.62	7.93	8.09
A_{20}	21.1	95.2	22.9	97.8	1.7	8.05	8.23
A_{21}	21.0	95.0	22.0	96.5	1.34	7.25	7.37
A_{22}	22.6	97.2	21.7	96.0	1.42	7.29	7.43
A_{23}	22.9	97.7	21.4	95.6	1.32	7.31	7.43
A_{24}	22.2	96.7	21.2	95.3	1.31	7.27	7.39
A_{25}	21.1	95.1	21.0	95.0	1.07	7.26	7.34

模型运行结果见图 3.9 及图 3.10。

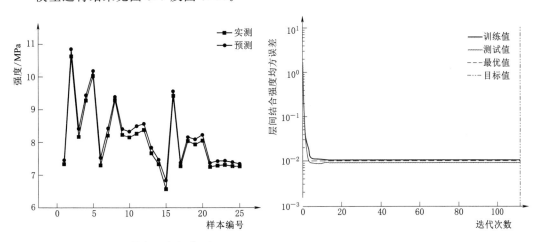

图 3.9　层间结合强度拟合图

图 3.10　均方误差随迭代次数变化曲线
（112 次迭代，均方误差达到最小值 0.0099648）

从图 3.10 可知，BP 神经网络在迭代 18 次左右时趋于稳定，迭代 112 次时停止，均方误差达到最小值。模型训练前期，误差下降速度较快，然后逐渐趋于平缓，到达一定的训练次数后，模型达到目标误差要求，训练停止。

基于建立的碾压混凝土层间结合质量 BP 神经网络监测模型，将 16 组样本放入模型中验证模型精度，结果见表 3.9 和图 3.11。

表 3.9　　　　　　　　　　层间结合强度模型精度分析　　　　　　　　单位：MPa

预测值	实际值	偏　差	预测值	实际值	偏　差
9.33	9.07	0.26	9.76	9.63	0.13
8.74	8.91	−0.17	9.55	9.05	0.50
9.34	9.55	−0.21	9.78	10.12	−0.34
9.45	9.32	0.13	9.40	9.26	0.14
9.71	9.13	0.59	9.48	9.77	−0.30
9.59	9.76	−0.17	8.99	8.89	0.10
9.42	9.55	−0.13	7.52	7.59	−0.07
9.51	9.49	0.01	9.71	10.13	−0.42

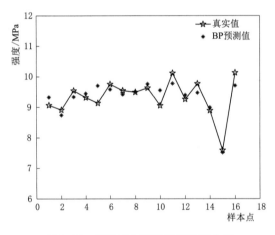

图 3.11　层间结合强度模型精度分析

图 3.11 表明，该模型通过上层含湿率、上层碾压混凝土压实度、下层含湿率和下层碾压混凝土的压实度能够准确预测结合层的结合质量，并量化为强度指标，从而作为表征层间结合质量的指标。另外，由结果可知，模型预测结果较好，除个别点外，模型预测误差基本都在 0.4 以内，表明本书所建立碾压混凝土施工压实质量实时监测模型预测精度较高。

3.5　基于加权平均思想和 Voronoi 图的薄弱区域评价方法

3.5.1　压实质量薄弱区域分析

1. 区域压实程度分析

目前碾压混凝土质量评定主要是使用核子密度仪在碾压结束后进行抽样检验获取测点压实度，再将测试值与压实标准值进行比较。若测试值大于标准值，则满足要求；反之，将该点纳入不合格区域。显然，这种质量控制方式只关注合格点数量，没有考虑到不合格点欠压程度以及空间分布状态，导致存在连续薄弱缺陷风险。

图 3.12 展示了两种假设路径下压实状态，它们是实际施工中必然存在的情况，也是压实质量控制中不可忽视的问题。路径 1 压实度与目标值差异较小，但不合格面积占比较大，可能评定为不合格；路径 2 合格面积占比较小，但局部压实度与目标值差异较大，可能评定为合格。两种假设路径直观展示了薄弱区域不同的影响效果。以往的评价方法仅通过面积指标来判断压实效果，缺乏考虑不合格点自身属性带来的危害，将会大大降低复杂工艺下混凝土质量评估准确性。

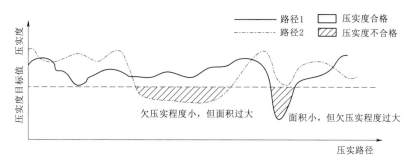

图 3.12　两种假设路径下压实情况对比

实践证明，薄弱区域不可避免，且合理范围内压实薄弱区域对整体结构影响可忽略不计。目前道路压实质量控制已有针对薄弱区域特征的考虑，但碾压混凝土施工领域薄弱区域质量还处于概念化阶段，且碾压混凝土坝采用通仓薄层浇筑，施工速度快，更容易出现漏压欠压形成的薄弱缺陷，大坝整体安全隐患大。因此，精准量化两种路径下的薄弱作用，是提高施工质量精细化水平的关键。

2. 薄弱区域空间分布特征分析

对于某一整体碾压层来说，诸多局部薄弱区域会形成某种空间分布状态，其分布特征也是影响薄层质量好坏的关键。如图 3.13 所示，虽然质量合格率（合格网格面积占比）相等，但图 3.13（a）中薄弱区域较分散，对碾压层整体压实质量均匀性影响较小，而图 3.13（b）中不合格点聚集在某一区域内，容易形成连续薄弱区，危害结构稳定性。因此，不合格区域空间分布特征应当进一步量化分析。

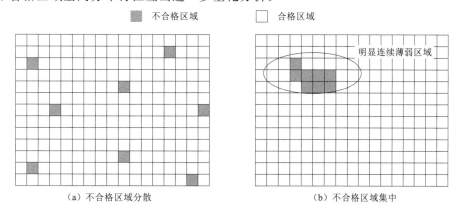

图 3.13　薄弱面积占比相同（均为 $X\%$）而空间分布不同

因此，在考虑局部区域欠压程度时，还应进一步分析压实薄弱区域空间分布情况。局部区域欠压程度的影响可通过加权平均思想定义的欠压程度指标 M 来表征，而空间聚集状态可结合地统计学方法——泰森多边形（Voronoi）来辨别。

3.5.2　基于加权平均思想的区域压实程度评价模型

实际施工中，考虑到施工环境对测量值的影响，允许压实度值在某一合理范围内，但是区域内压实度值与目标值差异不能太大，否则影响碾压层压实质量均匀性。因此，用压实度和目标值差异大小 p_i 表征局部区域压实缺陷程度，见式（3.28）。

$$p_i = \begin{cases} 0 & (K_i > K_0) \\ \dfrac{K_0 - K_i}{K_0} & (K_i \leqslant K_0) \end{cases} \tag{3.28}$$

式中：K_i 为不合格测点压实度值；K_0 为压实度目标值；p_i 为区域内测点压实度值与压实度目标值差异占比。

德国路基规范规定，当 $\max(p_i)$ 不超过 10% 时，可忽略薄弱区域影响。考虑到碾压混凝土施工质量对整体结构安全性影响之大，因此本书进一步提高上限值要求，假设为 5%，为质量精细化管理提供思路。

结合传统碾压混凝土压实质量统计意义下面积合格率评估指标，将薄弱区域面积特性定义为 q_i，即压实度不合格区域面积占施工总面积百分比，见式（3.29）。

$$q_i = \frac{S_i}{S} \tag{3.29}$$

式中：S_i 为 K_i 对应区域面积；S 为碾压层总面积；q_i 为薄弱区域面积占比，碾压混凝土坝仓面施工一般要求 $q_i \leqslant 10\%$ 时，薄弱区域压实质量满足要求。

p_i 和 q_i 都只是单方面从压实度差异程度和面积特性来控制压实薄弱区域质量，可能会致使无法识别质量缺陷。因此，本书综合两方面特征定义薄弱区域欠压程度评价指标 M，见式（3.30），可以很好解释区域压实程度分析中不同路径下压实状态的影响。

$$M = \sum_{i=1}^{n} p_i q_i = \sum_{i=1}^{n} \frac{(K_0 - K_i)S_i}{K_0 S} \tag{3.30}$$

根据式（3.30）可知：M 为无量纲指标，代表薄弱区域欠压实程度，且 $0 \leqslant M \leqslant 100\%$。不合格区域压实度与施工要求目标值 K_0 差异大或者小于 K_0，薄弱面积越大，则 M 值越大，表明该区域内不合格点压实值与质量要求相差较大，只有加以控制才能提高整体质量水平。

为方便理解薄弱欠压程度指标 M 的含义，本书结合加权平均思想，将 q_i 作为权数，p_i 作为权重。K_i 越小，则权重越大；K_i 对应的不合格区域面积越大，则权数越大。定义 M_t 为指标 M 的目标值，当 $M \leqslant M_t$ 时，局部区域压实程度满足要求。例如：依据工程实践最大能接受不合格区域面积占比是 10%，以及压实度与目标值差异上限为 5%，则 $M_t = 5\% \times 10\% = 0.5\%$，工程应用中也将通过大量试验数据统计分析 M 合理范围。利用指标 M 来判定薄弱区域压实程度流程见图 3.14。

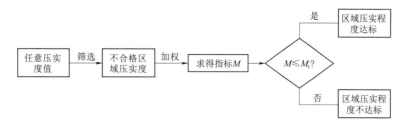

图 3.14　区域压实程度评价流程

3.5.3　基于 Voronoi 图的薄弱区域空间分布特征评价模型

Voronoi 图针对平面上若干个点，利用自然界中宏观与微观实体距离相互作用对平面进行分割，则分割后若干个区域被称为 Voronoi 单元。

设空间上有若干个点，各点与其相邻点垂直平分线组成凸多边形，即 Voronoi 图[125]。对于二维任意离散点集 $C=\{p_1,p_2,\cdots,p_n\}$，则点 p_i 可通过下式表达：

$$T_i=\{x:d(x,p_i)<d(x,p_j)\,|\,p_i,p_j\in C,p_i\neq p_j\} \tag{3.31}$$

由式（3.31）可知，Voronoi 图是一个凸多边形，且在特殊情况下具有无限边界。在凸 Voronoi 多边形中，任意一个内点到该凸多边形发生点距离都小于该点到其他任何发生点距离，这些发生点也叫 Voronoi 图质心或发生元。因此可使用 Voronoi 图描述碾压不合格点区域，即每个多边形内任意一点到其不合格点质心距离均小于到其他不合格点质心距离。图 3.15 展示了不同点集的 Voronoi 图，包括均匀分布、随机分布和集群分布三种形式。

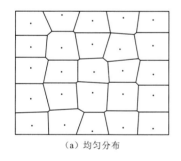
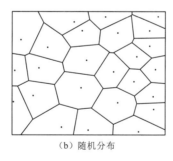
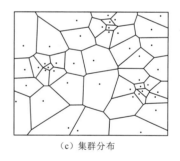

（a）均匀分布　　　　　　　（b）随机分布　　　　　　　（c）集群分布

图 3.15　不同点集的 Voronoi 图

由 Voronoi 图描述点集空间分布情况主要是通过面积变化特性指标——CV 值，由式（3.31）可知，它代表多边形面积标准差与平均值比值。当平面点分布相对分散时，Voronoi 多边形面积变化也相对较小，则 CV 值也相对小。因此，本书中采用 CV 值来量化分析压实度不合格点集空间聚散状态。CV 标准值将采纳梁会民指数的范围：均匀分布 CV 值小于 33%，随机分布 CV 值范围为 33%~64%，集群分布 CV 值大于 64%[126]。

$$\mathrm{CV}=\frac{\sqrt{\dfrac{\sum\limits_{i=1}^{n}(s_i-\overline{s})^2}{n}}}{\overline{s}} \tag{3.32}$$

式中：s_i 为 Voronoi 图中任意多边形面积，$i=1$，2，…，n；$\bar{s}$ 为所有多边形面积平均值。

因此，可以根据图 3.16 进行碾压混凝土薄弱区域空间分布状态的判定。

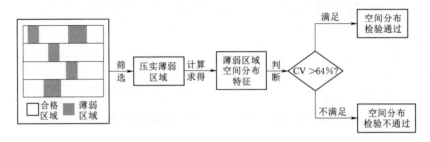

图 3.16 利用 Voronoi 图评判薄弱区域空间分布流程

3.5.4 薄弱区域指标适用性分析

通过上述分析可知，薄弱区域缺陷对碾压层整体质量的影响也不容忽视。为验证 3.5.2 节 M 指标和 3.5.3 节 CV 指标适用性，在现场施工中选取碾压区五条碾压带（以 1、2、3、4、5 号为标识）作为试验区，每条碾压条带宽 6m，总长 30m，将其划分为 3m×3m 的网格，以网格中心点为样本采集点，进行参数数据（压实度）的采集。图 3.17 为碾压条带试验测点分布示意图。

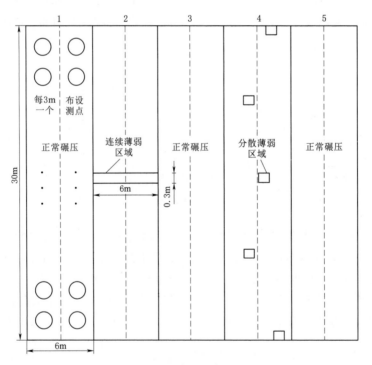

图 3.17 碾压条带试验测点分布图

在进行最后一遍压实前，对部分碾压条带设置相应薄弱区域，对条带 2 和条带 4 中部分区域进行人工松动来模拟薄弱缺陷,其中条带 2 中松动区域为聚集状态,条带 4 为分散状态,对其他 3 个条带进行正常碾压,具体位置如图 3.17 所示。同时,碾压条带 2 和 4 的压实度检测点均选在薄弱区域之外,保证了指标相关性校验的准确性。

1. M 指标

试验时,振动碾在碾压条带上碾压至规定遍数后,用核子密度仪检测选定样本点压实度值,对各碾压条带区域压实程度进行评价,依据 3.5.2 节流程分别计算各碾压条带的 p_i、q_i 以及 M 值,统计结果见表 3.10。

表 3.10　　　　　　　　　　　　各碾压条带不同指标对比

条带编号	1	2	3	4	5
$\max(p_i)/\%$	6.3	17.8	9.2	14.6	8.4
$q_i/\%$	5.7	9.7	6.4	7.2	5.6
$M/\%$	0.14	0.96	0.26	0.64	0.33

由表 3.10 可知,5 条碾压条带不合格面积大小均满足要求(<10%),而最大值压实度指标特征不合格(>5%)。碾压条带 2 和 4 由于碾压过程中人为设置了一定的薄弱区域,相关指标均比其他条带差。一方面,从工程设计要求来说,条带 2 和条带 4 局部压实度无法满足承载力要求,但是现行面积特征指标 q_i 并没有将其判定为不合格,验证了单一面积指标局限性。另一方面,条带 2 和条带 4 的 M 值远大于正常压实的其他三条碾压条带,由此可得欠压指标 M 综合考虑了薄弱区域面积及各点压实度欠碾程度,弥补了常规面积控制指标无法识别客观存在薄弱状态的缺陷。

目前碾压混凝土中针对压实薄弱区域质量研究尚处于空白阶段。考虑到施工可指导性和应用实践性,本书结合现场大量试验数据,进行统计并绘制了 M-q 图(图 3.18),可知条带 2 和条带 4 与其他三条条带在 M 轴方向上有明显分界($M=0.5\%$)。这表明欠压指标 M 能识别出条带 2、条带 4 中压实度过低,将导致压实度分布不均,引起整体强度不足的问题,且 0.5% 数值可在施工质量控制中作为参考依据,从而提高压实质量评估的可靠性。

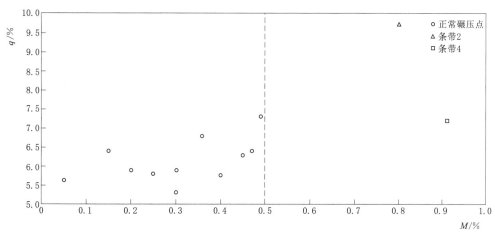

图 3.18　5 条碾压条带试验段 M-q 图

2. CV 指标

按照压实度标准对不同碾压条带进行分类，将非合格网格选出，统计同一仓面终碾结束后碾压层不合格网格中心点坐标信息，依据 3.5.3 节 Voronoi 图应用原理，计算各碾压条带碾压最后一层后 CV 值，并将结果汇总，见表 3.11。

表 3.11　　　　　　　　　　　　终碾遍数下各碾压条带 CV 值

条带	1	2	3	4	5
CV/%	40.24	60.03	44.54	73.27	53.34

根据指数 CV=64% 的临界条件，结合表 3.11 可以初步判定，条带 1、条带 2、条带 3、条带 5 薄弱区域分布分散，条带 4 薄弱区域分布集中。Voronoi 图针对不合格点特征给出了定量判定结果，结合普通 Kriging 插值法，选择具有代表性的条带 1（正常碾压且压实后不合格点为非聚集状态，不影响整体质量）、条带 2（预先设置不合格点，且为集中分布）和条带 4（预先设置不合格点，且为分散状态），绘制全碾压层压实质量云图，如图 3.19～图 3.21 所示。

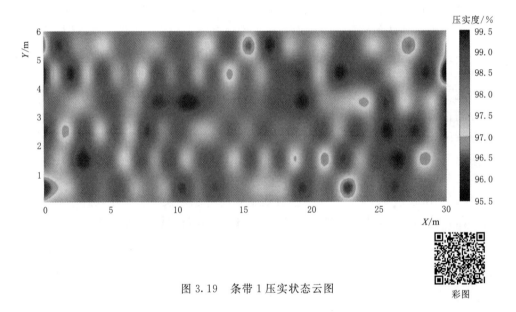

图 3.19　条带 1 压实状态云图

彩图

分析图 3.20 中条带 2 和图 3.21 中条带 4 压实状态云图可得：由于条带 2 和条带 4 提前设置了薄弱区域，可以看到云图中显示明显薄弱位置与试验松动区域相符，且条带 2 为连续状态（不满足空间分布要求），条带 4 为分散状态（满足空间分布要求），与 Voronoi 图 CV 值分析结果一致。而分析条带 1 压实状态图可得：条带 1 的薄弱区域分布较分散，对整体影响较弱，也再次证明了 Voronoi 图 CV 值适用性。实际工程中不合格区域所占比例相对较少，直观效果差，通过 CV 值准确有效识别薄弱区域分布状态，为施工人员提供可靠量化指标，高效指导进行补碾作业和反馈补碾效果，从而保证压实质量。这些常规抽样检测手段是无法实现的。

综上分析可得：通过薄弱区域欠压实程度指标 M 可以有效识别局部区域压实度与目

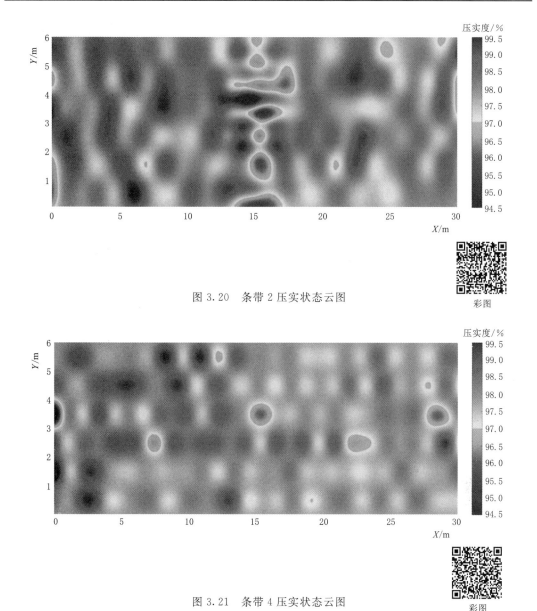

图 3.20　条带 2 压实状态云图

彩图

图 3.21　条带 4 压实状态云图

彩图

标值差异较大的客观情况，而 Voronoi 图 CV 值可以较好反映薄弱区域的空间分布特征，二者结合能够为碾压混凝土压实质量精细评价提供新标准，对于实现工程建设精细化管理具有重要意义。

第4章 变态混凝土数字化施工馈控技术

4.1 变态混凝土加浆振捣数字化技术难点

变态混凝土是在碾压混凝土摊铺层泼洒水泥浆，形成的具有富浆流动性的可振捣混凝土，该混凝土性能指标类似于常态混凝土的性能指标。所用水泥净浆由水泥与掺合料及外加剂拌制而成，水胶比应不大于其母体碾压混凝土的水胶比；加浆量一般为碾压混凝土体积的4%～6%。通过在低胶凝含量的碾压混凝土内加入水泥浆液，再采用插入式的强制振捣使之密实，从而在防渗层形成一种渐变常态混凝土。变态混凝土解决了异种混凝土结合部胶结和压实性差的问题，保证了变态部位层面结合质量、接触模板部位混凝土的密实和拆模后混凝土表面平滑，简化了仓面管理并加快了施工速度，使碾压混凝土通仓薄层连续上升的快速筑坝施工工艺得到了充分发挥。

变态混凝土发展至今，仓面施工主要以人工为主，比如人工制浆、人工摊铺、人工加浆、人工振捣，通常工艺程序为碾压混凝土摊铺→制浆→加浆→振捣→结合部位处理。在这些工艺工序中，变态混凝土加浆与振捣施工方法的优劣差异直接影响着混凝土坝面结构硬化服役性能的最终好坏。

4.1.1 量化精准加浆

从最初的表面加浆，即在摊铺好的碾压混凝土表面直接加浆；演变到分层加浆，变态混凝土分二次摊铺，分别在每次摊铺前（或后）进行加浆；进而形成现有注浆工艺中的插孔注浆以及切槽加浆[127]。

插孔加浆是在已摊铺好的碾压混凝土上按照要求的间排距采用插孔器人工插孔，再在碾压混凝土表面均匀加浆。该方式将孔作为渗入通道，使净浆能够均匀地渗透到碾压混凝土中，与低层混凝土实现有效黏结，通过有效振捣则可很好地实现变态混凝土的区域均匀性和密实性。插孔加浆对于插孔的孔径、排距以及孔深都有较高要求。一般情况下，排距不宜大于30cm，防止浆液加浆不均匀；孔深应大于20cm，以保证浆液下渗深度。切槽加浆又名沟槽加浆，是在已摊铺好的碾压混凝土面上由人工掏槽，槽内进行混凝土定量加浆。该方式主要是将灰浆通过槽底渗入到底部，重点在于切槽质量，首先切槽深度必须保证达15cm以上，切槽上口宽度一般为20cm左右，一般沿变态混凝土长度方向切槽。该方法方便简单，工地实用性强，通过严格控制切槽尺寸间距（加框）以及定量加浆，变态混凝土注浆质量得到有效提升。现存插孔加浆主要为人工插孔，工序费时、费力，并且注浆孔深不易达到设计要求；而切槽加浆施工随意性较大，加浆范围及加浆量往往不可控，现场作业加浆为保证注浆质量时常过余加浆，既增加施工成本，又会导致浆液在碾压混凝土铺摊料中分布不均，严重影响变态混凝土成型的均匀密实效果。

4.1.2　高效持续加浆

水电七局一直开展机械化变态混凝土工艺和设备开发和应用，并先后自主开发了加浆振捣一体机、便携式高压变态加浆设备等，对提高加浆质量和效率有所改进。但其原理还是基于松铺摊（或碾压过）混凝土中直接灌入或铺洒浆液后振捣。由于浆液黏度大，静态乃至动态扩散效果不佳，依然存在加浆不够均匀、振捣耗时长以及振实困难等问题。其次，这些现场操作可定量控制的加浆振捣工艺和设备，缺乏在线式或远程可视化的管控模式手段，使得仓面变态混凝土质量的精细化管控缺少直观、量化和可溯源条件，很大程度上变成"良心活"，与现代精细施工管理理念方法存在差距。因此，变态混凝土仍需从工艺原理角度进行革新改进，特别是解决加浆均匀性有效控制问题，才能真正达到精确高效智能化加浆工艺水平；加浆工艺的远程实时数字化或立体可视参数化馈控的成熟应用技术依然亟待开发，以适应当今数字化大坝施工控制和管理需求。

4.1.3　数字化精确振捣

对比变态混凝土人工加浆工艺，振捣操作有机械式振捣和人工振捣两种方式。仓面变态混凝土人工振捣，即振捣工人根据已加浆好的变态混凝土进行划分区域的分块式振捣，由于工地施工随意性，难以对振捣时间以及振捣间距进行有效的监测控制。人工振捣需要施工人员拖着振捣锤进行系统有序的振捣，该工序同样费时费力，另外振捣质量没法得以保证。由于现场没有系统的振捣施工规划，时常会出现欠振、漏振状况，影响施工工期，增加额外工程造价。针对这一问题，施工单位已经相继研发了对应的注浆振捣台车以及注浆振捣机。这些设备的研发有效减少了人工注浆、振捣的劳动力，节省施工时间。但大型设备智能化程度低，无法进行工艺参数的远程记录和管控；同时在使用过程中受施工仓面影响大，小仓面以及大仓面边角地带仍需人工操作来完成。而现存的人工、机械设备又同样存在着注浆、振捣定量化控制无法系统化等问题，因此变态混凝土区域施工质量暴露出缺少切实有效的精细化监控手段问题。

4.2　变态混凝土数字精细化加浆

针对变态混凝土上述已有问题，在保证施工质量，解放双手，减少仓面剩余劳动力的前提下，本书致力于改善变态混凝土施工操作的标准化、机械化、信息化进程，进行了相应智能机械化注浆、振捣设备的研发和改进工作。通过研发的新型搅拌式机械注浆机解决现有插入式注浆不均匀的现状，并且对其以及对已有的振捣台车、便携式注浆系统、振捣机以及人工振捣设备进行数字化改进，使得施工现场所有振捣设备均可实现信息化的数据传输，通过研发的远程平台即可实现振捣实时质量评价，可大大提高施工质量和作业效率。

4.2.1　搅拌加浆工艺原理

为实现变态混凝土搅拌加浆的均匀性效果，需要利用变态混凝土流变特性、变态混凝土搅拌过程原理、实时定位系统原理及电磁流量计计量原理。

1. 变态混凝土流变特性

变态混凝土流变特性与普通混凝土相似。新拌混凝土是由砂、水泥、石子与水组成的分散体系，具有塑变性、黏弹性等特殊性质。对于拌制混凝土流变性能，大部分学者认为可将其视为宾汉姆（Bingham）流体进行研究，通常用下式表示其流变特性：

$$\tau = \tau_0 + \eta \frac{dv}{dt} \tag{4.1}$$

式中：τ 为混凝土的实际剪应力；τ_0 为屈服剪应力；η 为混凝土的塑性黏度；$\frac{dv}{dt}$ 为混凝土的剪切变形速率。

混凝土拌合物的流变特性参数主要由 τ_0 以及 η 决定。其中，拌合物各种物料间的附着力以及摩擦力引起的 τ_0，是用来克服拌合物发生塑性变形的极大应力。η 与 τ 关系见图 4.1（a）；η 随剪应力或剪切变形速率变化而变化，是阻碍拌合物流动的一种结构性能，其关系见图 4.1（b）。

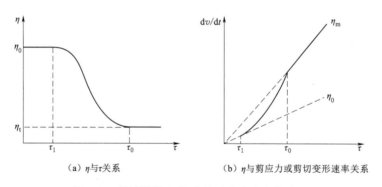

（a）η 与 τ 关系　　　　　　（b）η 与剪应力或剪切变形速率关系

图 4.1　新拌混凝土黏-塑性随剪应力变化关系

图 4.1 表示了塑性黏度 η 与剪应力 τ 以及与变形速率 $\frac{dv}{dt}$、剪应力 τ 的关系曲线。可以看出，当 $\frac{dv}{dt}$ 小于某值时，τ 小于某定值 τ_1，η 具有确定的最大值 η_0。此时的混凝土混合料表现为固态特性，虽然也会发生缓慢的流动，但实际上几乎察觉不到。随着 $\frac{dv}{dt}$ 的增加，τ 值增加，η 则大大降低。这时混凝土混合料的凝聚结构开始被破坏，表现出较好的流动性；当 $\frac{dv}{dt}$ 增大到某一值时，τ 达到 τ_0 值，η 下降到最小值 η_0。此时混凝土的凝聚结构完全遭到破坏，流动性达到最佳。这之后 η 不再随着 $\frac{dv}{dt}$ 或 τ 的变化而变化。

虽然宾汉姆流变方程［式（4.1）］用来描述搅拌好的新拌混凝土，不能直接用来描述变态混凝土搅拌加浆的过程,但可以来指导变态混凝土搅拌加浆过程的模拟。

由宾汉姆流变方程可知,碾压混凝土塑性黏度较小时有利于搅拌均匀。由新拌混凝土的流变特性可知,在一定范围内,塑性黏度是随着碾压混凝土搅拌速度梯度的增大而减小的。因此,搅拌加浆过程中应尽量保证碾压混凝土进行较激烈的运动,并尽可能使碾压混凝土各组分颗粒间有较大的相对运动,以便促使碾压混凝土各组分颗粒与加入水泥浆液充分混合、渗透,达到水泥浆液在碾压混凝土内部渗透宏观和微观的均匀一致[128]。

此外,由于碾压混凝土骨料团聚现象较为明显,水泥浆液通常难以渗透进入骨料团之间的空隙,只有在碾压混凝土受到强烈的挤压和碰撞作用时,才能有效地破坏骨料团聚现象,促进水泥浆液最大限度地分布于碾压混凝土骨料周围,排出变态混凝土内部可能存在的缺陷。

2. 变态混凝土搅拌过程原理

变态混凝土的搅拌过程就是搅拌机构在铺摊后的碾压混凝土面上连续不断克服碾压混凝土屈服应力造成的阻力的过程。

从本质上讲,搅拌碾压混凝土的过程就是在碾压混凝土流动场中进行动量传递或者是进行动量、质量、热量传递及化学反应的过程。其目的是要达到变态混凝土骨料与加入水泥浆液在宏观和微观上的均匀一致。但实际上,理想水泥浆液完全均匀拌和的效果是无法达到的,搅拌变态混凝土的最终状态总是水泥浆液在碾压混凝土骨料内部无序的不规则分布。为了实现变态混凝土水泥浆液的均匀拌和,就必须研究搅拌过程中碾压混凝土骨料的运动规律,研究搅拌机构与碾压混凝土骨料间的相互作用关系。变态混凝土搅拌加浆的过程是动态变化和发展的,其发展趋势可用图 4.2 的曲线定性地描述。

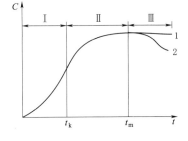

图 4.2 搅拌过程动态曲线

C—水泥浆液分布均匀度

从图 4.2 可以看出,变态混凝土搅拌的动态过程分为三个阶段:

(1) 初始阶段。此阶段在宏观水平进行,搅拌质量取决于碾压混凝土骨料的循环流动。此时,碾压混凝土与水泥浆液的接触面积较小,水泥浆液的扩散现象和离析现象都不明显(Ⅰ段),水泥浆液在碾压混凝土内部扩散的速度取决于搅拌机搅拌方式。

(2) 混合阶段。t_k 时刻起水泥浆液开始在搅拌机构的作用范围内向碾压混凝土内部扩散分布,骨料的循环流动与水泥浆液的扩散分布在总的搅拌过程中起的作用趋于相近。此时,水泥浆液的扩散分布在微观水平进行,并且从某一时刻起水泥浆液的扩散分布过程在整个搅拌过程中起到了主要作用(Ⅱ段),与此同时浆液离析的过程也开始加快。这两种相反的过程从 t_m 时刻达到动态平衡。

(3) 平衡阶段。t_m 时刻以后,碾压混凝土搅拌的实际意义已经不大,因为此刻水泥浆液均匀度变化变很小(Ⅲ段)。个别情况时,上述平衡过程要比搅拌效果最优的 t_m 时刻稍晚(Ⅲ段曲线 2)。在Ⅱ段和Ⅲ段,水泥浆液均匀分布的速度不仅取决于碾压混凝土骨料的运动特点,而且还取决于变态混凝土的流变特性。

由变态混凝土搅拌加浆的动态过程可知,通常为了保证水泥浆液分布的均匀性,搅拌加浆的过程应持续到 t_m 时刻以后，即变态混凝土水泥浆液分布动态平衡阶段，此时才能保证搅拌加浆成型变态混凝土质量。

3. 实时定位系统原理

实时定位系统利用 GNSS-RTK 动态定位技术，将卫星信号接收天线与主机以及无线发射电台硬件设备分开，实现加浆作业时搅拌加浆部位的实时定位，获得搅拌加浆部位的空间运动轨迹。其工作原理分解如下：

（1）在变态混凝土施工现场附近任意制高点架设实时定位系统固定基站，为移动站点提供相对坐标参数。

（2）将卫星信号接收天线安装在搅拌加浆设备搅拌臂上，并通过信号连接线将接收卫星定位信号输出给电台，电台将其发送给固定基站解算接收天线位置信号，并以此位置信号为基准推算出搅拌加浆处实时位置坐标 (x, y, z)。

（3）为获得搅拌加浆作业持续时间，将电磁流量计记录流量数据信号一并通过电台发送给单片机解算，解算出加浆时刻的 t 信号，从而判断搅拌加浆设备实际搅拌加浆位置及中断加浆位置数据。

（4）利用单片机记录每次接收搅拌加浆位置以及时刻信号，整合为一组四维参数 (x, y, z, t)，其中，(x, y, z) 表示搅拌机构空间坐标，t 则表示加浆时间。

（5）将上面获取的每组 (x, y, z, t) 实时无线传输到远程终端计算机。

（6）开发计算机处理程序软件，实时调入搅拌加浆位置信号，计算搅拌加浆操作位置与状态，并进行叠加处理，将处理结果通过图形化显示出来。

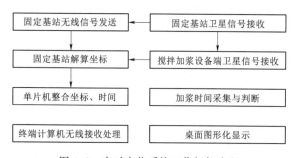

图 4.3　实时定位系统工作框架流程

图形化显示的实时加浆状态可供效果评价。系统工作框架流程如图4.3所示。

4. 电磁流量计计量原理

变态混凝土搅拌加浆设备流量控制通过电磁流量计以及流量反馈系统实现。其中，流量测量运用法拉第电磁感应定律原理，即导电流体在磁场中做垂直流动切割磁感应力线时，会在管道两边电极上产生感应电势；感应电势大小可由式（4.2）确定：

$$E_x = BDV \tag{4.2}$$

式中：E_x 为感应电势，V；B 为磁感应强度，T；D 为管道内径，m；V 为液体流速，m/s。

液体体积流量 Q_v 与 V、管道截面积 $\pi D^2/4$ 关系为

$$Q_v = V \pi D^2/4 \tag{4.3}$$

将式（4.2）代入式（4.3）得

$$Q_v = \left(\pi \frac{D}{4B}\right) E_x \tag{4.4}$$

当 D 与 B 不变时，则 Q_v 应与 E_x 成线性关系。量测流量计两端感应电势 E_x 大小，

即可得体积流量 Q_v。

4.2.2　智能加浆搅拌车研制

针对现有搅拌式机械加浆仓面操作规范缺失，以及加浆操作无序混乱，浆液加浆质量无法实时数字化反馈控制的现状，提出一种搅拌式机械加浆在线数字化馈控高效方法。该设备在满足工程设计与施工要求的各项物理力学指标条件下，结合加浆参数以及仓面施工状况，确定最佳加浆参数以及机械作业行走轨迹，保证加浆操作有序进行。预建的远端坝体三维模型能够根据获取的加浆数据，对加浆质量进行实时数字化云图控馈，并能自动生成评价报表，保证工程加浆质量，为搅拌式加浆信息化施工提出了一种标准作业方法。

1. 数字化搅拌式机械注浆机具体技术方案

（1）搅拌式机械加浆注浆机安装搅拌轴实时定位以及实时流量采集与无线传输装置。定位装置采用在加浆机臂杆上安装一组两只 GPS-RTK 定位天线（图 4.4），利用平面内两点定位坐标推求第 3 点坐标方法，实时精确定位或者准确计算出加浆头的坐标位置，坐标定位误差要求小于 3cm；加浆流量实时精度应该小于 2%；具有加浆流量与流量数据信号传输功能，采用电磁流量计记录、传输实时加浆流量。

（a）数据采集装置安装固定　　　　　　　　　　（b）数据采集装置

图 4.4　机械注浆机数据采集装置

（2）安装实时数据采集系统装置。该装置功能模块应包括数据采集模块、数据处理与传输模块，采用 485 信号传输方式，作业过程中能直接将加浆头实时坐标与同步流量数据无线传输到云端指定数据库。

（3）数据由系统程序导入远端可视化评价模块。远端可视化评价模块中建有坝体分层加浆区域的三维实体空间模型图，按不同工程设计要求和现场试验标定的材料工艺参数，设置相应仓面混凝土加浆量的控制指标——每立方米碾压混凝土加浆量（L/m³），流量计瞬时加浆量允许误差范围为 ±5%；结合加浆压力和加浆头行走速度，确定实施应用中的单方碾压混凝土加浆量上下线控制标准值。

（4）单方加浆量工艺参数设计与核定。由于碾压混凝土的原料、配比差异性较大，变态混凝土成型质量设计要求也因具体工程需求而不同，因此为保证机械式搅拌加浆工艺参数的标准可控性，应在工程现场提前进行不同加浆工艺参数的匹配试验，以成型混凝土力学性能设计要求指标为加浆工艺试验参数标准进行核定。

需核定的加浆工艺参数如下：机械式加浆设备操作时，设置的流量计瞬时加浆量、加浆压力、加浆头行进速度。

上述工艺参数合理性的核定依据是：设备现场作业实施不同瞬时流量计加浆量、加浆压力、加浆头行进速度，得到的变态混凝土试样（取芯）力学性能指标，应满足设计指标要求。

加浆工艺参数试验中，取芯试样抗压强度计算公式为

$$f_c = F/A \tag{4.5}$$

式中：f_c 为混凝土抗压强度，MPa；F 为试样破坏荷载，N；A 为试样承压面积，mm^2。

试样劈裂抗拉强度计算公式为

$$f_{ts} = \frac{2p}{A\pi} \tag{4.6}$$

式中：f_{ts} 为混凝土劈裂抗拉强度，MPa；p 为破坏荷载，N；A 为试样劈裂面积，mm^2。

试样抗压弹模计算公式为

$$E = \sigma_c / \varepsilon \tag{4.7}$$

式中：E 为混凝土抗压弹模，MPa；σ_c 为混凝土弹性形变下最大压应力，MPa；ε 为混凝土弹性变形下最大线应变，是无量纲量。

将满足上述力学性能的变态混凝土搅拌加浆成型工艺参数，即流量计瞬时加浆量、加浆压力、加浆头行进速度（考虑计量允许误差），作为现场正常作业施工参数设定依据。

（5）坝体加浆施工层三维建模。根据坝体仓面施工计划，用软件提前构建坝体加浆施工层的三维模型图，设定好指定段、仓作业加浆层的实体坐标信息。可视化系统能够根据实时接收到的加浆坐标和流量数据信息，自动匹配模型中对应正在施工的仓号、段号、层号和加浆区域；用预设的单位体积加浆量（也可以是层厚确定时的单位面积加浆量）来计算显示模块显示实时单方混凝土加浆量值，对比加浆量设计控制指标上下线，对加浆合格性进行分析评价，评价结果以欠浆、稍欠、正常、稍过、过浆五级分档表示，并以不同颜色区分量化差别，形成变态混凝土区加浆效果云图，同时以声光报警方式将非正常加浆效果实时反馈给现场作业人员，以便于及时纠正。

（6）作业流程控制。为有效避免加浆设备现场行走轨迹导致加浆头搅拌来回重复操作，减少加浆作业轨迹重叠交叉引起加浆量的非均匀性，节省加浆遍历时间，本搅拌加浆工艺采用 S 形行走路线，可实现一次性最短规则路径的完整加浆操作。S 形行走路线行进的条带数量取变态混凝土加浆带宽加搅拌加浆轴半径（0.35m），平行条带间距应为搅拌加浆轴直径另加 10～20cm，考虑浆液压力有效扩散范围（正常取 80～90cm）。

现场作业过程中，根据设定好的 S 形加浆头行走轨迹以及预设的加浆行走速度、加浆压力、加浆流量等设定参数开始加浆操作，并根据远端可视化系统实时反馈效果，及时调整压力和流量等工艺参数，直至可视化系统反馈加浆效果正常；按照上述方法有序高效完成加浆操作。

2. 数字化搅拌式机械注浆机坐标定位推算原理

数字化搅拌式机械注浆机机械臂如图 4.5 所示，机械臂采用三角形辅助架定位方法，

定位架横臂两侧安装 GPS 定位天线，用以准确测定该点动态坐标、高程、俯仰角等信息。具体的几何推算原理图如图 4.5 所示。

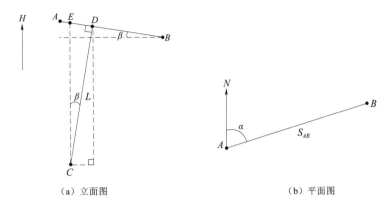

（a）立面图　　　　　　　　　　　　（b）平面图

图 4.5　数字化搅拌式机械注浆机机械臂几何图

其中 A、B 两点分别表示数字化搅拌式机械注浆机机械臂两侧三角形辅助架 GPS 定位点坐标，S_{AB} 表示两点的距离，可以直接通过测量得到，$S_{AB}=0.75\text{m}$。α、β 分别表示 GPS 定位装置获得的俯仰角信息，C 点表示注浆头位置，则数字化搅拌式机械注浆机搅拌头坐标定位推算原理可以转换为以下问题：已知 AB 长度为 S_{AB}，DC 长度为 L，AD 长度为 S_{AD}，为 3 个标定参数；实测 AB 方位为 α，倾角为 β，已知 A 点三维坐标，求 C 点坐标。

A、B 两点在 N 方向的距离为

$$\Delta N_{BA}=N_B-N_A=S_{AB}\cos\beta\cos\alpha \tag{4.8}$$

A、B 两点在 E 方向的距离为

$$\Delta E_{BA}=E_B-E_A=S_{AB}\cos\beta\sin\alpha \tag{4.9}$$

A、B 两点在高程方向差值为

$$\Delta H_{BA}=H_B-H_A=-S_{AB}\sin\beta \tag{4.10}$$

由三角形相似原理可知

$$\frac{H_D-H_A}{S_{AD}}=\frac{H_B-H_A}{S_{AB}} \tag{4.11}$$

整理可得

$$H_D=\frac{S_{AD}}{S_{AB}}(H_B-H_A)+H_A \tag{4.12}$$

由几何立面图可知

$$H_C=H_D-L\cos\beta \tag{4.13}$$

将式（4.12）代入式（4.13）得注浆点高程位置：

$$H_C=\frac{S_{AD}}{S_{AB}}\Delta H_{BA}+H_A-L\cos\beta \tag{4.14}$$

A、E 两点间距为

$$S_{AE}=S_{AD}-L\tan\beta \tag{4.15}$$

计算时：$H_B < H_A$，倾角 β 为正；$H_B > H_A$，倾角 β 为负。

同样由三角形的相似原理可知

$$\left.\begin{aligned} \frac{N_D - N_A}{S_{AD}} = \frac{N_B - N_A}{S_{AB}} \\ \frac{E_D - E_A}{S_{AD}} = \frac{E_B - E_A}{S_{AB}} \end{aligned}\right\} \tag{4.16}$$

分别得到 C 点 N 方向、E 方向坐标：

$$\left.\begin{aligned} N_C = N_E = \frac{S_{AD} - L\tan\beta}{S_{AB}} \Delta N_{BA} + N_A \\ E_C = E_E = \frac{S_{AD} - L\tan\beta}{S_{AB}} \Delta E_{BA} + E_A \end{aligned}\right\} \tag{4.17}$$

至此，通过 A、B、C 三点坐标对搅拌式机械注浆系统注浆头的坐标高程推算完成，通过绘图或计算得出△ABC 的高和边长，得到标定参数。

3. 数字化搅拌式机械注浆机系统组成及参数

（1）系统组成。新一代的数字化搅拌式机械注浆机系统增设操作室、柴油油箱、液压系统、数字化定位系统等，安全性、现场可操作性、操作便捷性以及施工远程数字化控制得到有效提高。新一代的数字化搅拌式机械注浆机系统组成原理如图 4.6 所示。

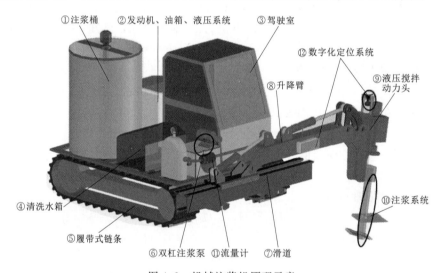

图 4.6　机械注浆机原理示意

机械注浆系统长宽高为 3000mm×1950mm×2500mm，重量约为 4t，发动机功率为 55.204kW，液压系统主要由两个双联油泵、行走马达、动力头驱动马达、注浆马达、搅拌马达、平移油缸、升降臂启降油缸、注浆头摆动油缸、油路等组成。

（2）系统参数。①注浆桶容量为 ϕ850mm×1150mm，经试验合理注浆量为 0.4m³，清洗水箱容量为 0.2m³；②注浆头扭矩为 4500N·m，转速为 50n/min，直径为 450mm，注浆深度为 350mm，注浆伸缩范围为 0～1200mm；③注浆泵最大注浆量为 3m³/h，注浆压力为 1.5MPa；④履带式链条，履带宽 350mm，行进速度 V_{max}=2km/h；⑤定位流量采集装置，包括圆盘天线、连接线、流量计、流量计量接线、数据采集盒，数据采集盒位于驾驶室内，将机械注浆系统位置与流量信息打包上传至远端系统；⑥驾驶室操作室内主要的操作杆有开关、油门、熄火拉栓、注浆机行进操作杆、机械臂控制杆、大臂控制杆、小臂控制杆、注浆桨控制杆、注浆控制杆、注浆桶旋转桨。

自主研制的新型（第三代）智能机械注浆机实物见图 4.7。

（a）侧面　　　　　　　　　　　　（b）正面

图 4.7　机械注浆机系统实物

4.2.3　便携式加浆工艺原理

便携式手持智能注浆定位系统的硬件组成原理如图 4.8 所示，主要包括两部分功能：注浆瞬时流量采集上传和注浆作业动作定位实时数据采集上传。

1. 流量馈控模块

流量馈控模块功能包括：AD 流量实时采集、数据转换、通信发送。其中，AD 流量实时采集时，采集流量计输出 4～20mA 电流信号，通过接入的 150Ω 电阻转换成电压信号，采集进入 CPU。

2. 定位装置模块

（1）GPS 模块：接收卫星信号，并将卫星信号与电台模块接收的基站定位坐标一起进行 RTK 解算。

（2）电台模块：接收基站的定位坐标。

（3）无线射频模块：与采集盒中的无线射频模块进行配对，与采集盒进行一对一的数据通信，接收工人身上数据采集盒传过来的定位数据。

（4）4G 模块：将 CPU 处理完成的数据按照特定的格式发送到云端。4G 模块使用 TCP/IP 协议，通过 socket 连接

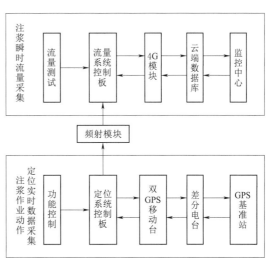

图 4.8　智能注浆定位系统硬件组成原理示意图

云服务器，完成三次连同后进行数据传输。

3. 数据通信

本系统的单片机通过 4G 模块发送的数据格式如下：

$,<0>,<1>,<2>,<3>,<4>,<5>,<6>,<7>,<8>*END<CR><LF>

其中，<1>代表设备信息 2 位（B1 表示流量测试设备）；<2>代表流量值 4 位（范围 9～9999），L/S；<3>代表浆液密度 3 位（范围 1～999），kg/m³；<4>代表 UTC 时间，hhmmss（h，m，s）；<5>代表北向坐标，m；<6>代表东向坐标，m；<7>代表高程（－9999.9～99999.9），m；<8>代表传感器状态 1 位（1，表示正常，0，表示异常）；<CR><LF>：CR（Carriage Return）＋LF（Line Feed）帧结束，回车和换行。

例：$，B1，9999，234，010717.00，＋732646.511，＋1731051.091，－28.345，1，＊END

注浆棒系统 GPS 坐标采集定位装置包括：GPS 坐标位置定位仪、连接线、主控盒。两个 GPS 坐标位置定位仪分别放置于注浆施工人员双肩，通过差分定位，确定并推算精准注浆位置，通过数据连接线传送至主控盒。

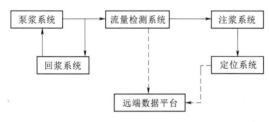

图 4.9　便捷式手持智能注浆定位系统工作流程图

主控盒将获得的坐标、时间等信息以一定格式打包发送至系统采集盒，采集盒将接收到的注浆位置坐标信息、实时流量信息、作业时间数据打包整合，以 1Hz 频率发送至云端馈控系统，保持对连续注浆作业情况进行实时馈控。系统工作流程见图 4.9。

智能注浆系统的研发设备技术参数见表 4.1、表 4.2。

表 4.1　　　　　　　　　　实时定位设备技术参数

性　能　要　求	指标　分类	参　数　值
GNSS 信号	GPS	L1，L2
	BDS	B1，B2
	GLONASS	G1，G2
定位启动时间	冷启动	＜50s
	热启动	＜15s
信号定位重捕	快速	＜1.5s
	普通	＜3s
定位精度	RTK 精度	H：$\pm(10+0.5\times10^{-6}D)$mm
		V：$\pm(20+0.5\times10^{-6}D)$mm
	注浆定位精度	H：±20cm
		V：±25cm
数据速率	定位数据	1Hz

续表

性 能 要 求	指 标 分 类	参 数 值
电气特性	电压	+5V±10% DC
	功耗	2.8W
环境要求	工作温度	−25～70℃
	储存温度	−55～95℃
设备参数	尺寸	155mm×90m×45mm
	重量	150g（不含电池）

注 H代表水平方向；V代表垂直方向。

表 4.2　　　　　　　　　　　　　智能流量采集设备技术参数

性 能 分 类	指 标 名 称	参 数 值
瞬时流量	最大流速	15m/s
工作压力	公称压力	1.6MPa
量程范围	适用量程	$0.707\sim85\text{m}^3/\text{h}$
测量精度	最大误差	±0.3%
运行环境	环境温度	−10～60℃
	流体电导率	最小 20μS/cm
通信能力	上传数据速率	1Hz
电气特性	供电电压	100～240VAC，50/60Hz
	功耗	10W

4.2.4 数字化便携式加浆装备研发

为实现现场加浆作业设备施工便捷自动化，提高作业效率与加浆用量精度，本书作者前期开发了便携式变态混凝土高压加浆系统，主要包括加浆桶、料浆泵、管路和注浆头等部分，系统构成如图 4.10 所示。

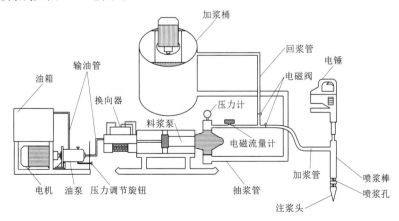

图 4.10　便携式变态混凝土高压加浆系统构成示意

依据功能不同，系统分为三个系统：液压动力系统（泵浆系统）、浆液泵送及回浆系统以及手提式喷浆系统。

液压动力系统主要目的是为高压料浆泵提供动力，包括：油箱、电机、油泵、压力调节旋钮、液压换向器几个部件。各部件作用如下：①油箱储备液压油；②油泵将油箱内液压油送至液压换向器；③电机带动油泵运转，油压推动泵机轴塞运动，为浆液泵送提供动力；④压力调节旋钮控制液压换向器油压，间接控制水泥浆液泵送压力，实现浆液压力2.0～5.0MPa之间可调。

浆液泵送及回浆系统是为了控制浆液顺畅流通，保证加浆量及时可控的子系统，包括加浆桶、料浆泵、电磁阀、浆液流量计、浆液压力计、加浆管、抽浆管、回浆管几个部件。各部件作用如下：

（1）加浆桶用于储蓄制浆站拌制水泥浆液以及系统回浆功能打开时回流的浆液；考虑常规制浆站每次制浆产量，加浆桶设计容积为600L。加浆桶配橡皮刮板搅拌轴，搅拌轴由定速电机带动旋转，确保水泥浆液不沉淀。

（2）料浆泵作用是将水泥浆液从加浆桶内抽送至手提式喷浆系统。

（3）浆液压力计与浆液流量计功能为分别测量浆液压力与浆液流量。

（4）电磁阀用于控制浆液流通方向，当浆液流量达到设定值后，利用遥控器控制电磁阀完成回浆控制动作，即加浆管关闭，回浆管打开，浆液回流加浆桶。

（5）加浆管、抽浆管连接料浆泵机、加浆桶。连接段设计成可快速拆卸式，方便清淤。

手提式喷浆系统为实现将浆液注入铺摊碾压混凝土，主要包括冲击电锤、加浆棒、喷头等几个部件。各部件功能要点如下：

（1）冲击电锤与加浆棒相连，作业时利用冲击电锤激振力将加浆棒振入铺摊碾压混凝土内。

（2）加浆棒长度为40cm，可确保每层混凝土注浆时，工人作业加浆棒插入混凝土深度不超过35～40cm。

（3）喷头采用合金高耐磨材料制成，保证在混凝土内反复插拔不损坏。

（4）喷头前端设计为细长锥形结构形状，使喷头易于插入铺摊碾压混凝土内部。

（5）喷头上开喷浆孔，喷浆孔开口向下，控制浆液向地面出射。

（6）喷浆孔下方棱台打磨为倒圆弧形，阻止高压浆液反向喷射，确保出浆朝向混凝土。

（7）高弹橡皮环包裹在喷浆孔外，实现高压浆液均匀环向膜状喷射。

具体便携式变态混凝土高压注浆系统实物如图4.11所示。

加浆作业采取高压喷射方式以提高点式加浆效果的均匀性，利用管头径向喷射压力在铺平碾压混凝土内的振冲作用，以及专门设计的多点分层式膜状喷射布置形式，通过预先试验效果设定的点位间距、深度、插拔时间和单点流量指标等参数控制注入量，使得水泥浆液能沿松散碾压混凝土注浆孔快速向四周扩散，提高浆液分布均匀性。高压浆液振冲作用原理是利用冲击破坏干性碾压混凝土：当能量大、速度快和脉动状的高压浆液喷射流的动压超过碾压混凝土虚摊结构强度时，一部分碾压混凝土细骨料在喷射流的冲击力、离心

（a）液压油机与料浆泵机

（b）加浆桶

（c）加浆棒与电锤

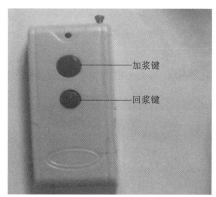
（d）遥控器

图 4.11　便携式变态混凝土高压注浆系统实物图

力和重力等作用下，与浆液搅拌混合，按一定的浆骨比例和质量大小有规律地重新排列，形成均匀变态混凝土。智能便携式注浆系统注浆头小巧、灵便，手持注浆主要用于仓面上下游模板交界处、止水铜片模板交界处、廊道附近、拉筋附近等小空间、小范围的变态混凝土带加浆。

4.3　变态混凝土人工数字精细化振捣

变态混凝土密实性是评判质量优劣的重要指标之一，在其质量控制方面有关键性作用。目前，仓面加浆变态混凝土现场振捣大部分仍采用人工作业，其施工质量主要取决于操作人员经验。因此施工过程无法做到振捣位置、深度、持续时间准确控制，导致振捣随意性强，容易出现欠振、过振、漏振等问题，若不及时修复，混凝土硬化成型后会出现性能缺陷。为解决上述工程实际问题，需实时监测混凝土人工振捣效果，评价分析施工质量并及时反馈修复，最终实现混凝土人工振捣质量的精细化管控。仓面变态区域振捣施工监控过程的实现及工程应用仍需面临许多技术难题，如振捣棒运动轨迹定位、振动状态判定、振捣质量的实时计算及图形化准确显示等，导致振捣信息化施工研究领域尚属空白。

针对某工程上下游区变态混凝土的人工随机振捣工艺容易引起的振捣缺陷问题，结合全智能化振捣工艺监控需求，本书作者进一步开发完善了智能化人工振捣跟踪定位技术和设备，建立了监控参数实时采集传输方法。其中监控参数包括振捣棒棒头定位、振捣工作状态判定和振捣深度；最终将智能穿戴设备和远程可视化技术方法集成，形成了变态混凝土人工振捣质量实时可视化监控系统，并通过现场应用效果完善了系统的稳定可靠性。

4.3.1　人工数字化振捣工作原理

1. 棒头定位

针对振捣棒棒头直接定位难度大，同时兼顾卫星接收不受遮挡和便捷施工，使用多信息融合处理技术，采用间接方法定位棒头。方法的基本原理为：首先对施工时工人的振捣姿态进行判定，并根据不同的姿态采用不同的推算方法，推算出工人正常振捣时手握振捣棒处的握点位置坐标；然后利用深度采集系统数据和握点位置坐标，推算出实际振捣点的位置坐标。算法的特征是基于工人的工作姿态对差分定位坐标进行处理，推算的实际工作位置坐标较为准确。

在该方法中，需要用到的数据信息包括两组差分定位坐标和振捣棒振捣深度。其中差分定位坐标由主控制系统采集获得，振捣深度则由深度采集系统得到。定位原理如图4.12所示。

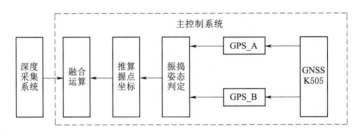

图 4.12　棒头实时定位原理

2. 振捣姿态判定

双 GNSS-RTK 的振捣位置定位方法是基于实际施工时工人的身体姿态特征分别进行数据处理的。因此，首先需要对工人工作姿态进行确定。根据工地现场不同类型作业状态数据采集结果，将工人在振捣施工时的姿态分为两大类。一类是振捣棒棒头位于工人的一侧（左侧或者右侧），以左侧为例，此时振捣点在工人的左侧，相应的手的握点也在工人身体中心线的左侧。在这种情况下，工人左侧肩膀由于身体作业连续动作倾斜，其所在位置高度要明显低于右侧的肩膀，如图4.13（a）所示。另一类是振捣棒棒头位于工人前方，此时振捣棒位于工人前方，手的握点也在工人前方。这种情况下身体前倾，与地平面形成一定角度，握点与身体有一定距离，双肩高度基本一致，如图4.13（b）所示。

上述分析方法称为人体工学分析方法。将这两种姿态作为参考模型，工人双肩高差作为变量，当变量之间关系符合参考模型时，即可以认定此时振捣工人所处工作姿态。再依据动作是否连续性分析，利用历史序列数据分析求解，可以在满足一定概率的情况下获得手握棒点位置精度，控制误差10cm以内。

为了判定振捣姿态所符合的参考模型，需要以相关变量大小关系作为判断依据。对于工人施工时双肩高度的值，通过两个 GNSS 轻型航空天线利用 RTK 技术来确定，航空天

（a）振捣棒位于工人一侧　　　　　　　　　（b）振捣棒位于工人前方

图 4.13　振捣施工身体姿态

线具有体积小，重量轻，抗干扰能力强的优点，并考虑施工便捷，特制穿戴监测设备，设备由各个功能模块如定位、智能、通信模块等高度集成，并选用轻质牢固材料封装。

由于双肩高差在不同的姿态下区别明显，因此可以双肩高差作为判据对工人的振捣姿态进行判定。将固定在工人左肩上的卫星天线编号为 A，右肩天线编号为 B，并且经过载波相位差分定位可以得到 A 点坐标（H_A，E_A，H_A），B 点坐标（N_B，E_B，H_B）。确定了变量值之后，便可以双肩高差作为判据，来判定振捣姿态的参考模型。根据实际施工统计值，可以得出判定规则如下：

（1）姿态判断。①$H_A - H_B > 0.1\text{m}$ 时，判定振捣姿态为右倾，握点位于工人右侧；②$H_B - H_A > 0.1\text{m}$ 时，判定振捣姿态为左倾，握点位于工人左侧；③$|H_A - H_B| < 0.1\text{m}$ 时，判定振捣姿态为前倾，握点位于工人前方。

在振捣施工时，对施工工人双肩坐标进行实时采集，利用此判定规则，便可以判定出工人的振捣姿态和握点方位。并且，根据所采集到的不同振捣姿态下的各种变量的特点，作以下规定：设 A、B 两点连线中点为点 $O\left(\dfrac{N_A + N_B}{2}, \dfrac{E_A + E_B}{2}, \dfrac{H_A + H_B}{2}\right)$，手的位置点为点 C，θ 为线 AO 顺时针至线 OC 旋转角，A、B 两点高差为 $h = H_A - H_B$。当工人身体前倾，在前方振捣时，根据高差 h 绝对值分为两种方式计算 θ，当向一侧倾斜振捣时，θ 值固定。两种振捣姿态都假定线 OC 与水平面夹角为 $45°$，OC 长度为 66cm，则 θ 计算公式如下：

$$\theta = \begin{cases} 90° & (|h| \leqslant 1\text{cm}) \\ 90° + (8h - 8)° & (h > 0，1\text{cm} \leqslant h \leqslant 10\text{cm}) \\ 90° - (8h - 8)° & (h < 0，1\text{cm} \leqslant |h| \leqslant 10\text{cm}) \\ 90° \pm 72° & (|h| \geqslant 10\text{cm}) \end{cases} \tag{4.18}$$

（2）握点位置推算方法。基于实际振捣姿态特点，利用双定位坐标差分坐标数据，手握振捣棒处的坐标即握点位置坐标的推算方法设计如下。

规定 A、B 两点坐标为（N_A，E_A，H_A）、（N_B，E_B，H_B），待求点 C 即握点位置坐标为（N_C，E_C，H_C），其中 N 表示北向坐标，E 表示东向坐标，H 表示高度坐标，单位为 m；定义自标准方向北端起算，顺时针转至 AB 连线的水平夹角为方位角，如图

4.14 所示，方位角的取值范围为 $0°\sim360°$。

由于方位角 α_{AB} 取值区间为 $0°\sim360°$，所以 α_{AB} 的计算分四种情况，见表 4.3。

表 4.3　　　　　　　　　　　　　　　　方 位 角 计 算 方 法

方位角	情况 1	情况 2	情况 3	情况 4
ΔN	＋	－	－	＋
ΔE	－	＋	－	－
α_{AB}	$\arctan(\Delta E/\Delta N)$	$\arctan(\Delta E/\Delta N)$	$\pi+\arctan(\Delta E/\Delta N)$	$2\pi+\arctan(\Delta E/\Delta N)$

根据振捣施工时的姿态情况，见图 4.15，则握点坐标 C 的计算公式为

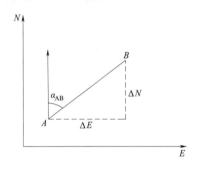

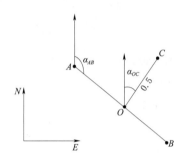

图 4.14　方位角及相关变量示意　　　　图 4.15　握点位置推算示意

$$\left.\begin{aligned}N_C &= N_O + S_{OC}\cos\alpha_{OC}\\E_C &= E_O + S_{OC}\sin\alpha_{OC}\\H_C &= H_O - 0.66\sin45°\end{aligned}\right\} \tag{4.19}$$

其中：

$$\left.\begin{aligned}S_{OC} &= 0.66\cos45°\\\alpha_{OC} &= \alpha_{AB} + \theta - 180°\\N_O &= \frac{N_A + N_B}{2}\\E_O &= \frac{E_A + E_B}{2}\end{aligned}\right\} \tag{4.20}$$

式中：S_{OC} 为握点与中点连线在水平面内的投影；α_{AB} 为 AB 连线所成方位角；α_{OC} 为 OC 连线所成方位角。

（3）握点至棒头长度采集。获取工人施工时握点坐标后，则需要获得握点与振捣棒头的水平和垂直距离，才能进一步推求实际的振捣点位置。因此，根据实际振捣作业工况，设计了振捣深度采集装置，间接获得握点与棒头的水平和垂直距离。装置由三部分组成，第一部分为自制感应手套，由施工人员佩戴，上面装有磁铁；第二部分为改造的智能振捣棒，即以固定间距串联连接，并密封在普通振动棒内的感应头组，感应头由霍尔开关和去耦合电容构成；第三部分为采集设备。当施工人员穿戴手套握棒振捣作业时，基于霍尔原理，握点处放入的霍尔开关产生电平变化，该变化被设备采集分析，计算出棒头至握点距离。

分析实际的振捣作业，根据不同的振捣区域情况，振捣棒的大致形态可以分为两种，振捣示意如图 4.16 所示。

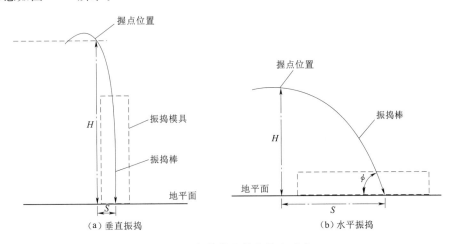

（a）垂直振捣　　　　　　　　（b）水平振捣

图 4.16　振捣作业棒体状态示意

垂直振捣时，由于模具限制和棒体自身的原因，棒体处于竖直状态，此时棒头相对握点的水平位移变化 S 不大，可以认为近似相等。在垂直方向上，握点到棒头的曲线长度 L 即为垂直距离 H（数据采集对比发现，误差在 5cm 以内）。

水平振捣时，情况相对较为复杂，为了得到较为准确的数据，采集振捣时各变量的数据，包括握点到棒头的曲线长度 L、棒与地面所成夹角 ϕ、握点与地面垂直高度 H、棒头到握点的水平距离 S。数据测量时，手握点从距离棒头长度为 85cm 开始计数（设备前端为铁棒，长度为 50cm 左右，实际施工时不可能握住棒头），逐渐向棒尾端移动，并实时采集数据，直至握点距离棒头长度大于 140cm，这个距离范围是水平振捣时最为常见长度。

对采集到数据进行分析处理，首先是曲线长度 L 与水平距离 S，进行公式拟合后，处理结果如图 4.17 所示。

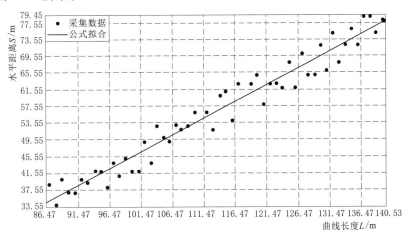

图 4.17　曲线长度 L 与水平距离 S 拟合结果

根据拟合结果得出握点距棒头的曲线长度 L 与在水平面上的投影即水平距离 S 值的关系为

$$S = \begin{cases} 0.7L - 33 & (L \leqslant 140\text{cm}) \\ 65 & (L > 140\text{cm}) \end{cases} \tag{4.21}$$

同样的处理方法，可以得到曲线长度 L 与垂直距离 H 之间的关系：

$$H = L - 15 \tag{4.22}$$

振捣棒棒头与地面所形成的夹角与变量 L 的关系变化不明显，拟合后相关性较弱，不能作为参考。

设棒头点坐标为 V，则棒头点坐标（N_V，E_V，H_V）为

$$\left. \begin{array}{l} N_V = N_C + S\cos\alpha_{OC} \\ E_V = E_C + S\cos\alpha_{OC} \\ H_V = H_C - H \\ \phi = \arctan\left(\dfrac{H}{S}\right) \end{array} \right\} \tag{4.23}$$

（4）振捣工作状态判定。变态混凝土振捣状态主要为两种，一种为空载状态，该状态下振捣棒拔出混凝土；另一种为有载状态，该状态下振捣棒插入变态混凝土中振捣作业。不同工作状态下电机工作电流不同，通过对采集工作电流进行功率放大处理，从而判定振捣状态。振捣状态具体判定步骤如下：

1）对待振混凝土进行短暂预振，振捣状态判定装置分别采集空载和有载时工作峰值组，并求取均值作为有效值，空载和有载状态有效值记为 V_k 和 V_y。

2）求取 V_k 和 V_y 两值均值 V_m，并设定阈值 V_t，确定振捣状态判定上限阈 $V_{tu} = V_m + V_t$，下限阈值 $V_{du} = V_m - V_t$。

3）开始振捣作业，实时采集获取工作电流峰值均值 Max，若 Max $\geqslant V_{tu}$，判定有载；Max $\leqslant V_{du}$，判定空载；$V_{du} <$ Max $< V_{tu}$，状态判定报错，不予记录。通过一段时间连续测试（每秒发送 2 个状态），分别统计空载、有载状态数以及各自误判个数。测试结果表明，振捣状态判定方法准确率能达到 90% 以上，满足性能使用要求。

（5）振捣深度计算。如图 4.18 所示，当振捣棒插入混凝土时，工作状态发生变化，即由空载转为有载，系统将记录存储状态变化时刻的棒头坐标为浇筑层插入点坐标 A，并与插入混凝土中振捣的棒头坐标 B 计算振捣深度 L，实时更新。此外，振捣深度应不大于振捣棒有效振捣长度 L_e（一般为 30cm），其计算公式为

$$L = \begin{cases} \dfrac{H_A - H_B}{\sin\phi} & (L < L_e) \\ L_e & (L \geqslant L_e) \end{cases} \tag{4.24}$$

式中：H_A、H_B 为 A、B 点高程，m；ϕ 为棒体倾角。

4.3.2　人工数字化振捣工艺技术

1. 系统关键技术

（1）GNSS-RTK 定位技术。全球导航卫星系统（global navigation satellite system，

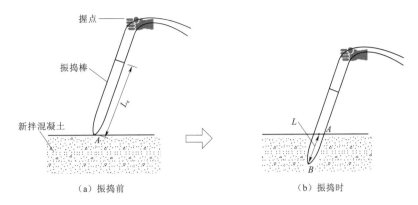

图 4.18　混凝土棒振捣深度

GNSS）主要包括美国全球定位系统（GPS）、俄罗斯的全球导航卫星系统（GLONASS）、欧洲 Galileo 卫星导航定位系统、中国北斗卫星导航系统（Beidou）。GNSS 卫星定位技术可以综合利用所有导航卫星信息，有效提高卫星导航定位精度、可靠性和安全性。在本系统研发中，为提高定位解算速度及搜星过程中卫星天线抗遮挡干扰能力，方便适用于环境复杂的施工现场振捣棒运动轨迹跟踪定位，采用目前 GNSS 定位技术中最先进的 GPS、GLONASS、Beidou 三星实时动态差分定位技术（real time kinematics，RTK）。

该技术是目前精度最高且最稳定可靠的定位技术，在本系统中定位原理为：振捣棒流动站处定位模块实时接收三星卫星定位信号，并接收由安置在空旷位置且定位坐标已知的基准站通过特高频无线电通信发送的改正数，综合处理数据，获得振捣棒精确的动态定位结果。该定位过程实时快速，精度可达厘米量级，且适用于恶劣的定位条件，满足现场混凝土振捣施工质量监控要求。

（2）智能穿戴装置。智能穿戴技术是指配件设备能直接穿在身上或是整合进用户衣服内来收集处理信号，具有智能性特点。施工中监控振捣质量时，若定位设备中的卫星天线直接安装于棒体，将导致天线受施工人员身体遮挡而搜星定位失败，棒体轨迹定位稳定性明显下降。为此本系统研制了智能穿戴装置，将卫星天线固定在施工人员身上，首先通过定位人员位置，再根据作业姿态分析确定人员与棒体间位置关系，最终间接推算振捣棒体坐标，并融合其他振捣信息数据后发送至远程云服务器端。本套设备研发考虑了人体负荷和作业工效，监测设备功能高度集成且采用无线通信，因此小巧轻便，不影响仓面人工振捣作业效率。

（3）无线通信。由于现场环境条件复杂，特别是仓面边角变态区域混凝土振捣大型振捣设备无法实施，而人工振捣往往由于施振不便，很容易导致漏振与欠振。采用智能穿戴装置，为克服监控数据接收站之间距离较远的问题以及确保定位数据可靠采集，系统中所有数据传输采用无线通信技术，即利用电磁波信号在自由空间中的传播特性传输交换信息。本书考虑现场的无线通信条件，为保证数据通信可靠与稳定，采用了 4G/Wi-Fi 组合模式进行数传传输技术，智能穿戴装置向移动站传输通信采用无线射频技术，移动站与云端服务器通信采用 Wi-Fi 技术，云端服务器与监控中心的客户端电脑采用 4G 网络传输技术。

（4）SQL Server 数据库。SQL Server 数据库提供了基于企业级的信息管理系统方案。本套系统云服务器采用 SQL Server 数据库，其内置的数据复制功能、管理工具、与 Internet 紧密集成和开放的系统结构，可满足海量作业工艺信息管理和振捣质量监控信息数据存储需要。

（5）计算可视化。为直观高效地实时监控变态混凝土人工振捣效果和进行在线质量评价，系统基于 OpenGL 软件开发三维可视化插件，实现仓面振捣质量实时三维图像化显示与可视化查询功能。通过 OpenGL 可创建交互式应用程序，能实现振捣区域的三维图形图像仿真效果，结合双向馈控式远程系统平台，实现实时现场、远程质量精细化显示与馈控。

2. 系统架构

现场振捣施工人员穿戴自主研发智能监测设备，采集监测振捣质量信息，结合监控中心软件分析处理，反馈缺陷信息至浇筑仓号并修复，最终实现对混凝土振捣质量实时监控的目的。系统主要由振捣棒端穿戴设备移动站、GPS-RTK 基准站、云服务系统、远程馈控中心平台组成，系统组成结构见图 4.19。

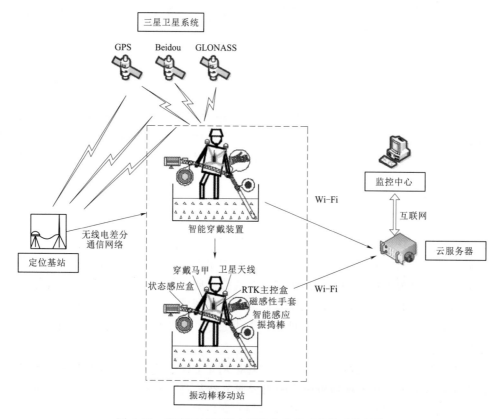

图 4.19　变态区域混凝土振捣作业实时监控系统结构

（1）穿戴设备移动站。穿戴设备移动站使用智能穿戴装置采集振捣作业空间位置信息。该设备主要由穿戴马甲、卫星天线、RTK 主控盒、磁感性手套、智能感应振捣棒和状态感应盒组成，见图 4.19。卫星天线采用 GNSS 航空天线，具有体积小、重量轻、抗干扰能力强等优点。设备固定于施工人员两肩处，不间断接收 GPS、GLONASS 和 Beidou 卫星信号，卫星接收频率为 2Hz。除卫星天线外，其他装置均自主研制，其中磁感性手套和智能感应振捣棒将采集握点位置，并经安装在棒体电机处的状态感应盒计算握点至棒头的棒身长度。同时感应盒采集判定振捣状态，即判定振捣棒插入或拔出混凝土的状态，并通过无线射频模块将状态与握点至棒头的棒身长度发送至 RTK 主控盒。RTK 主控盒内将各功能模块（如定位、智能、通信等）高度集成，单机质量仅为 300g，由移动电源供电，稳定续航时间 8h。RTK 主控盒及移动电源内置于穿戴马甲衣兜中，该马甲肩部支座用于固定安装卫星天线，且向后倾斜 15°，可显著减轻天线遮挡问题。主控盒现场可实现功能包括：①接收两肩处、基准站卫星定位信息，解算定位两肩位置，解算时系统默认只采集高精度的固定解（精度达厘米量级），而自动过滤低精度的单点解及浮点解；②结合握点坐标和握点至棒头的棒身长度采集值推算定位振捣棒棒头点位置；③计算振捣深度、振捣角度，并与棒头点坐标、各类型数据采集时刻融合；④通过 Wi-Fi 模块向云服务器无线传输振捣质量信息数据，传输频率为 1Hz。

（2）GPS-RTK 基准站。定位基准站是整个监测定位系统的"位置标准"，起着至关重要的作用。由于接收机单点（一台接收机进行卫星信号解算）精度最多只达到分米量级，无法满足实际工程需要。因此为提高卫星定位精度，使用动态差分 RTK 技术，利用已知基准点坐标修正实时获得的测量结果。如图 4.20 所示，在 RTK 作业模式下，基准站通过数据链将其观测值和测站坐标信息一起传送给流动站 RTK 主控盒。主控盒不仅接收基准站数据，同时采集定位观测数据，通过载波相位差分方法进行数据处理，计算得出高精度（厘米级）流动站的空间位置信息，以提高振捣棒的定位精度，满足混凝土浇筑振捣质量控制要求[129-130]。在施工现场，基准站需架设在地势较高、视野开阔地带，并避免强磁场干扰，以利于无线信号传送和卫星信号接收。

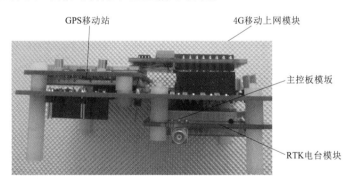

图 4.20　GPS-RTK 结构

（3）云服务系统。施工现场租用了阿里云服务器，主要包括运行数据库系统和应用软件，是不同混凝土振捣质量实时馈控系统核心组成部分，可实现振捣信息数据收集、分发、查询，其具体功能如下：

1）接收各穿戴设备移动站推求的实时振捣作业棒头点数据，并对数据进行获取、导入数据库、统计、分析和导出（分析模型）等操作。

2）工艺参数数据调用和振捣评价模型计算，形成质量评价云图和统计分析报告，满足计算、管理、维护与备份。

3）系统软件管理与维护，以及系统安全管理、用户权限管理等。

（4）远程馈控中心平台。远程馈控中心平台设置在施工项目管理部门，需配有高性能图形工作站、高速网络、UPS等，实现对混凝土振捣质量监控的实时三维可视化显示和缺陷信息反馈，其主要功能如下：

1）根据施工仓面规划，建立三维施工模型，根据体元精度对模型进行网格剖分，配制施工参数，包括振捣棒棒径、振幅、振频、受振混凝土配合比等，并建立质量控制参数（如优秀振实率、欠振体积阈值等）评价模型。

2）仓面振捣过程自动可视化监控，实时显示振捣质量，统计欠振体积和振实率。

3）统计质量缺陷预警反馈信息并上传至云服务器。

4）在远程系统中发布结束单元监控指令，统计分析整体及单元振捣作业质量。

3．成型系统

变态混凝土仓面人工振捣的智能改进对变态混凝土振捣质量有重要意义，通过一系列的振捣棒头定位、振捣姿态判定、握点位置推算方法设计、握点至棒头长度采集、工作状态判定、振捣深度计算等研究，研发出的人工振捣数字化采集装置示意如图4.21所示。

人工振捣的数据采集以及实时馈控如图4.22所示，GPS坐标采集定位系统读取、推算人工振捣棒头点位置，发送至数据采集仪，数据采集系统将采集到的位置、时间信息无线发送给远端系统，远端根据已有的振捣密实度评价模型，结合获取到的振捣时间和坐标位置数据信息，生成振捣密实度的分析报告与质量云图，从而对人工振捣进行实时馈控指导。

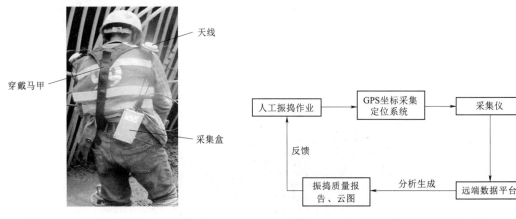

图4.21　人工振捣数字化采集装置　　　　图4.22　人工振捣数字化馈控原理图

4.4　智能加浆振捣台车作业

4.4.1　智能加浆振捣台车工作原理

振捣台车是以实现加浆振捣工艺组合机械化、施工过程标准化、施工效果均质化为目的，集储浆、输浆、注浆、振捣及管路清洗工作为一体的变态混凝土施工设备。主要的设备实物如图4.23所示。

上述设备台车由水电七局自主研制开发，主要由储浆装置、输浆装置、注浆装置、振捣装置、输浆管路清洗装置、自动控制系统几部分组成。其中，台车中储浆装置储浆量控制作业长度为 100m，宽度为 0.5m，厚 0.3m；储浆装置中设搅拌器，持续保证浆液均匀，避免发生离析沉淀。输浆装置由输浆泵、输浆管、止浆阀、分浆器组成，用转子泵将浆液定量输送至注浆装置；注浆装置能够实现八孔几何注浆插头的均匀、定量式的立面注浆。振捣装置则通过机械液压方式实现有效振捣，设备注浆、振捣头可实现随意实时切换。输浆管路清洗装置通过阀门切换，用泵送清水对输浆管路清洗，避免浆液沉淀堵管。此外，自动控制系统采用 PLC 与电液比例自动控制，及电脑触摸屏显示、操纵、记录的人机对话作业模式，实现浆液定量控制，自动记录的数字化，标准化作业和储浆、输浆、注浆、振捣及输浆管路清洗工作装置的机械化作业。

振捣台车注浆振捣头布置如图 4.24 所示。实施注浆方案中，注浆头分为两排，每排 4 根，总共 8 根注浆头，列间距为 37.5cm，排间距为 23cm，注浆头管径为 48mm，图 4.24 中以灰色的圆圈标注。整体注浆头作用范围为长 1.5m×宽 0.5m×深 0.3m。振捣方案中采用液压振捣棒总共 2 根，间距为 75cm，棒径为 140mm，黑色圆圈标注。动力方案中搅拌机和转子泵分别由液压马达驱动，振捣棒由三个偏心液压马达驱动，设备工作操作控制由液压缸驱动。

图 4.23　振捣台车设备实物

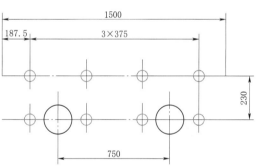

图 4.24　振捣台车注浆振捣头布置

振捣台车主要性能参数指标见表 4.4。

表 4.4　　　　　　　　　　　　振捣台车主要性能参数指标

内容名称	性能参数指标	内容名称	性能参数指标
浆桶容积	$0.5m^3$	振捣棒径	$\varphi 140mm \times 2$
理论输浆流量	$2.97m^3/h$	振捣棒插入间距	0.75m
平均注浆压力	0.1MPa	一次振捣时间	25～35s
注浆头作用范围	长 1.5m×宽 0.5m×深 0.3m	振捣频率	116～134Hz
注浆孔径	$\varphi 48mm \times 6$	清洗水箱容积	$0.21m^3$
注浆孔间距	纵向 0.375m×横向 0.23m	作业效率	$90m^2/h$
一次注浆循环时间	30～40s	台车尺寸	1.87m×10.60m
注浆量控制误差	±2%		

通过在振捣台车输浆管道处安置数字智能化电磁流量采集和无线传输设备，实时进行流量监控。智能化台车参数化采集原理如图 4.25 所示。

4.4.2 智能加浆振捣台车施工工艺技术

1. 既有振捣台车户外物理模型试验

模拟某碾压混凝土坝施工实际情况，依据仓面施工模板 3.1m×3m，变态混凝土浇筑宽度 1.5m，单层浇筑厚度 0.3m 等施工参数，采用模板、钢架等材料制作 1.5m 宽、3.0m 长、0.3m 厚的加浆振捣试验物理模型。模拟现场进行卸料、铺料、平料等操作后，进行振捣台车变态混凝土户外模型试验，如图 4.26 所示，测试加浆振捣参数控制、作业动作效果。

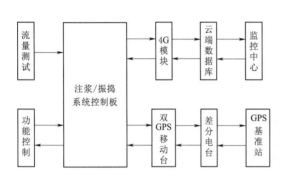

图 4.25 智能化台车参数化采集原理框图   图 4.26 振捣台车户外物理试验

户外物理模型试验要旨在于解决两个问题：如何保证设计浓度的稳定浆液定量均匀分布在变态混凝土区域？如何保证变态混凝土内实外光，与碾压混凝土搭接和下层混凝土结合良好？通过对变态混凝土的施工质量影响因素的分析，合理调整振捣参数，实现了变态混凝土高效施工。

具体考虑的变态混凝土施工质量影响因素包括：加浆浆液应具有良好的流变性、体积稳定性和抗离析性，灰浆质量、加浆量和加浆工艺是变态混凝土施工质量控制的关键；掺入变态混凝土的灰浆应均匀，由于灰浆的组成材料中水泥、煤灰的密度不同，放置较短时间就会产生沉淀，在变态混凝土中掺入不同浓度的灰浆将导致水胶比改变，所以灰浆的均匀性是影响变态混凝土质量的主要因素；加浆的均匀性，加浆不均匀将影响变态混凝土抗渗性能，降低变态混凝土抗渗等级；加浆的定量性，加浆过多将影响变态混凝土的抗裂性，翻浆过多，也将影响层面结合；加浆过少难以振捣密实，将影响变态混凝土的均质性；振捣是实现变态混凝土内实外光、浆液均匀分散的最后一个环节，定时有效的变态混凝土系统加浆能够实现混凝土浆液均匀分布，与下层变态混凝土实现有效结合[131]。

反复进行加浆振捣试验以及不同状态下的渗透试验，不断调整台车设备参数，最终确定最佳合理设备参数匹配关系。注浆插头分为两排，每排 4 根，总共 8 根注浆头，列间距为 37.5cm，排间距为 23cm。注浆头整体作用范围为长 1.5m×宽 0.5m×深 0.3m。振捣方案中采用液压振捣棒振捣棒总共 2 根，间距为 75cm。动力方案中搅拌机和转子泵分别由液压马达驱动，振捣棒由三个偏心液压马达驱动，设备工作操作控制由液压缸驱动，驱动能量均可按施工情况进行有效的调整。液压马达驱动储浆箱搅拌机转动，保证了浆液不沉淀、浆液浓度稳定。通过霍尔开关和 PLC 系统检测控制泵的转数，转子泵按设定的注浆量以一定的压力并通过单向分配阀将浆液均匀分配输送至注浆头，同时均匀注入已经摊铺的碾压混凝土中。

具体应用效果表现为台车上低速搅拌储浆桶能有效保证浆液稳定均匀，浆液比重变幅小于 0.02；按操作规程进行输浆管路清洗和使用，输浆清洗工作顺畅，未发生堵管现象；按 0.1MPa 压力输送浆液能满足注浆要求，压力可根据情况调整。注浆头插入深度大于 20cm，离模板的距离可小于 10cm，能保证浆液在变态混凝土区域分布渗透均匀，注浆量控制误差小于 ±2%。台车上 2 根高频液压振捣棒能保证变态混凝土内实外光和与下层混凝土的良好结合。台车振捣装置宽 1.2m，控制宽度为 1.5m，能满足 3.0m 大模板拉筋间距 1.5m 的需要，台车适应性、可操作性强。变态混凝土振捣台车施工效率为 60～90m²/h。

按照以上施工振捣要求基本上可实现振捣台车各系统设备协调工作，注浆均匀性定量控制较好；注浆头高度合适，振捣效果良好，浆液完美渗透到模型底部，并无过多浆液泌出，注浆效率有明显提高，有效减少仓面劳力。

2. 既有振捣台车仓面现场试验

在满足户外物理模型试验各项指标的前提下，为保证振捣台车能够在实际仓面运行得当，于 2017 年 10 月在某碾压混凝土坝 6 号施工仓进行了现场仓面测试试验，具体测试如图 4.27 所示。振捣台车预期完成集注浆、振捣一体化设备的功能，两排等距的注浆头分布措施，有效保证了变态混凝土注浆深度、均匀性能；本身具有振捣功能，能够保证及时振捣，极大提高了施工效率。

振捣台车能实现机械化、标准化快速施工，1 台振捣台车能替代 15～25 人的工作量，每立方米变态混凝土可减少水泥煤灰浆液耗用量约 20L，提高了施工效率，降低了施工成本，有利于碾压混凝土温控防裂。机械作业代替人工作业，保证了浆液的稳定性和变态混凝土注入及渗透的均匀性，有效避免了变态混凝土施工质量离散性大的缺陷；有效解决了现场人工注浆、振捣时作业人员

图 4.27　振捣台车仓面试验

与设备交叉施工的局面，保证了施工的安全性；使变态混凝土工作面施工更有序，大幅提高了现场文明施工水平。

3. 既有振捣台车设备缺点

由上述户外试验以及现场仓面试验可知，振捣台车在实现注浆-振捣一体化功能方面已有较好表现，但其在施工仓面施工过程中仍存在以下问题：

（1）注浆台车可施工范围较小。由于台车体积大，当仓面条件较狭窄时，会出现台车作业时空与碾压混凝土施工相互干扰问题，导致施工效率降低，如图 4.28 所示；而对于坝肩、模板转角以及模板拉结钢筋密布等施工复杂部位，台车注浆棒头组无法开展高效作业，如图 4.29 所示。

图 4.28　小仓面施工，空间不足　　　　图 4.29　模板拉结钢筋密布，施工不便

（2）振捣台车操作要求高。振捣台车操作过程必须由专业技术人员操作，同时还要数名专门人力配合，施工依然存在一定不便，尤其是小仓号和复杂狭窄现场，仓面变态混凝土部位通常都密布模板拉结钢筋，设备无法工作。

（3）机械施工可控性不佳、信息化程度低。振捣台车的注浆时间、注浆量、注浆深度，以及振捣深度、时间没有科学的试验模型依据以及精确的定量控制。机械的实际操作主要依靠工人施工经验，无法保障变态混凝土施工质量。

4. 智能振捣台车数字化作业模式改进

（1）改进原则及方法。针对台车设备体型较大，仓面可施工范围小的问题，提出了仓面组合式施工方法来解决，即振捣台车、便携式注浆系统、搅拌式机械注浆机协同运作，共同解决变态混凝土仓面注浆问题。大仓面下，大体积混凝土的注浆依旧由振捣台车进行，一次性注浆范围大，注浆效率高；其余小部分地方则由最新研发的搅拌式机械注浆机完成，该设备能够较好地在拉筋以及下游斜模板地带加浆，而便携式注浆系统将对以上两台设备欠注或漏注地带进行补浆操作，三种设备协同运行，保证仓面加浆均匀充分，有效提高注浆质量。具体设备组合运行情况将在第 6 章进行详细介绍。

本次研究，对振捣台车进行了数字化的升级改造。通过安装流量监控设备、定位装置以及数据采集上传装置，实现了振捣台车注浆振捣的坐标、流量、时间等参数的实时获取与云端传输，结合已有的远端模型，对其施工质量进行有效馈控，提高设备质量合格率以及信息化集成度。

振捣台车数字精细化改进主要实现三方面功能模块改进：①注浆流量监控系统改进；②注浆头作业实时定位装置研发；③数据集成采集仪研发。最终形成数字化振捣台车。

（2）注浆流量智能采集系统研制。改造原理：通过在振捣台车输浆管道处安置数字智能化电磁流量采集和无线传输设备，实时进行流量监控。

图 4.30　智能控制系统采集盒实物

1）智能采集仪。为实现智能采集瞬时注浆流量、振捣时间以及注浆振捣作业时的动态定位参数，专门研发了智能控制系统采集盒，内部电路如图 4.30 所示。

该采集仪技术性能参数见表 4.5。

表 4.5　　　　　　　　智能采集仪主要技术性能参数

项　目	性　能	参　数	备　注
流速	最高流速	15m/s	
压力	公称压力	1.6MPa	
量程	量程范围	$0.707 \sim 85 m^3/h$	
精度	测量精度	$\pm 0.3\%$	最大误差
运行环境	环境温度	$-10 \sim 60℃$	
	流体电导率	最小 $20\mu S/cm$	
通信	上传数据速率	1Hz	
电气	供电电压	$100 \sim 240 VAC$，50/60Hz	
	功耗	10W	

2）系统工作硬件。台车作业时，注浆量采集采用瞬时流量自动采集仪。流量仪选择型号 DS1801DC，技术参数见表 4.6，仪表实物见图 4.31，均采用购置成品件。

表 4.6　　　　　　　　DS1801DC 智能电磁流量仪参数

序号	参数	指标性能	序号	参数	指标性能
1	公称通经	DN50	6	衬里材质	聚四氟乙烯
2	测量范围	$0 \sim 255 m^3/h$	7	电机材质	哈氏合金
3	工作温度	$0 \sim 180℃$	8	供电电压	24V
4	工作压力	1.6MPa	9	输出信号	$4 \sim 20 mA$
5	精度等级	0.5 级	10	采样频率	1.0Hz

（3）注浆/振捣头实时定位系统。注浆头位置定位采用 GPS 坐标采集定位装置，读取并推算出注浆、振捣中行出的位置坐标，定位精度水平误差小于 2cm，高程误差小于 10cm，实现了振捣台车注浆、振捣精确化定位。

（4）信号集成无线通信馈控系统。数据信号采集仪位于驾驶室内，通过自研的板卡模块实现采集实时流量、位置数据，流量部分通过智能板卡连线采集；GPS–RTK 解算定位板卡采用司南 726 型双天线模块，接收和发送无线信号采用高增益天线，数据集成打包采用司南 U30 模块（图 4.32），通过 4G 模块无线传输至云端数据库系统。

图 4.31　电磁流量仪表实物（不锈钢）　　　　　　　图 4.32　U30 模块

　　各功能协同工作原理如下：定位装置用于定位注浆振捣头精确位置，流量馈控装置用于测量并读取机械注浆的实时流量情况，数据采集仪采集到相应的位置与流量数据打包上传至远端系统，系统根据相应的位置、流量信息生成注浆质量云图，操作员可以通过手机实时查看质量云图，对注浆质量欠佳位置补浆，实现注浆质量实时馈控。具体数据上传与数字化馈控流程如图 4.33 所示。

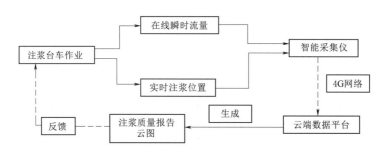

图 4.33　振捣台车智能化馈控流程

4.5　变态混凝土注浆及振捣质量评价模型

　　变态混凝土数字精细化注浆和振捣能够实现施工过程的机械化、标准化、智能化，大大提高了施工效率，而数字化施工馈控技术的另一个核心问题是建立可靠的注浆及振捣理论模型，进而提高碾压混凝土坝施工质量，提升整体耐久性能。

　　注浆和振捣是混凝土浇筑的关键工序。而浆液渗透性和注浆扩散范围影响着注浆质量好坏，振捣时间也是关系振捣效果的重要依据。因此，采用 EDEM 离散元模拟研究机械搅拌加浆设备不同水平行进速度、搅拌速度等设备参数组合对注浆均匀性的影响；采用经验公式和理论推导相结合的方式，建立浆液扩散半径理论计算方法；同时研究分析振捣棒机械参数间相关关系，然后基于混凝土流变学和流体动力学理论，推导振捣作用范围理论表达式并经试验验证，最后试验研究钢筋对振捣作用范围的影响，为振捣密实度评价提供参考依据。

4.5.1 注浆质量评价模型构建

4.5.1.1 机械注浆均匀性研究

针对现有变态混凝土浇筑过程中，加浆效果不均匀、加浆质量无法保证、加浆效率低等缺点，本书拟设计一种数字化的搅拌式机械加浆设备，试图通过搅拌式的机械加浆方式结合注浆数据实时监控反馈系统，提高变态混凝土仓面加浆均匀效果，改善加浆质量保证，提高仓面施工协调性、效率性。首先对搅拌式加浆方式的加浆效果进行了数值模拟研究。

采用 UG 软件建立搅拌加浆轴仿真模型，如图 4.34 所示，形状参数见表 4.7。将建好的模型导入 EDEM 离散元软件中，进行后续模拟仿真设置。加浆搅拌轴主要由浆液输送轴以及搅拌叶片组成，设三片

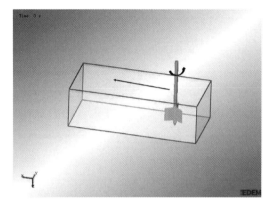

图 4.34 搅拌加浆轴仿真模型

搅拌叶片，并在搅拌轴叶片之间设动态颗粒工厂模拟水泥浆液颗粒喷射过程。该加浆轴在仿真区域内沿直线行走并伴随着沿轴转动。

表 4.7 搅拌加浆轴模型参数

名称	轴径 /mm	轴高 /mm	叶片宽度 /mm	叶片高度 /mm	加浆孔宽度 /mm	加浆孔高度 /mm
加浆搅拌轴	60	1100	150	200	12	100

为区分颗粒粒径大小、加速仿真分析，分别设定粒径为 4mm、16mm、40mm 的颗粒代表水泥浆、砂子及碎石。颗粒材料的属性查询资料及经验值选取见表 4.8。

表 4.8 材 料 接 触 属 性

接触关系	恢复系数	静摩擦系数	动摩擦系数
水泥浆-水泥浆	0.11	0.7	0.2
水泥浆-砂石	0.17	0.7	0.34
水泥浆-钢	0.15	0.5	0.2
砂石-砂石	0.15	0.9	0.3
砂石-钢	0.2	0.8	0.3

为保证加浆质量与施工进度，搅拌加浆装置水平行进速度取 1.2~2.5m/min。新拌混凝土搅拌机合理的搅拌线速度为 0.5~2r/s。因此，设置 2 挡行进速度、3 挡搅拌速度，

即6组搅拌加浆工艺参数模拟试验。具体设置见表4.9，模拟研究混凝土搅拌均匀性效果。

表 4.9　　　　　　　　　　　　搅拌轴运行参数设定

试验编号	行进速度/(m/min)	搅拌速度/(r/s)
A01		0.5
A02	1.5	1
A03		2
B01		0.5
B02	2	1
B03		2

根据 EDEM 的仿真模拟，白色颗粒表示粗骨料，灰色颗粒为细骨料，而水泥浆液则视为具有黏性的颗粒团，以红色颗粒表示，物料搅拌加浆过程如图4.35所示。

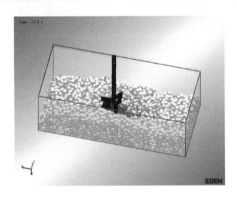 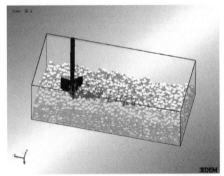

（a）加浆　　　　　　　　　　　　　　　（b）搅拌

图 4.35　搅拌加浆过程

彩图

作者对仿真结果进行分析，得出以下结论：

（1）平面截断分析。模拟结束后进行图像数据后处理，创建与搅拌轴行走平面相重合的平面截断层。图4.36为各组试验在搅拌轴运行至同一位置时颗粒的轴向分布图。可获取浆液颗粒在搅拌加浆过程中的运动状态：搅拌与行走速度较低时，浆液颗粒团聚现象严重且易于沉降（A01组、A02组和B01组试验）；搅拌速度增高时，浆液混合均匀性较好，但颗粒飞溅明显，区域内浆液颗粒明显较其他组有所减少（B03组模拟试验）。

（2）混合均匀度分析。模拟结束后，对物料流动的空间进行网格划分。搅拌叶片半径为150mm，基于浆液在水平方向渗透能力较弱的考虑，略去边界及初始搅拌时间影响后确定网格划分如图4.37所示。网格总数200个，取搅拌轴运行至终点时刻时各个网格中颗粒总数以及浆液颗粒数量。对网格进行筛选，颗粒总数小于30个的网格不在统计计算之内，以保证网格的有效性，避免因网格颗粒数量过少导致的数据离差较大，影响仿真数据的真实性。

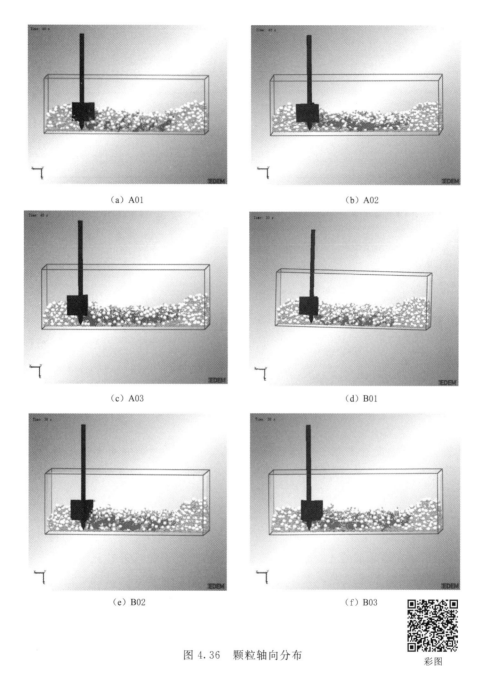

(a) A01　　　　　　　　　　　　　　(b) A02

(c) A03　　　　　　　　　　　　　　(d) B01

(e) B02　　　　　　　　　　　　　　(f) B03

图 4.36　颗粒轴向分布

彩图

　　根据 EDEM 软件模拟仿真结果数据，通过计算可得到搅拌轴不同搅拌速度与不同水平行进速度情况下水泥颗粒的离散系数，分析结果见表 4.10。

　　由仿真结果可知，加浆搅拌轴转动前期行走与搅拌的加速均有助于提升注浆均匀性，降低浆液混合离散系数；但当离散系数降低到达到一定值后，提高加浆搅拌轴水平运行参数意义已不大。工况已给出了几种不同参数组合下达到加浆搅拌设备运行的最优状态，即 2m/min 的水平行进速度与 1r/s 的搅拌速度是搅拌加浆的最优工艺参数。

表 4.10　　　　　　　　　　　水泥浆液混合离散系数表

试验编号	行进速度/(m/min)	搅拌速度/(r/s)	离散系数值
A01		0.5	0.76
A02	1.5	1	0.44
A03		2	0.39
B01		0.5	0.65
B02	2	1	0.34
B03		2	0.35

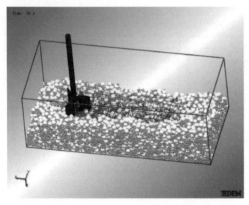

彩图

图 4.37　模型网格划分图

模拟结束后，通过试验对模拟结果进行验证。试验结果表明，EDEM 仿真结果能够很好反映质量一致性，具有实践意义。该系统运用在变态混凝土质量控制上具有明显效果。与传统加浆方式对比，搅拌式加浆工艺的运用显著改善了变态混凝土成型质量，抗压强度与抗渗等级均得到大幅度提升。而在搅拌加浆工艺的各组对比试验中，试验数据与仿真模拟结果吻合良好，表明搅拌加浆能保证物料混合均匀性的提升，进而促进了养护期水化反应，从而改善了变态混凝土抗压强度与抗渗能力。按照仿真分析提出的搅拌加浆工艺组合参数，能使水泥浆液在待碾混凝土内混合均匀性达到最佳，从而促使变态混凝土获得更高成型质量。

4.5.1.2　注浆扩散半径理论方法

浆液的渗透规律取决于变态混凝土混合物特性（包括碾压混凝土拌合物特性和变态浆液特性等）。其中，碾压混凝土由水泥、掺合料、水、砂子和石子等五种材料按特定配合比制备。在变态混凝土施工中，碾压混凝土拌合物通常采用 C10、C15 三级配和 C15～C25 二级配，各级配骨料基本均匀。因此，假定碾压混凝土拌合物为各向同性、孔隙分布均匀的多孔介质，具有良好的渗透性，能采用渗透注浆。

变态混凝土浆液特性的主要指标是浆液的配合比及其流型。其中，浆液的配合比要根据其标号和抗渗要求来确定，其中水灰比决定了浆液的物理性质，水灰比大于 2.0 的水泥浆液属于牛顿流体；水灰比为 0.8～1.0 的水泥浆、水泥黏土浆、水泥复合浆液属于宾汉流体；而水灰比为 0.5～0.7 的水泥浆属于幂律流体。某工程采用的变态水泥浆水灰比为 0.42，小于 0.7，因此认为此变态混凝土浆液为幂律流体[132]。

变态混凝土施工一般采用多孔均布的注浆管从侧面四周注浆以加快浆液均匀扩散和防止堵管。目前，基于球形扩散理论、柱形扩散理论和袖套管理论等，学者推导出了许多浆液扩散半径计算公式，如牛顿流体的球形扩散公式和柱形扩散半径、宾汉流体的柱形扩散

半径、幂律流体的球形扩散半径等。但这些公式
均将流体简化为由某点向四周扩散，与实际的插
入式压力注浆施工中浆液扩散实际存在较大差
异。有研究显示，由于重力的影响，变态浆液渗
透近似柱形扩散[133]。因此，基于柱形扩散理论，
按上述假定：①碾压混凝土拌合物各向同性；
②变态浆液为幂律型；③浆液渗透流动为层流；
④设 p_0 为注浆压力，r_0 为注浆管半径（忽略壁
厚），r_1 为柱形扩散半径，a 为柱形扩散高度。
注浆模型如图 4.38 所示，计算如下：

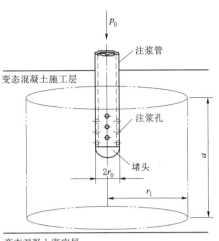

图 4.38　注浆模型

注浆量为

$$\left.\begin{array}{l} Q = VAt \\ A = 2\pi ra \end{array}\right\} \tag{4.25}$$

式中：V 为渗透速度；A 为浆液渗透过程中经过
的任一柱面；t 为注浆时间。

对幂律浆液，$V = \left(\dfrac{K_e}{\mu_e}\right)^{1/n} \left(-\dfrac{dp}{dr}\right)^{1/n}$，其中 μ_e 为有效黏度；K_e 为有效渗透率；n 为
流变指数；dr 为渗透过程中经过的一微元段；dp 为这一微元段上的压力差。且有

$$\left.\begin{array}{l} \mu_e = c\left(\dfrac{1+3n}{eR_0 n}\right)^{n-1} \\ K_e = \dfrac{eR_0^2}{2}\left(\dfrac{n}{1+3n}\right) \end{array}\right\} \tag{4.26}$$

式中：c 为稠度系数；R_0 为单个毛细管直径；e 为孔隙率。

当 $n=1$ 时：

$$\frac{K_e}{\mu_e} = \frac{eR_0^2}{8c} = \frac{k}{\beta} \tag{4.27}$$

式中：k 为渗透系数；β 为浆液黏度对水的黏度比。

于是得

$$V = \frac{Q}{2\pi rat} = \left(\frac{K_e}{\mu_e}\right)^{1/n}\left(\frac{dp}{dr}\right)^{1/n} \tag{4.28}$$

分离变量得

$$p = -\left(\frac{Q}{2\pi at}\right)^n \frac{\mu_e}{K_e}\frac{r^{1-n}}{1-n} + B \tag{4.29}$$

考虑边界条件，当 $p=p_0$ 时，$r=r_0$；当 $p=p_1$ 时，$r=r_1$，p_1 为注浆点处的水头压
力，$Q = \pi r_1^2 ae$，则

$$\Delta p = \left(\frac{e}{2t}\right)^n \frac{\mu_e}{K_e}\frac{1}{1-n}(r_1^{1-n} - r_0^{1-n})r_1^{2n} \tag{4.30}$$

式中，$\Delta p = p_0 - p_1$，为压力差。

求解时，先通过现场注水试验得到碾压混凝土渗透系数 k，采用毛细管黏度计或旋转

黏度计测量浆液稠度系数 c 和流变指数 n，再按公式 $e=1-\gamma_1/[\gamma_s(1+w)]$ 计算孔隙率 e。其中 γ_1 为天然重度，γ_s 为骨料重度，w 为含水量，可通过相关测试和含湿率测试得出。然后由公式 $k=eR_0^2/(8\mu)$ 求出单个毛细管直径 R_0，μ 为水的黏度。最后由式（4.26）算出 μ_e 和 K_e，根据注浆压力 Δp 和时间 t，由式（4.30）计算出浆液有效扩散半径 r_1。由于幂律流体的流变指数 n 一般为小数，很难按式（4.30）直接求解，需要借助其他工具。单次计算可采用 MATLAB 直接求解；对于多组数据，可用 MATLAB 编程利用数值解法求解。

4.5.2 振捣质量预测模型

新拌混凝土振动过程中振捣棒作用半径和不同位置混凝土密实程度对于振捣施工质量控制具有重要指导作用。由于新拌混凝土为固、液、气三相混合介质，振动过程中三相耦合，此外振动作用半径和混凝土密实性影响因素（如振捣棒机械性能、新拌混凝土流变性、钢筋因素等）众多，液相混凝土具有非牛顿流体特性，再加之目前试验技术所限，受振混凝土内部动力性能参数也难以获得，上述这些因素导致混凝土振动密实研究十分困难，相关研究稀少。目前振捣棒作用半径和混凝土受振密实性仍然是人为经验判定，一般认为作用范围值约 10 倍棒径，但该范围值并不适用所有混凝土。受振混凝土密实性往往通过施工人员肉眼观察浇筑面不再显著下沉或泛浆等现象判定，但是该方法误差较大，对作业人员经验水平要求较高，混凝土的振捣密实状态难以准确获知。因此针对上述不足，需展开相关研究，运用理论或数理统计方法建立作用半径和混凝土密实性预测模型，计算不同工况条件下振捣棒作用范围和混凝土受振密实程度，确定合理的振捣工艺施工参数，提高混凝土密实度。

作者基于振捣棒工作原理、混凝土受振流变本构模型和流体动力学理论，在考虑受振混凝土为幂率流体特性的前提下，推导了振捣作用半径理论公式。同时，假定混凝土在钢筋网中流动为多孔介质渗流，并基于该假定建立了钢筋混凝土中振捣棒作用半径理论模型，分析了混凝土振动强度衰减规律，并试验验证了作用半径模型预测精度。采用硬化孔隙率表征混凝土受振密实度评价指标，利用支持向量机理论方法建立基于新拌物物料特性和混凝土振动能量密度的孔隙率统计预测模型，对硬化性能进行回归预测。结合遗传算法（GA）确定典型配比混凝土拌合物受振后孔隙率最小值，以及对应的振动密实能量密度阈值 E_0，并试验验证该阈值取值的准确性。

4.5.2.1 作用半径预测模型

作用半径用于表征振捣棒在混凝土中振动时的有效作用区域。因此当分析现场某位置处混凝土密实性时，首先需要计算作用半径，判定确认该位置混凝土在作用范围以内，继而再评价混凝土密实程度。但由于新拌混凝土振动密实过程机制复杂，作用半径影响因素众多，因此目前关于该半径准确计算方法研究几乎空白，其中仅个别学者将新拌混凝土视为均质流体，并尝试构建了半径预测模型，但是该模型忽略了振动状态下混凝土流变本构关系变化，因此预测准确性有待验证。另外模型中也未考虑钢筋布设影响，而实际现场多为钢筋混凝土浇筑，因此模型适用性严重受限。考虑到已有模型的不足，作者基于流动动力学、渗透力学理论和受振混凝土流变本构模型及参数的研究成果，构建了适用性更好的素混凝土钢筋混凝土中振捣棒作用半径理论预测模型，其中素混凝土在受振情况下的振捣

作用范围半径 R_{is} 表达式为

$$R_{is}=2.71\varphi(\beta fAR_0^2)^{\frac{1}{3}}\left(0.35+\frac{0.21}{\tau_0 fA}+\frac{73.72}{\tau_0}\right)^{\frac{0.33\tau_0 fA}{1.47 fA\mu+0.02\tau_0+0.03\tau_0 fA}} \tag{4.31}$$

式中：φ、β 为无量纲系数，由试验得到；f 为振频，Hz；A 为振幅，m；R_0 为振捣棒半径，m；τ_0 为屈服应力，Pa；μ 为塑性黏度，Pa·s。

而有钢筋情况下新拌混凝土流速和作用半径表达式分别为

$$\left.\begin{array}{l}v_s=\dfrac{2.58\gamma(fA)^{\frac{3}{4}}\left(k_{pe}\psi\dfrac{M_{ss}}{d_{ss}}\phi\right)^{\frac{1}{8}}\left(\dfrac{\tau_0}{\mu}\right)^{\frac{1}{4}}R_0}{r}\\[20pt]k_{pe}=-\dfrac{M_{sm}+d_{sm}}{16}\left[2\ln y+(1-y)^2/(1+y)^2+(1-y^4)/2(1+y^4)\right]\end{array}\right\} \tag{4.32}$$

$$R_{is}^s=2.27\sqrt{\gamma R_0}\,(fA)^{\frac{3}{8}}\left(\frac{\tau_0}{\mu}\right)^{\frac{1}{8}}\left(k_{pe}\psi\frac{M_{ss}}{d_{ss}}\phi\right)^{\frac{1}{16}}\left(0.35+\frac{0.21}{\tau_0 fA}+\frac{73.72}{\tau_0}\right)^{\frac{0.5\tau_0 fA}{1.47 fA\mu+(0.02+0.03Af)\tau_0}}$$

$$\tag{4.33}$$

式中：v_s 和 R_{is}^s 单位为 m，涉及钢筋影响的因素指标有 M_{sm}、d_{sm}、M_{ss}、d_{ss}、k_{pe}、ϕ、γ、ψ，其中 ψ 为布置横向钢筋后渗透性衰减系数，γ、ψ 通过试验得到，M_{sm}、d_{sm}、M_{ss}、d_{ss} 单位为 m，k_{pe} 单位为 m^2，其他符号物理含义及量纲单位同前。

4.5.2.2　孔隙率预测模型

孔隙率作为评价混凝土密实性的最适宜指标，主要受振动能量和新拌物性能影响。但是孔隙率与上述因素之间并非简单的线性关系，内部深层机理尚不可知，导致目前难以构建孔隙率理论计算模型。针对这一问题，作者尝试采用非线性建模理论方法建立孔隙率统计模型，预测其变化规律。目前在非线性领域主要采用最小二乘法、神经网络、支持向量机等方法[134-135]。其中，最小二乘法主要适用于工况较平稳的线性或弱线性对象，而神经网络法要求数据量大，且建模时容易出现局部极小点和过学习问题。相比前两种方法，支持向量机作为新型机器学习方法，可处理小样本及稀疏数据，对未来样本有较好泛化性能，其模型结构和隐含层节点数目可通过训练算法自动确定，减少对经验的依赖性。综合考虑上述建模方法优劣性以及试验数据有限的实际情况，作者采用支持向量机建模预测混凝土孔隙率。

（1）支持向量机基本原理。支持向量机是在已知样本和部分函数值的情况下，寻求某一映射，对未知函数值进行估计判断。支持向量机的工作过程为，原始数据经过预处理[136]（包括标准化、归一化）、特征提取，然后采用核函数进行变换，将输入空间转化到高维空间。在高维空间内构造最优分类超平面，构造最优超平面的过程就是搜索支持向量过程，流程如图 4.39 所示，图中的 $\mathbf{SV}_1$、$\cdots$、$\mathbf{SV}_4$ 就是支持向量，最后利用这些支持向量构造学习模型，并基于模型对经过预处理的输入样本进行判别。

（2）支持向量机建模。在试验仓内振捣棒插入变态混凝土处，以及距棒心 7cm、11cm、16cm 取芯样，并待 28d 龄期后测定硬化孔隙率，共计 100 组数据，采用 MAT-LAB 中的 Libsvm 工具箱，将样本数据分为训练集和测试集，其中训练集 85 组，编号为

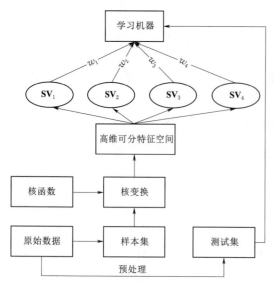

图 4.39　支持向量机结构框架

w—最优超平面的范数

1~85，剩下 15 组作为测试集，编号为 86~100。算法流程如图 4.40 所示。

在模型中输入含气量、屈服应力、塑性黏度、新拌物密度、振动能量密度等参数，可输出硬化孔隙率。其中变态混凝土屈服应力、塑性黏度通过混凝土流变仪测定，硬化孔隙率通过美国材料与试验协会的饱水法测得。核函数选用高斯径向基函数为预测模型核函数。采用 5 折交叉验证，经优选后的误差惩罚因子 $c=5.6569$，高斯径向基函数核函数宽度 $g=2.8284$。

（3）变态混凝土振捣质量预测模型精度分析。预测结果如图 4.41 和图 4.42 所示，经优选后的误差惩罚因子 $c=5.6569$，高斯径向基函数核函数宽度 $g=2.8284$，均方误差 MSE$=0.02879$。从图中可知在训练集和测试集中硬化混凝土孔隙率预测值与实测值吻合都较好。除个别点外，数据预测结果的相对误差不超过 10%，其中训练集相对误差在 5% 左右，可见用支持向量机可较准确预测硬化混凝土孔隙率，评价变态混凝土振捣质量。

图 4.40　建模整体流程

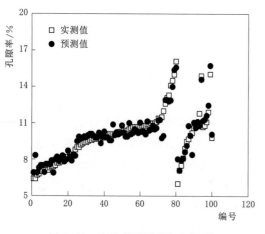

图 4.41　孔隙率预测值与实测值

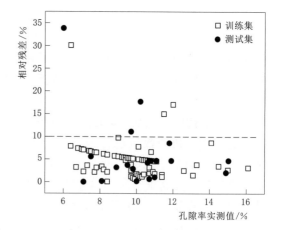

图 4.42　孔隙率预测精度

4.5.2.3　基于遗传算法的能量阈值反演

利用支持向量机建模完成后，对于某典型配合比混凝土，可保持模型输入参数中新拌物性能不变，改变 E_{uv} 值得到预测的孔隙率值，然后将支持向量机中的输入参数作为遗传算法中种群个体，把混凝土孔隙率作为个体适应度值，通过遗传算法搜寻孔隙率最小值及其对应 E_{uv}。该 E_{uv} 值即为典型混凝土振动密实所需能量阈值 E_0。具体实现步骤如下：

（1）设定迭代次数是 100 次，种群个体数目为 20，交叉概率为 0.4，变异概率为 0.2。

（2）对个体采用浮点数编码，输入参数有 5 个，因此个体长度为 5。

（3）随机生成初始群体，把支持向量机预测的孔隙率值作为个体适应度值，根据遗传概率，利用下述遗传操作产生新群体。

1）选择（selection）。将已有的优良个体复制后添入新群体中，删除劣质个体。本书选用轮盘赌法，即基于适应度比例的选择策略，每个个体 i 的选择概率 p_i 为

$$f_i = k/F_i \tag{4.34}$$

$$p_i = \frac{f_i}{\sum_{j=1}^{N} f_i} \tag{4.35}$$

式中：F_i 为个体 i 的适应度值；k 为系数；N 为种群个体数目。

2）交叉（crossover）。将选出的两个个体进行交换，所产生的新个体添入新群体中，交叉操作方法如下：

$$\left. \begin{array}{l} x_A^{t+1} = \alpha x_B^t + (1-\alpha) x_A^t \\ x_B^{t+1} = \alpha x_A^t + (1-\alpha) x_B^t \end{array} \right\} \tag{4.36}$$

式中：x_A^{t+1} 和 x_B^{t+1} 为交叉之后的个体；x_A^t 和 x_B^t 为随机选择两个个体；α 为交叉常数，取值为（0，1]。

3）变异（mutation）。随机地改变某一个体某个字符后添入新群体中。变异操作方法如下：

$$x_A^{t+1} = \begin{cases} x_A^t + k(x_{max} - x_A^t)r & [\text{rand}()\%2=0] \\ x_A^t - k(x_A^t - x_{min})r & [\text{rand}()\%2=1] \end{cases} \tag{4.37}$$

式中：x_A^{t+1} 为变异之后的个体；x_A^t 为变异之前的个体；k 为变异的一个常数，取值为（0，1]；x_{max}、x_{min} 分别为个体上下限；r 为产生的随机数；rand 表示随机数。

（4）反复执行（2）、（3）步后，当迭代数达到设定的 100 次后，运算停止，选择最佳个体作为遗传算法结果。

遗传算法流程如图 4.43 所示。

以下面配合比为例，混凝土水灰比为 0.4，骨料体积分数为 65%，砂率为 42%，粗骨料比表面积为 0.236m²/kg，屈服应力为 1206.6Pa，

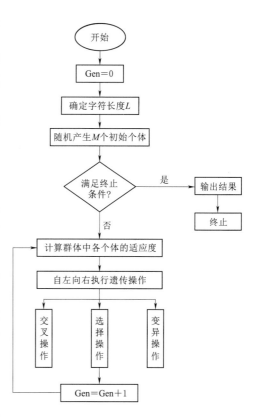

图 4.43　遗传算法流程
Gen—迭代次数

塑性黏度为 175.6Pa·s，密度为 2473kg/m³，含气量为 2.8%。保证上述参数不变，经过支持向量机建模和遗传算法极值寻优，算法进化过程示意见图 4.44，图中曲线表示是最佳适应度值。由图可知，算法在开始时，每代适应度值变化比较明显，直至 20 代左右开始趋于收敛，接近最优解，并在 23 代左右达到最优解，即最小孔隙率值为 9.1%，其对应的 E_0 值约为 127.9J/m³。

4.5.2.4　模型验证

将上面配合比的单位质量混凝土振动能量输入功率由 12.1W/kg 增大至 21.3W/kg，并在距振捣棒不同位置处混凝土中取芯，计算混凝土振动能量密度值，并采用饱水法测定芯样孔隙率。同时为分析钢筋对能量密度-孔隙率关系影响，在同等试验条件下混凝土中布置双层双向钢筋，其中主筋 12mm@200mm，横向钢筋 10mm@200mm，同样取芯测定孔隙率，并计算振动能量密度，最终试验结果见图 4.45。

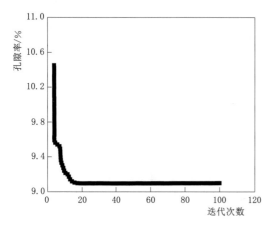

图 4.44　最小孔隙率寻优计算过程图

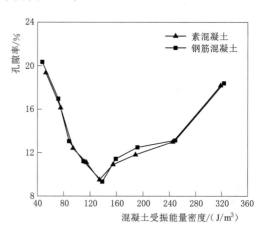

图 4.45　受振混凝土硬化孔隙率值

由图 4.45 可知，硬化素混凝土和钢筋混凝土的最小孔隙率值和其对应的振动密实能量密度阈值基本相同，差异率约为 3%。该结果表明钢筋因素对混凝土振动能量密度与硬化孔隙率之间关系并无影响，因此基于受振素混凝土硬化孔隙率数据建立的孔隙率预测统计模型同样适用于受振钢筋混凝土情况。素混凝土、钢筋混凝土实测最小孔隙率值分别为 9.5% 和 9.33%，与理论预测的 9.1% 接近；最小孔隙率实测值处的芯样振动能量密度值分别为 134.56J/m³ 和 138.63J/m³，与寻优确定的密实能量密度理论阈值 127.9J/m³ 差别很小，相对误差分别约为 5% 和 7.7%，证明了基于混凝土振动能量密度指标所建立的孔隙率模型预测结果准确，并可通过遗传算法寻优确定混凝土振动密实能量密度阈值。

第5章 变态混凝土改性增强研究

5.1 研究背景

5.1.1 现状与问题

碾压混凝土是一种干硬性贫水泥混凝土，它是无坍落度的干硬性混凝土，使用硅酸盐水泥、火山灰质掺合料、水、外加剂、砂和分级控制的粗骨料拌制成；变态混凝土是在已经摊铺的碾压混凝土中，掺加一定比例的净浆后振捣密实后所得。碾压混凝土工程中，迎水面防渗层，以及碾压混凝土坝体与岩体、坝体内廊道的结合部位等，均采用变态混凝土。加浆变态混凝土性能的优劣决定了该类防渗结构的整体效能，而净浆特性又是决定加浆变态混凝土品质的关键因素。除了精细控制加浆、振捣施工工艺质量外，还需通过浆材配合比设计，现场施工形成抗裂抗渗性优良的变态混凝土，从而大幅度提高面层防渗结构的整体耐久性。在变态浆液中合理掺加添加剂和矿物掺合料，使之具备良好补缩效应，才能起到显著的改性作用，有效降低混凝土早期收缩，提高混凝土耐久性。

但是目前变态混凝土浆液存在两方面问题：

（1）变态混凝土浆液配合比设计在现有行业标准规范中没有统一依据，基本根据现场条件材料通过试验确定。施工规范中仅对变态混凝土的掺合料掺量、外加剂掺量、水胶比的大小提出要求，限定浆液用原材料必须与本体混凝土相同，浆液配制水胶比不得大于本体碾压混凝土水胶比；对掺合料种类、外加剂的具体掺量及水胶比的选取等无任何说明，实际可指导性差。比如目前实际工程应用中浆体材料组成较单一，基本为水泥＋粉煤灰＋减水剂，但不同工程浆液配比差异性大，不具统一性；个别工程为保证浆体可泵送性、浆体浓度控制不当导致浓度偏低，引起变态混凝土整体水胶比偏大而收缩开裂。同时，现存规范对变态混凝土浆液本身性能未作明确规定，对浆液自身的性能研究分析较少。碾压混凝土自身水泥用量少，强度等级低，需要变态混凝土部分发挥抗渗及抗冻能力进而提高大坝防渗安全。但实际工程变态混凝土为减少水化放热，胶凝材料中粉煤灰掺量都比较大，导致浆体强度等级不高，影响防渗、抗冻能力。最后，大坝多级配填筑引起浆液品种增加，易导致现场管理应用混乱，带来质量问题。因此，应开展新型变态混凝土浆液的配比设计、质量评价与施工应用标准研究。

（2）全碾压坝横缝较少，因而防渗体的变形性能至关重要，有较高的要求。碾压与加浆变态两类混凝土在变形性能上匹配性较差，前者胶体含量少、变形量小；后者胶体含量高、变形量较大。由此出现加浆区与碾压区的硬化收缩变形不协调，削弱结合面整体性，其至引发交界面收缩形成裂缝。若出现明显裂缝时，施工单位则需要重新处理（如灌浆补强），显著影响施工工期、增加施工额外造价。即便未见明显分层脱开，也会影响碾压变态混凝土坝的整体长效耐久性。

碾压混凝土坝中变态混凝土施工普遍采用两种方式：机制变态混凝土与现场加浆变态混凝土。机制变态混凝土是指采用拌合站拌配制的类似常态混凝土，运输浇筑到变态混凝土区域。拌合站生产常态混凝土相比碾压混凝土 w/c 明显偏大，胶材（水泥）用量偏高；而现场加浆工艺往往为满足加浆饱满性和可振捣性而多加水泥浆。如此做法，导致变态区浇筑硬化后体积收缩量明显高于碾压区，易引发与碾压混凝土交接区的结合层各自反向自由收缩，增加界面拉应力，严重时甚至脱开形成界面裂缝。因此应开展"渐变梯度加浆量变态混凝土施工作业方法"改进研究，可有效减小两种拌合物材料在结构层尺度上的收缩性能差异。

5.1.2　主要研究内容

根据上述现状问题分析，本章研究将分两项内容展开。

1. 变态浆液掺加复合耐久性粉剂改性研究

针对目前变态混凝土浆液中因粉煤灰掺量大、品质差异大，导致浆液过于黏稠或者沉淀造成堵管问题，本书研究在浆液中内掺复合耐久性粉剂，起到提高流动性、提升致密性的作用。同时，针对浆体组分单一模式，本书研究在变态浆液中加入复合耐久性粉剂作为胶凝材料，用以提升变态混凝土性能；其次，研究含复合耐久性粉剂的浆液优化配制方案，提高流动度与稳定性，增进动静态浆液扩散性能，减少泌水沉降，降低析水率，延长失水时间；最后就变态混凝土所聚焦的强度、抗渗性和抗冻性进行具体评价，详细研究浆液配比对变态混凝土的性能的影响。

2. 渐变梯度加浆量变态混凝土加浆作业方法研究

碾压坝变态区域拌合物与碾压区拌合物的不同水泥含量和显著的水胶比差异，是导致现行变态混凝土构造与施工中质量受损不可避免的问题。其关键点就在于两种不同类型材料的变形差异性大，且随变态区域厚度增加或浆液掺量差异增大而开裂风险有加大趋势。解决这类问题的一种有效方法是减小两种拌合物的材料在结构层尺度上的收缩性能差异。

因此本书在施工过程中采用在变态混凝土区设计渐变加浆掺量的施工作业方法，形成分层梯度式加浆掺量变态混凝土，由远离碾压区变态层高掺量加浆逐渐减少加浆量直至全碾压区域（无加浆），从而有效改善相互间的自收缩的变形协调性，进而提高变态-碾压整体性能。

5.2　含复合耐久性粉剂变态混凝土浆液试配

5.2.1　复合耐久性粉剂作用原理

复合耐久性粉剂是将磷渣、钢渣、矿渣及电解锰渣等与硅砂及微硅粉经自旋流超细粉碎设备破碎加工，得到的粒径介于水泥颗粒（$15\mu m$）和活性硅粉或硅灰（$0.01\sim1\mu m$）之间的一种纳米级（亚微米级）、具有复合成分（硅、钙、磷等）的无机掺合料，运用在变态混凝土浆液中，可通过其连续粒径分布特征所具有的形态填充效应、微集料效应、界面效应以及中等火山灰效应使混凝土内部结构更加密实；同时，其具有类球型形态特征，因此配比需水量小于掺粉煤灰的条件，工作性有明显提高，可有效缓解高粉煤灰掺量浆液施工性严重下降、易堵管、易沉淀问题。

复合耐久性粉剂在民用建筑中已有成功应用，比如 2014 年 5 月其被用于贵阳地标性建筑——贵阳花果园"双子塔"（428m）的 C60 高强山砂混凝土 130m 泵送，使得混凝土配比单位用水由原来的 185 公斤减至 165 公斤，并较为明显地减小了混凝土泵送中与泵管的摩擦，有力地促推其耐久性进一步提高，即降低了混凝土泵送浇筑 28d 后近 30% 的收缩力，进而避免了混凝土浇筑后裂缝的产生。该项目得到亲临该施工现场指导的沈世钊、聂建国、周绪红等八位中国工程院院士肯定和认可。若将复合耐久性粉剂运用在变态混凝土浆液中，可提高浆液流动度与稳定性，减小变态混凝土收缩，提升变态混凝土抗渗、抗冻、耐久性能。

5.2.2 复合耐久性粉剂浆液试验及结果分析

5.2.2.1 复合耐久性粉剂特性测试

本书作者采用《水泥比表面积测定方法勃氏法》（GB/T 8074）规定的方法测定了复合耐久性粉剂的比表面积；需水比、活性指数、含水率按《矿物掺合料应用技术规范》（GB/T 51003）附录试验方法测定；烧失量按《水泥化学分析方法》（GB/T 176）测定；采用 X 光衍射分析仪（XRD），对复合耐久性粉剂的化学成分进行了分析。复合耐久性粉剂各项指标见表 5.1。可见复合耐久性粉剂富含二氧化硅和氧化钙等活性成分，可通过后续火山灰反应有效提升混凝土强度和耐久性。

表 5.1 复合耐久性粉剂化学成分

检 测 项 目		计量单位	检测结果
氧化镁		%	2.73
含水率		%	0.41
需水比		%	95
碱含量		%	0.92
比表面积		m²/kg	1311
三氧化二铝		%	2.84
三氧化二铁		%	未检出
烧失量		%	1.61
氯离子含量		%	0.01
二氧化硅		%	40.41
氧化钙		%	42.51
活性指数	3d	%	71
	7d	%	75
	28d	%	105

5.2.2.2　变态混凝土复合耐久性粉剂合理掺量

1. 试配方案

作者首先研究掺加复合耐久性粉剂对变态浆液性能的影响，选取了3种复合耐久性粉剂掺量进行对比试验，其中 M20 为基准浆液，M20FH1、M20FH3、M20FH5 分别为内掺 1%、3%、5%复合耐久性粉剂的浆液，由此各个试样具体配合比见表 5.2。

表 5.2　　　　　　　　　基准浆液和掺复合耐久性粉剂变态浆液配合比

试样代号	混凝土材料用量/(kg/m³)					水胶比
	水	水泥	粉煤灰	减水剂	复合耐久性粉剂	
M20	1	1.2	1.2	0.012		0.42
M20FH1	1	1.188	1.2	0.012	0.012	0.42
M20FH3	1	1.164	1.2	0.012	0.036	0.42
M20FH5	1	1.14	1.2	0.012	0.06	0.42

2. 流变性能测试

随后采用旋转流变仪测定了变态浆液的剪切应力随剪切速率的变化关系，并采用宾汉流体模型拟合试验数据，得到了相应的屈服应力和塑性黏度；并采用 Okamura 提出的浆液坍落度测试方法得到了浆液的流动扩展度，结果如图 5.1 所示。可见流动扩展度随复合粉剂掺量增加而增加，其中掺 5%粉剂较基准提高 5.7%；而屈服应力和塑性黏度随复合粉剂掺量增加而减小，其中掺加 5%粉剂较基准分别减小 7.1%和 4.9%。这说明粉剂

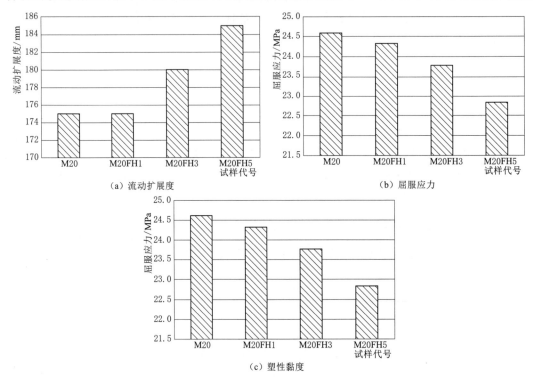

图 5.1　掺复合耐久性粉剂变态浆液流变性能试验结果

掺量越高，浆液黏度越小，流动性得到有效提升，在碾压混凝土中的扩散能力上升。

3. 试验室变态混凝土测试

为了研究掺加复合耐久性粉剂的浆液对变态混凝土成型性能的影响规律，本书在工程实际碾压混凝土中加入前述制备的变态浆液 $85L/m^3$，并采用机器拌和，制成机制变态混凝土测试其相关性能。其中 C30CO 为 C30 强度等级的基准碾压混凝土，C30M20 为加入基准浆液的变态混凝土，而 C30FH1、C30FH3、C30FH5 分别为掺加含 1%、3%、5% 复合耐久性粉剂浆液的变态混凝土，其中 C30CO 碾压混凝土配合比见表 5.3。

表 5.3　　　　　　　　　　C30CO 碾压混凝土配合比

试样代号	混凝土材料用量/(kg/m³)						水胶比
	水	水泥	粉煤灰	砂	石	减水剂	
C30CO	98	123	123	789	1288	2.2	0.4

4. 工作性

根据《水工混凝土试验规程》（SL 352—2006）测定了拌合物的坍落度，结果如图 5.2 所示。由图 5.2 可见，加入含复合耐久性粉剂的浆液后，坍落度较基准样增加 25% 左右，混凝土的流动性得到提升。同时，还根据《水工混凝土试验规程》（SL 352—2006）测定了拌合物的含气量，结果如图 5.3 所示。可见加入复合粉剂后，含气量较基准样减小 10%%，致密性得到提升。

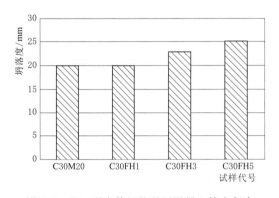

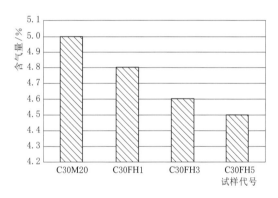

图 5.2　C30 强度等级的碾压混凝土掺含复合
耐久性粉剂浆液坍落度试验结果

图 5.3　C30 强度等级的碾压混凝土含掺复合
耐久性粉剂浆液含气量试验结果

5. 力学性能

根据《普通混凝土力学性能试验方法标准》（GB/T 50081—2002）测定了硬化变态混凝土的强度，强度结果如图 5.4 所示。加入含复合粉剂浆液后，掺量 1% 的 7d 强度较基准样增大 10%，其余掺量减小 4%，影响不大。28d 强度因二次火山灰反应，掺量 1% 的较基准样增大 5%，其余掺量强度变化不大。由实验室研究结果可见，碾压混凝土内掺含 5% 的复合耐久性粉剂浆液后工作性有所提升，28d 强度基本没有差别，此外可以有效减少水泥用量，减少建设成本。因此考虑在变态混凝土浆液中掺加 5% 的复合耐久性粉剂。

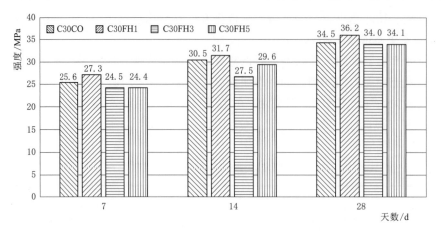

图 5.4　C30 碾压混凝土掺含复合耐久性粉剂浆液强度试验结果

5.3　变态浆液掺加复合耐久性粉剂试验研究

5.3.1　复合耐久性粉剂现场掺加及制样

现场试验中，在制浆搅拌机中直接加入复合耐久性粉剂，变态浆液各组分配合比见表 5.4。制浆完成后，立即使用比重计测量了基准浆液（M20）和复合浆液（M20FH）的表观密度，现场操作如图 5.5 所示。可见掺加复合耐久性粉剂之后，浆液密度下降，较基准稀薄，流动性增大，渗透扩散能力得到提升。这种特性有利于浆液在碾压混凝土中均匀扩散，减少表面泌浆，从而使变态混凝土内部浆液浓度更加均匀，减少变态混凝土内部和表面因混凝土收缩而造成的裂缝，提高整体性，改善受力条件。

表 5.4　　　　　　　　　　掺复合耐久性粉剂变态浆液配合比

试样代号	混凝土材料用量/(kg/m³)					水胶比	表观密度 /(kg/m³)
	水	水泥	粉煤灰	减水剂	复合耐久性粉剂		
M20	1	1.2	1.2	0.012		0.42	1710
M20FH	1	1.14	1.2	0.012	0.06	0.42	1650

（a）掺加复合硅微粉　　　　　　　　　　（b）比重计测试

图 5.5　复合硅微粉现场搅拌站掺加应用及比重计测试

随后现场变态混凝土加浆过程中，在摊铺完毕的碾压混凝土中人工铺洒加入含复合耐久性粉剂的变态浆液，加浆量为 $85L/m^3$，加浆后采用振捣台车进行振捣密实，操作工序如图 5.6 所示。现场观察可见，振捣密实后的变态混凝土表面泌浆显著减少。随后人工取出原位变态混凝土制作试件，供后续强度、耐久性试验使用，试件包括以下几种：

（a）加粉　　　　　　　　　　　　　（b）搅拌

（c）浇筑　　　　　　　　　　　　　（d）振捣

（e）制样　　　　　　　　　　　　　（f）成型试样

图 5.6　复合硅微粉现场仓面应用与现场取样

（1）抗压强度，龄期 7d 和 28d，2 组，每组 3 个 150mm×150mm×150mm 立方体试件。

（2）劈裂抗拉强度，龄期 7d 和 28d，2 组，每组 3 个 150mm×150mm×150mm 立方体试件。

（3）抗渗等级，龄期 28d，1 组，每组 6 个上部直径为 175mm，下部直径为 185mm，高度为 150mm 圆台试件。

（4）抗冻等级，龄期 28d，1 组，每组 3 个 100mm×100mm×400mm 棱柱体。

5.3.2 现场成型含复合耐久性粉剂变态混凝土试样试验及结果分析

1. 抗压和劈裂抗拉强度测试

作者对现场成型的变态混凝土进行了 7d 和 28d 抗压强度和劈裂抗拉强度测试,测试按《普通混凝土力学性能试验方法标准》(GB/T 50081—2002)进行,每组测试 3 个立方体试样,取算术评价值。通过观察试件成型情况,如图 5.7 所示,含复合耐久性粉剂的变态混凝土比基准样更密实,这再次验证了复合耐久性粉剂降低了浆液的密度,浆液能够更均匀地渗透扩散。而试件劈裂抗拉破坏形态(图 5.8)也显示,含复合耐久性粉剂的变态混凝土较为密实,劈裂破坏后基准样出现了掉角、掉渣的情况,而含复合耐久性粉剂的变态混凝土破坏后形态基本完整,对应更高的抗拉强度。测试结果见表 5.5,含复合耐久性粉剂的变态混凝土 7d 抗压强度略有下降(1%左右),这可能是由于复合耐久性粉剂是矿物掺合料,初始反应速率低导致的;7d 劈裂抗拉强度上升 24%,这是由于粉剂填充效应改善了骨料-胶体界面区黏结,使整体密实性提高,这可从图 5.8(b)中得到印证,破坏面贯穿了部分骨料而非延骨料界面破坏。后期粉剂参与火山灰反应,强度逐渐上升,28d 抗压强度较基准样提升 18%,劈裂抗拉强度提升 6%。抗压和劈裂抗拉强度测试结果与试验室结果基本一致,可见复合耐久性粉剂可提升变态混凝土的强度性能。

(a)基准浆液	(b)复合浆液

图 5.7 现场成型变态混凝土抗压试验

(a)基准浆液	(b)复合浆液

图 5.8 现场成型变态混凝土劈裂抗拉破坏形态

表 5.5　　　　现场成型的基准浆液和含复合耐久性粉剂浆液变态混凝土强度对比

试样标号	龄期 /d	抗压强度 /MPa	劈裂抗拉强度 /MPa
M20	7	14.4	1.7
	28	18.0	3.1
M20FH	7	14.2	2.1
	28	21.3	3.3

2. 抗渗性测试

作者对现场成型、养护 28d 的变态混凝土采取逐级加压法测试抗渗等级，测试按《普通混凝土长期性能和耐久性能试验方法标准》（GB/T 50082—2009）进行，每组测试 6 个圆台试样，密封并安装在混凝土渗透仪上，如图 5.9 所示，试验时水压从 0.1MPa 开始，每隔 8h 增加 0.1MPa 水压，并观察试件端面渗水情况。混凝土抗渗等级以每组 6 个试件中有 4 个试件未渗水时的最大水压力乘以 10 来确定，按式（5.1）计算：

$$P = 10H - 1 \qquad (5.1)$$

式中：P 为混凝土抗渗等级；H 为 6 个试件中有 3 个渗水时的水压力，MPa。

图 5.9　现场成型变态混凝土抗渗等级试验

试验中基准试件中的 1 个在压力达到 0.8MPa 时发生端面渗透，3 个在压力达到 1.0MPa 时发生端面渗透，因此最终抗渗等级为 P9；含复合耐久性粉剂的试件中的 1 个在压力达到 1.0MPa 时发生端面渗透，3 个在压力达到 1.7MPa 时发生端面渗透，因此最终抗渗等级为 P16。可见掺加复合耐久性粉剂后，抗渗性提高达 77%，效果显著。这一方面是由于掺加复合耐久性粉剂后，变态混凝土施工工作性改善明显，经振捣后更加密实；另一方面由于粉剂的填充效应和火山灰效应，变态混凝土的微结构得到改善。

3. 抗冻性测试

作者对现场成型、养护 28d 的变态混凝土采取快冻法测试抗冻性，测试按《普通混凝土长期性能和耐久性能试验方法标准》（GB/T 50082—2009）进行，每组测试 3 个棱柱体试样，试件龄期达到 28d 后，擦干表面水分并称量试件初始质量 W_{0i}，并测定横向基频初始值 f_{0i}。然后将试件按规定放入冻融箱，冷冻和融化时试件中心温度控制在（−18±2）℃和（5±2）℃，每次冻融循环在 2～4h 内完成。每隔 25 次冻融循环测试试件的横向基频 f_{ni}，并擦干表面水分称量试件质量 W_{ni}，测量完毕后装回冻融机继续试验。当冻融循环出现下列任一情况时，可停止试验：

（1）达到规定冻融循环次数。

（2）试件相对动弹模下降到 60%。

（3）试件质量损失率达 5%。

相对动弹性模量按式（5.2）计算：

$$P_i = \frac{f_{ni}^2}{f_{0i}^2} \times 100\%\tag{5.2}$$

式中：P_i 为经 N 次冻融循环后，第 i 个混凝土试件的相对动弹性模量，％，精确到 0.1；f_{ni} 为经 N 次冻融循环后第 i 个混凝土试件的横向基频，Hz；f_{0i} 为冻融循环前第 i 个混凝土试件横向基频初始值，Hz。

质量损失率按式（5.3）计算：

$$\Delta W_{ni} = \frac{W_{0i} - W_{ni}}{W_{0i}} \times 100\%\tag{5.3}$$

式中：ΔW_{ni} 为经 N 次冻融循环后第 i 个混凝土试件的质量损失率，％，精确到 0.1；W_{ni} 为经 N 次冻融循环后第 i 个混凝土试件的质量，g；W_{0i} 为冻融循环前第 i 个混凝土试件质量初始值，g。

试验结果如图 5.10 所示，冻融循环 0～50 次时，5％掺量超细粉变态混凝土（SP）质量损失率略高于基准混凝土（CO）。冻融循环 50～100 次时，5％掺量超细粉变态混凝土质量损失率远低于基准变态混凝土。基准变态混凝土与超细粉变态混凝土冻融作用破坏形态如图 5.11 所示，当冻融循环次数达到 50 次时，基准变态混凝土试件表面出现细骨料剥蚀、粗骨料裸露的现象，而超细粉变态混凝土试件表面只出现轻微的剥蚀现象。当冻融循环次数达到 100 次时，基准变态混凝土

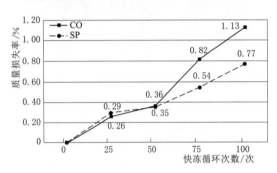

图 5.10　超细粉变态混凝土冻融冻质量损失率

试件表面及棱角的浆体剥落，骨料脱落的现象较为严重，其质量损失率达到 1.13％，高于超细粉变态混凝土质量损失率的 0.77％，提升率达到 32％。由此可知，由于 5％的超细粉的掺入，变态混凝土的抗冻性能够得到一定的改善。

5.3.3　含复合耐久性粉剂变态混凝土应用

1. 效果机理

通过试验室试验和现场应用可见，浆液中添加复合耐久性粉剂操作简便，只需在制浆机中加入定量的复合耐久性粉剂并搅拌均匀即可。

粉剂由于颗粒小、分散度高，并不会出现结团、离析、分层的情况，浆液品质和物理特性稳定。为提高粉剂的分散度，还可将复合耐久性粉剂先添加到拌合水中，搅拌均匀再投入制浆机。含复合耐久性粉剂的变态浆液流动度大，可适用于人工加浆和机械式加浆等多种注浆方法，特别是机械式注浆，并未出现堵管情况，可施工性良好。综上，含复合耐久性粉剂的变态混凝土浆液性能稳定，使用简便、快捷，可满足注浆施工工艺要求。

2. 优点

现场观察和取芯试验证明，含复合耐久性粉剂的浆液对于改善变态混凝土性能有如下优点：

（a）0 次冻融循环（CO）

（b）0 次冻融循环（SP）

（c）100 次冻融循环（CO）

（d）100 次冻融循环（SP）

图 5.11　超细粉变态混凝土冻融循环外观对比

（1）变态浆液密度减小，流动性和渗透能力得到提升，有利于浆液在碾压混凝土中渗透。一方面，减少了变态混凝土表面泌浆，从而减少了早期变态混凝土表面由于干燥收缩产生的裂缝；另一方面，使变态混凝土内部浆液浓度梯度平缓过渡，减少变态混凝土内部因浆液浓度突变造成的不均匀收缩裂缝，降低了变态混凝土的开裂风险。

（2）复合耐久性粉剂属于矿物掺合料，其前期反应速率较水泥低，因而制成的变态混凝土早期抗压强度略有下降（不超过 3%），后期由于颗粒粒度小，可在有充足供水的情况下充分水化，通过火山灰反应继续生成水化产物，从而提高变态混凝土强度，28d抗压强度与普通浆液变态混凝土并无差别。在水利工程中，混凝土浇筑到真正承受压力荷载往往时间较长，早期压应力略微降低并不影响混凝土的质量，早期起决定性作用的是混凝土的抗拉能力，而复合耐久性粉剂的填充效应明显，有效改善了骨料界面区微结构，从而使变态混凝土的早期劈裂抗拉强度有所提高，这对变态混凝土早期防止温度裂缝和干缩裂缝都是有利的。

（3）复合耐久性粉剂的填充效应使混凝土微结构更加密实，阻隔了水和有害物质的侵蚀；同时，火山灰反应生成的水化产物有效地隔断了联通的孔隙结构，防止了水的渗入。这两方面作用，使现场制取的变态混凝土试样的抗冻性提高了32％，抗渗性提高了77％。变态混凝土往往位于大坝的上下游面、廊道等关键位置，有较高的防渗抗裂要求。由试验结果可见，添加复合耐久性粉剂对提高碾压混凝土坝的耐久性是有益的。

5.3.4　含复合耐久性粉剂变态混凝土加浆技术要点

为保障含复合耐久性粉剂的变态混凝土能简便施工、性能稳定、发挥性能优势，在现场应用实施时，应注意如下技术要点。

（1）掺加复合耐久性粉剂后前期抗压强度会略微下降，因此为保证前期一定的抗压强度，应将复合耐久性粉剂的掺加量进行严格控制，掺量不得超过5％。具体的掺加量需通过现场材料试验验证，其一，需满足施工部位变态混凝土抗渗和强度的需要；其二，制取的浆液需质地均匀，这是保障变态混凝土加浆施工和质量的关键；其三，浆液需满足变态混凝土的凝结时间要求，防止影响施工进度。

（2）复合耐久性粉剂加入到浆液中应充分搅拌均匀，为提高分散度，可将粉剂先加入到拌合水中，搅拌均匀后，再加入到制浆机中。由于粉剂颗粒小，分散到浆液中未出现结团、离析、分层情况，但是由于灰浆组分材料中水泥、粉煤灰、复合耐久性粉剂的密度不同，长时间放置沉淀现象不可避免。因此现场使用中浆液应保持搅拌或即拌即用，保证浆液均匀性，防止沉淀分层影响浆液质量和性能。

（3）目前施工现场加浆一般采用人工挖沟槽铺洒浆液的方式，工序复杂，加浆量不易控制，存在随机性。而含复合耐久性粉剂的浆液较普通浆液稀薄，流动性良好，未见堵管现象，因此适用于机械化加浆作业，应尽量使用机器加浆，保障加浆量的精准控制，从而使浆液尽可能地在碾压混凝土中均匀分布，改善浆液浓度梯度，减少早期收缩裂缝产生。

（4）复合耐久性粉剂通过火山灰反应提升变态混凝土长期抗压强度，为了使颗粒充分水化，养护洒水需特别重视。施工过程中应保持仓面湿润，变态混凝土终凝后即开始保湿养护，养护应持续至上一层混凝土开始铺筑为止，对永久暴露面，养护时间不得少于28d。

5.4　渐变梯度加浆量变态混凝土研究应用

碾压坝变态区域构造形式致使加浆拌合物与碾压区拌合物形成不同水泥含量和显著水胶比差异，是导致现行变态混凝土施工中质量受损难以避免的问题。其关键点在于两种不同类型材料的硬化收缩变形差异性大，且随变态区域厚度增加或浆液掺量差异增大，开裂风险有加大趋势。解决这类问题的一种有效方法是如何减小两种拌合物材料在构造分层尺度上的收缩性能差异。因此，本书提出"渐变梯度加浆量变态混凝土施工作业方法"，即在变态混凝土区设计渐变加浆掺量，形成分层梯度式加浆掺量变态混凝土，由远离碾压区变态层高掺量加浆逐渐减少加浆量直至全碾压区域无加浆，可以有效改善渐变相互间的自收缩差，增强变形协调性，进而提高变态-碾压整体性能。该方法简单高效，工地实用性强，通过梯度加浆，实现添加浆液掺量由外向内逐步过渡降低，增加变态混凝土注浆区整体协调性，减少与碾压混凝土接触区收缩变形差距，以到达变态-碾压结合增强乃至防止结合层面出现裂缝的目的。

5.4.1　渐变梯度加浆量变态混凝土工艺特点

渐变梯度加浆量变态混凝土加浆作业施工工艺如图 5.12 所示，首先将原有的变态混凝土区域划分为两个区域，包括富浆区和贫浆区。富浆区直接接触水体，该处变态混凝土加浆量与实际施工单方加浆量保持一致，保证混凝土浓度掺量梯度，以满足坝体防渗要求。贫浆区处于富浆区与碾压混凝土中间，该区域单方加浆量由设计值逐渐递减，利用浆液在过渡区的自由渗透，形成变态混凝土到碾压混凝土之间的浆液浓度掺量梯度平稳连续过渡，改变现存变态混凝土到碾压混凝土浆液浓度突变的现状，从而解决变态混凝土与碾压混凝土之间收缩率非连续突变的问题，调节改善变态、碾压混凝土收缩变形协调性。该技术可适用于上下游坝面、廊道附近的变态混凝土，提高这些对防渗抗裂有较高要求区域的混凝土质量，从而保障碾压混凝土坝的安全性和耐久性。

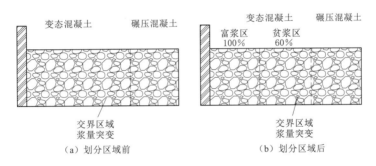

图 5.12　渐变梯度加浆量变态混凝土加浆作业施工剖面图

采用"渐变梯度加浆量变态混凝土施工作业方法"，其优点在于：①能够满足碾压-变态混凝土的现场施工需求，增强了不同材料结合面之间的黏结过渡和结构层整体性，更加适应了设计性能需要；②渐变式或分层梯度掺量加浆，能够有效节约变态区加浆总量，节省造价；③利用机械式智能化分层加浆，有效控制各层加变态浆层质量均匀性。

"渐变梯度加浆量变态混凝土施工作业方法"需要注意两个技术问题，即变态混凝土分层层数的确定以及注浆量渐变指标的选取。一方面，渐变式加浆法理论上划分掺量梯度层越多，相邻梯度层间掺量差越小，引起的收缩变形差越小，更不容易产生收缩裂缝。但考虑实际施工情况，划分多个渐变加浆层无疑增加了施工注浆时间，影响仓面组合式施工进程；另一方面，浆液渗透范围、渗透速度等性能与粗骨料级配、形状特性、细骨料细度模数、加浆压力等参数密切相关，因此注浆量渐变指标需根据现场实际情况进行调整，合理选取。因此为保障工程施工质量和工程作业进度，注浆分层厚度和单层加浆量指标需根据专门工程进行优化设计。

5.4.2　渐变梯度加浆量变态混凝土试验研究

在满足以下设计力学性能指标条件下，通过实验设计不同渐变层、不同加浆量，对比普通加浆层、加浆量的碾压-变态试验区。最佳渐变式梯度掺量加浆法工艺参数的确定原则如下：

1. 极限拉伸强度

$$\xi_0 \leqslant 0.8\xi_1 \tag{5.4}$$

式中：ξ_0 为渐变式梯度掺量加浆法试验极限拉伸应变，N/mm^2；ξ_1 为单一加浆试验极限拉伸应变，N/mm^2。

2. 抗压弹模

$$E_0 \geqslant E_1 \tag{5.5}$$

式中：E_0 为最佳渐变式梯度掺量加浆法试验抗压弹模，MPa；E_1 为单一加浆试验抗压弹模，MPa。

3. 劈裂抗拉强度

$$f_{t0} \geqslant 1.2f_{t1} \tag{5.6}$$

式中：f_{t0} 为最佳渐变式梯度掺量加浆法试验劈裂抗拉强度，MPa；f_{t1} 为单一加浆混凝土劈裂抗拉试验强度，MPa。

抗渗等级应满足每梯度分层相邻变态混凝土抗渗等级均比单一变态层提高一级，且整体抗渗等级大于设计抗渗等级。

综合考虑上述性能指标条件要求，预先在试验中得出合理可行的梯度分层层数、每层厚度、各层梯度加浆量指标；兼顾现场施工方便性、可控性以及加浆层的渐变需求，确定最后合理优化的工艺参数指标。

为此，作者在实验室中进行了模拟对比试验，首先，制作两个 1.0m×0.8m×0.2m（长×宽×高）木模，如图 5.13 所示，分别用于制作基准样 CO 和参比样 JB，即采用传统方式施工变态混凝土-碾压混凝土和采用渐变梯度加浆方法施工变态混凝土-碾压混凝土。其中图 5.13（a）为普通变态混凝土加浆工艺模型（CO）示意图，图中①为碾压混凝土作业区，②为常规变态混凝土作业区；图 5.13（b）为采用渐变梯度加浆量变态混凝土（JB）的分区情况，图中③为常规碾压混凝土作业区，④为变态混凝土贫浆区，⑤为变态混凝土富浆区。

（a）普通变态混凝土加浆

（b）渐变梯度加浆量变态混凝土加浆

图 5.13　试验用木模分区浇筑变态混凝土和碾压混凝土布局

其次，采用工程现场提供的相同材料，根据表 5.6 中的配合比拌制碾压混凝土，并将碾压混凝土倒入木模中，采用重锤反复人工夯击碾压混凝土，如图 5.14（a）所示，使其达到设计表观密度，即 2420kg/m³；再次，根据表 5.6 中的配合比配制变态混凝土浆液 M20，在 CO 试模②区域（长度为 0.4m）摊铺碾压完成的碾压混凝土中加入加浆量为 85L/m³ 的变态浆液，在 JB 试模⑤区域（长度为 0.2m）碾压混凝土中加入加浆量为 85L/m³ 的变态浆液，在 JB 试模④区域（长度为 0.2m）碾压混凝土中加入加浆量为 50L/m³（标准加浆量的 60%）的变态浆液，在各个区域均使用 ZN70 振捣棒振捣 15s，使其充分振捣密实，如图 5.14（b）所示。成型后效果分别如图 5.14（c）和图 5.14（d）所示。

表 5.6　　　　　　　　　　　碾 压 混 凝 土 配 合 比

级配	水胶比	煤灰掺量/%	砂率/%	减水剂掺量/%	引气剂掺量/万	石子比例 小石：中石：大石	混凝土材料用量/(kg/m³) 水	水泥	煤灰	砂	小石	中石	大石	ZB－1 RCC15	GK－9A
二级配	0.45	55	39	0.8	10	50：50：0	95	95	116	824	645	645		1.900	0.2111

（a）人工重锤碾压混凝土　　　　　　　　（b）振捣变态混凝土

（c）普通变态混凝土加浆工艺 CO　　　（d）渐变梯度加浆量变态混凝土加浆工艺 JB

图 5.14　普通变态混凝土加浆和渐变梯度加浆量变态混凝土加浆试块制作

经过 7d 洒水养护，作者首先对变态混凝土和碾压混凝土接合面进行了观察。如图 5.15（a）所示，普通变态混凝土加浆工艺由于浆液浓度梯度突变，不利于渗透扩散，接合面两侧差别明显；高浆液浓度不易渗透，造成表面有较多泌浆，引发高收缩率，变态混凝土表面多见干缩纹，且接合面有轻微脱开，这些因素势必增加后期受力后滑移、错层开裂风险。如图 5.15（b）所示，渐变梯度加浆量变态混凝土加浆工艺由于浆液浓度缓慢过渡，浆液在碾压混凝土侧仍有良好渗透，使得接合面两侧互相齿合；渐变梯度加浆量变态混凝土加浆工艺使得变态混凝土表面干缩纹明显减少，接合面两侧黏结良好未脱开，这些因素可优化后期受力后的协调变形，减小滑移、错层开裂可能性。为验证观察所得结果，作者对 7d 龄期的混凝土收缩率进行了测量，碾压-变态混凝土收缩率按式（5.7）计算：

$$\eta = (R_前 - R_后)/R_前 \times 100\%$$ (5.7)

式中：$R_前$ 为收缩前试件长度，mm；$R_后$ 为收缩后试件长度，mm。

(a) CO变态-碾压接合断面　　　　　（b) JB变态-碾压接合断面

(c) JB试样7d各区域收缩率

(d) CO和JB试样接合面附近钻取芯样28d劈裂抗拉强度对比（左CO，右JB）

图 5.15　普通变态混凝土加浆和渐变梯度加浆量变态混凝土加浆试块对比试验

测量结果如图 5.15（c）所示，采用渐变式梯度掺量加浆作业，收缩率从富浆区、贫浆区至碾压混凝土缓慢减小，其中贫浆区混凝土收缩率明显减少。换言之，梯度加浆法变态-碾压两侧混凝土收缩速率差相比普通加浆法有显著改善，直接削弱变态-碾压结合面所承受拉伸应力，降低结合体开裂风险。

其后，作者对接合面附近 28d 龄期的混凝土钻芯取样并测试了劈裂抗拉强度，劈裂抗拉强度按式（5.8）计算：

$$f_{ts} = \frac{2P}{A\pi} = 0.637P/A \qquad (5.8)$$

式中：f_{ts} 为混凝土劈裂抗拉强度，MPa；P 为破坏荷载，N；A 为试件劈裂面积，mm^2。

图 5.15（d）显示渐变梯度加浆量变态混凝土加浆工艺可有效提高接合面处的抗拉能力，防止开裂破坏。

综上，试验室对比试验证实，渐变梯度加浆量变态混凝土加浆工艺理论可有效提高接合面处黏结能力，其直接性能表现是接合面劈裂抗拉强度得到提升；同时，变态混凝土和碾压混凝土之间的突变收缩差弥合，形成平缓过渡，减少了干缩纹的产生。这项研究为后续现场应用渐变梯度加浆量变态混凝土加浆工艺提供了理论和试验依据。

5.5　研究小结

现行变态混凝土施工所存在的两方面问题，即变态浆液中粉煤灰掺量大，其品质参差不齐，导致注浆施工时易造成堵管，成型后易收缩开裂，影响强度、抗冻、抗渗能力；变态混凝土和碾压混凝土胶体含量差别大，导致硬化收缩变形不匹配、不协调，结合面整体性差，易引发交界面破坏。本章针对这两方问题开展了相关研究，取得如下成效：

（1）尝试在浆液中内掺复合耐久性粉剂，破解现有变态浆液配比单一、易堵管、成型性能差的问题，研究新型变态混凝土浆液的配比优化设计、质量评价与施工应用标准。试验室研究表明，内掺 5％复合耐久性粉剂成型的混凝土，坍落度较基准样增加 15％左右，扩展度较基准样增加 10％～15％，工作性得到了显著提升；同时，含气量较基准样减小 10％～15％，致密性得到提升。含复合耐久性粉剂的混凝土早期强度略有下降，后期强度缓慢上升，达到与基准样相同水平，因此对强度无明显影响。现场制样和取芯测试结果与试验室结果一致，其中内掺复合耐久性粉剂后，浆液密度降低 3.5％，流动性增加，有助于均匀渗透扩散，减小因浆液分布不均造成的收缩裂缝的产生。早期抗压强度略微下降，后期无明显差异；早期抗拉强度提高，有效改善早期抗裂能力。现场制取的试样进行了抗冻性和抗渗性测试，由于复合耐久性粉剂的填充效应和火山灰效应综合影响，两项耐久性分别提升 32％和 77％，效果明显。

（2）尝试了渐变梯度变态混凝土加浆施工方法，解决目前变态混凝土和碾压混凝土之间由于浆液浓度差别大造成的收缩不均匀、易在界面处开裂的问题。试验室研究证明采用"渐变梯度加浆量变态混凝土施工作业方法"，界面处互相齿合，交接情况良好；收缩量平缓过渡、抗拉强度提高 22％。现场应用试验证明，采用"渐变梯度加浆量变态混凝土施工作业方法"，其优点在于：①能够满足碾压-变态混凝土的现场施工需求，增强了不同材料结合面之间的黏结过渡和结构层整体性，更加适应了设计性能需要；②渐变式或分层梯度掺量加浆，能够有效节约变态区加浆总量，节省造价；③利用机械式智能化分层加浆，可有效控制加变态浆层质量均匀性。

第6章 全仓面机械智能化组合加浆振捣工艺

6.1 研究背景

国内碾压混凝土施工技术，通过近四十年运用发展，经历了若干不同类型、地区和规模不等的工程项目实践，其工艺技术标准已成熟规范化。由于碾压施工的通仓连续铺料作业的条件优势，可以实现快速填料和碾压成型，因此仓面施工强度高、作业速度快，由此也对仓面施工组织设计提出了更高的要求。目前在坝料入仓、摊铺、主体碾压等工序环节实现全机械化生产作业已是常规工艺，但对于同步变态混凝土的施工工艺，由于采用人工加浆作业配合人工或人工＋机械组合的振捣方式现场较为普遍，因而要实现碾压与加浆振捣同步高质量施工，工效不匹配、仓面难管控的现象客观存在，整体碾压层的高效精细化工艺质量管理实现比较困难。

现行仓面作业的施工组织，实施重点为仓面施工组织要充分保障碾压工艺的上料强度，分（并）仓面积，卸、铺、平、碾等设备数量工况，作业条件等得到满足；而对变态混凝土施工条件保障，原则上采取配合热层碾压作业强度、"见缝插针"式同步实施。变态部分施工鉴于设备技术等条件限制和作业环境灵活性要求，大多采用以人工作业为主，目前尚未见作业面采用全过程机械化组合加浆振捣工艺和方法。

6.1.1 现状与问题

根据施工组织设计原则，结合实际工况和施工方管控条件水平，碾压仓经合理经验性划分后开仓施工。在保证进度要求下，必须优先保证仓面碾压工艺的顺利执行。事实上，受实际资源约束，每一热层工序多、相互干扰大的现实问题常常比较突出，如仓内运输卸料、平仓碾压、变态区铺料加浆振捣、碾压-变态结合部施工、切缝、铺冷却管等，这些动态过程随外部条件约束的改变而不断发生演变，难免出现工序和质量问题。仓内动态高效生产以及安全施工组织交织在一起，一直是精细化施工有序管理难点。鉴于仓面人员、材料、机械在可实施作业面（有时仓面划分很小）的多源约束与进度优化制约关系，往往凸显工序时空干扰多、作业效率低下、质量安全难保障。而已有大量施工实践均表明，仓面变态混凝土施工工序，由于作业方法较简单、过程相对粗放难控，常常是制约升层施工速度、管控材料盈亏以及影响碾压层重点部位质量的关键环节。目前针对上述问题，尚未见切实有效的施工管控方法。

鉴于此，如何结合碾压工艺智能数字化管控模式，尽可能实现仓内加浆层振捣工序全部机械化、控制智能化、评价参数化、效果可视化，从而消除人工作业低效不可控、工序相互干扰，进而大大降低整体快速施工效率和质量的现实问题，是碾压混凝土仓面施工智能化必须解决的关键。

显然，通过开发形成的全新智能型高效加浆和振捣机械及专门装备，采取仓面变态混凝土全程机械装备式加浆以及数字式机械振捣工艺组合作业方法，极大提高了自动化加浆和智能化振捣功效，可实现整体仓面全工序机械化作业，能极大改善碾压层施工质量与效率。

6.1.2　主要研究内容

针对整体仓面全工序机械化作业的新工艺需求，开展以下方面具体应用研究：

（1）提出现场仓面设备组合工艺的施工组织原则要求。确保现场工序的组织合规，充分提高作业效率，保障施工质量和作业安全；厘清仓面工序交叉特点，结合多设备功能分析，提出设备组合形式、适用范围、设备类型数量配备方法。

（2）开展加浆振捣机械设备的功能特点应用分析。整理归类现有作者研发改造的加浆振捣设备系统类别，分别详细阐述各种设备的性能特点、作业条件和合理范围选择、高效作业的基本原理、数据采集通信方式等。

（3）明确加浆作业工艺参数要求，包括不同类型设备作业的基本工艺参数定义、参数类别、参数反馈控制形式与实现方式、合格性评价等。

（4）明确振捣作业工艺参数要求，包括不同类型设备作业的基本工艺参数定义、振捣密实评价模型、振捣效果评价、反馈控制方法、整体振捣质量评价。

（5）提出机械化组合全仓面加浆振捣工艺实施方法，包括机械化组合全仓面加浆振捣工艺特点、适用范围、组合工作原理、施工流程、作业实施重点和难点、组合设备材料要求、质量安全措施、效益分析。

6.2　全仓面智能机械化组合加浆振捣工艺

6.2.1　工艺组织原则

整体仓面机械化加浆及振捣作业，应保证分段分块的运料、摊铺、碾压、切缝等工序与加浆振捣工序满足施工作业规范流程顺利完成；不同设备实施加浆或振捣工序应依据各自最佳作业方式和范围展开，应能充分发挥机械设备在现场的作业效率和施工质量，并保证仓面热层基本同步均匀上升。具体如下：

1. 确保工序合规

碾压仓施工存在多道工序的连续或流水作业工况。由于仓面划分受结构设计、施工强度、物料入仓、设备组合、人员配备等若干因素制约，因而仓面大小不一，边界条件存在差异，进而导致仓面施工条件发生显著变化。现场临时调整和应急处理往往常见，但从严格管控意义上来看，有些作业方法不符合施工规范。为此，针对各类设备、机械、人员在仓内混合交叉作业常态，工序简化、粗放、错漏碰撞以及工艺要求控制不到位现象，将导致施工质量、进度和安全问题难以避免。采用整体仓面机械化加浆及振捣作业，由于设备更多，作业时空约束更强，因此，必须增强工序衔接，以物碾压料流转强度为主线，合理控制工序间搭接时差，确保仓面工序的合规性。

2. 确保进度高效

采用整体仓面机械化加浆及振捣作业，机械设备生产效率必然高于人工作业或其他混合作业模式。应通过合理组织和划分作业区域、空间，由单一设备的高效转化为集群设备的同步协同作业并体现整体生产高效；应根据设备可靠的台班定额和作业量范围，合理计算和配制设备数量和种类。

3. 确保质量最佳

采用整体仓面机械化加浆及振捣作业方式，设备机械的工作性能、参数指标、作业轨迹等必须得到有效控制。为此，应根据实际试验条件，结合仓面具体工况，研究满足最佳质量效果的各种设备和材料匹配特征参数，给出适合现场控制的各类加浆设备和振捣机械的施工参数要求；依据现场作业条件差异性，选择不同适应特点的加浆和振捣设备，解决全仓面无死角可控模式作业，提高整体成型质量。

4. 确保作业安全

采用整体仓面机械化加浆及振捣，突出的问题是仓面设备较多，在仓面空间有限条件下可能加剧现场作业相互干扰情况，进而带来安全隐患。为此，需研究不同设备协调作业的合理间距，以及特定仓面容积条件下的设备最小必须配置量和组合种类，以保障施工安全，同样也能提高设备现场利用率。

5. 确保耗浆合理

合理控制加浆量是仓面加浆振捣作业的重要环节，可有效节约施工成本。对照设计控制加浆量指标，加浆偏少，不能满足变态混凝土的致密性和增强要求，且大大降低振捣作业功效；加浆偏多，则会导致变态混凝土与碾压混凝土结合层质量削弱，更严重情况则会导致开裂（包括面层），而且浪费浆料。为此，依托专门设备加浆智能可控，结合不同机械功率组合振捣，可解决现场难题。

6.2.2　仓面智能作业设备性能

6.2.2.1　加浆机械与设备

目前已成功开发和改造应用的加浆智能设备有三种。

1. 智能搅拌式加浆机

作者成功研发了全自动搅拌式加浆设备，并实现了自动采集瞬时加浆流量和加浆轨迹动态定位功能。加浆机搅拌叶片作业深度和搅拌速率根据实际需要可调，行走速度可控，行走方式通常采用"一"字形或直角 S 形通过伸缩臂杆和设备行走履带配合完成，喷浆压力通过设备加压油门控制。因此，通过专门培训，可由 1 名专人对设备进行操作，在仓内对所需区域部位进行加浆作业。设备见 4.2.4 节。研发的实物应用环境如图 6.1 所示；相应技术性能参数见表 6.1。

全自动搅拌式加浆设备作业效率较高，最大特点是加浆量均匀和流量精细可控，可根据不同区域、不同级配的设计加浆量指标定额加浆，若作业中出现超浆或欠浆（规定指标的 10%），可实时进行调整。更突出特点是适应了下游面内倾斜面大模板下机械加浆。

（a）操作室　　　　　　　　　　　　　（b）外观

图 6.1　智能搅拌式加浆机

表 **6.1**　　　　　　　　　　**智能搅拌式加浆机技术性能参数**

参 数 名 称	参 数 范 围	参 数 名 称	参 数 范 围
搅拌头作用范围	$\varphi 0.8\text{m} \times$ 深 0.35m	注浆量控制误差	±3%
理论搅拌最大加浆流量	9.6m³/h	浆桶容积	0.52m³
平均加浆压力	1.2～2.1MPa	设备功率	54.0kW
伸缩臂进退速率	6.0～12.0m/min	最大加浆效率	460m²/h
机械行走速度	0.6～2.0km/h		

2. 智能加浆振捣一体式台车

智能加浆振捣一体式台车的加浆功能通过 PLC 控制储浆、输浆、加浆、清洗工艺环节，实现无人化加浆作业。

本次项目研发改进，针对加浆量的无线采集、加浆头动作实时定位以及集成工艺数据无线通信等自动化功能，进行了相应增改，使台车加浆信息可实时远程采集和加浆效果动态评判。现场应用设备条件如图 6.2 所示。

由于采用间距 37.5cm、排距 23cm 的 8 头组合加浆插头，加浆效率高，更适合于仓面拉筋密集、空间小且加浆面大的区域；加浆均匀性取决于加浆泵压力、浆液浓度和拌合料的渗透特性。对于铺料相对密实区域，不及搅拌加浆机均匀。设备工艺性能参数见表 6.2。

（a）一体式台车　　　　　　　　　　（b）作业现场

图 6.2　现场应用设备条件

表 6.2　　　　　　　　　　智能加浆振捣一体式台车加浆技术性能参数

参 数 名 称	参 数 范 围	参 数 名 称	参 数 范 围
注浆头作用范围	长 1.5m×宽 0.5m×深 0.3m	注浆量控制误差	±2%
注浆孔间距	纵向 0.375m，横向 0.23m	浆桶容积	0.5m³
平均注浆压力	0.1MPa	清洗水箱容积	0.21m³
理论输浆流量	2.97m³/h	一次注浆循环时间	30～40s

3. 便携式数字加浆设备

针对仓面内狭窄区域、大型设备无法到达的作业部位，通过便携式数字加浆小型设备，利用人工穿戴和作业模式，有效解决这些复杂边角旮旯部位的智能量化控制加浆效果监控和指导缺失的问题；并能与上述仓面大块区域高效机械作业加浆互相配合，形成仓面无死角的量化加浆管控。

这类设备需要单人或两人配合作业，同样采用高压加浆，加浆压力泵置于两侧边坡或台阶处，制浆站输送浆液至高压加浆系统，通过压力浆管送达手持式加浆头，利用动力加浆头将加浆头插入加浆区域，同时依据操作人员穿戴定位马甲，基于双肩定位系统、在线流量采集系统和手持作业加浆头推算算法获得每次插入式加浆点空间坐标和持续加浆量，用以记录实时实地加浆消耗量和作用范围面积（体积）。根据加浆层确定厚度，在远程实时作业层内给出加浆消耗量指标，并判断合格与否及偏差量。

设备应用条件如图 6.3 所示；主要技术参数指标见表 6.3。

（a）制浆加浆系统　　　　　　　　　　　　（b）手持加浆作业现场

图 6.3　设备应用条件

表 6.3　　　　　　　　　　便携式数字加浆设备性能参数

参 数 名 称	参 数 范 围	参 数 名 称	参 数 范 围
注浆头作用范围	$\varphi35～50$cm	理论输浆流量	1.5m³/h
注浆孔间距	梅花形（矩形）插孔间距 0.3～0.4m	注浆量控制误差	±5%
插管长度	46cm	流量采集频率	2.0Hz
插管喷头孔	$\varphi8$mm×4	定位精度（GPS-RTK）	±6～8cm
平均注浆压力	2.5～3.0MPa	浆桶容积	0.65m³

6.2.2.2　振捣机械与设备

作者目前已成功开发和改造应用的振捣数字信息化设备有三种。

1. 智能加浆振捣一体式台车

该台车自带两根 $\varphi140$ 液压振捣锤，间距为 750mm，可以配合自动加浆后同步进行振捣，加浆振捣面积为 $60\sim90m^2/h$，主要技术参数见表 6.4。该设备适合于大仓面拉筋密集、作业空间小且加浆工作量大的区域；由于机械尺寸较长（前后长约 11.0m），因此要求仓面作业空间大，更适合宽大仓面的变态混凝土施工，如图 6.4 所示。对于分仓狭窄、仓内机械设备运输干扰大区域，应注意加浆振捣一体式台车的布设和作业区间，尽量避开车辆交汇和运输线路进行布置作业。

表 6.4　　　　　　　　　　智能加浆振捣一体式台车振捣作业性能参数

参　数　名　称	参　数　范　围	参　数　名　称	参　数　范　围
振捣棒组	$2\times\varphi140$	定位精度	$\pm5cm$
振捣棒插入间距	0.75m	数据采样频率	2.0Hz
一次振捣时间	$20\sim35s$	振捣效率	$60\sim90m^2/h$（$30\sim35cm$ 铺层厚）
振捣频率	$116\sim134Hz$		

2. 数字信息化振捣机

该设备是在原有振捣台车上增加插拔计时器和八头棒组中心定位系统以及无线采集传输系统，形成振捣信息化施工控制设备。该设备作业功率大，一次振捣作业面积 $2.1m^2$，主要技术参数见表 6.5，在大仓面无障碍空旷区域振捣，如模板拉筋外侧变态混凝土区域、坝肩或无拉筋钢模板局部等，效率最佳；同时对上下游拉筋 1.5m 间距的大模板仓面也可以进行规则作业，但对于下游坡面较大且钢筋密集部位则不太适合，作业会明显降效，如图 6.5 所示。

图 6.4　机械仓面作业

图 6.5　振捣机工作

表 6.5　　　　　　　　　　　数字信息化振捣机主要技术参数

参　数　名　称	参　数　范　围	参　数　名　称	参　数　范　围
振捣棒组	$8\times\varphi140$	定位精度	$\pm5cm$
振捣棒组一次振捣面积	$80cm\times260cm$	数据采样频率	2.0Hz
一次振捣时间	$25\sim40s$	振捣效率	$180\sim240m^2/h$（$30\sim35cm$ 铺层厚）
振捣频率	$116\sim134Hz$		

此外，该设备也因仓内占用空间较大，存在与铺料、运输交汇等工序的互相干扰问题，应合理划定分段作业区间错位施工。

3. 智能穿戴式振捣设备

智能穿戴式振捣设备最适用的部位是仓面狭窄、边角地带以及上述振捣机不便到达部位。由于采用人工作业模式，振捣取位灵活，且不容易影响其他工序作业，但人工作业效率低下。为解决振捣质量控制问题，采用智能化穿戴定位装置和振捣插拔判断装置，利用人体工学原理，基于作业人员定位，推算振捣棒运行轨迹，进而评价振捣密实效果，如图6.6所示。该设备主要技术参数见表6.6。

表6.6　　　　　　　　　　智能穿戴式振捣设备技术参数

参 数 名 称	参 数 范 围	参 数 名 称	参 数 范 围
振捣作用范围	$\varphi 50\text{cm}\times 0.35\text{m}$	实时定位精度	$\pm 5\text{cm}$
振捣棒型	$\varphi 70$，$\varphi 85$，$\varphi 100$，$\varphi 130$	采样频率	2.0Hz
定位天线	$\text{HX}-\text{CA7607A}\times 2$	插拔判定误差	1.5s
主控盒续航工作	12h	振捣效率	$40\sim 50\text{m}^2/\text{h}$（$30\sim 35\text{cm}$ 铺层厚）

图6.6　智能穿戴式振捣

6.2.2.3　各类设备工作性能分析

1. 加浆设备

三种加浆设备，均具有作业过程数字化采集功能，包括加量瞬时流量、累计流量和动态定位功能。其中，智能搅拌式加浆机体积相对较小，作业灵活，即便在仓内模板拉筋较密集部位也可保障生产高效，适合仓面上下游变态区域的连续作业施工；智能加浆振捣一体式台车增加了电磁流量计、GPS - RTK定位模块与信号采集仪，显著特点是加浆和振捣作业交替进行，一体化施工，整体生产效率高，尤其适合作业于坝段连接处、廊道、井道周边等区域的变态混凝土；而便携式数字加浆设备体积小，手工操作，依靠操作人员和持棒定位加浆位置和加浆量计量，可适用于仓面设备所不能到达或不便加浆作业区域，如边角部位、坝肩部位等。

上述各类设备通过合理组合使用，发挥应用特点，能够完全覆盖各类工况、仓面不同条件下的上下游、周边和特殊部位的变态加浆作业。由此，能够确保现场加浆控制作业的顺利实施。

2. 振捣设备

三种振捣设备，同样具有作业过程数字化采集功能，包括有效振捣历时、振捣点动态定位等实时信息。其中，智能加浆振捣一体式台车以及数字信息化振捣机，在原振捣台车装备基础上添加了振捣头块体GPS - RTK定位模块、信号采集仪等，实现每次振捣棒组有效作业范围和振捣时长的实时采集传输，上传实时评价系统；智能穿戴式振捣设备针对$\varphi 70$以上手持式振捣棒作业特点，运用人体穿戴定位装备结合定姿结算方法，直接获取振捣棒移动轨迹，并根据采集到的有效插入振捣时间和移动范围，将上述作业参数上传到评价系统。

6.2.2.4 加浆作业工艺参数要求

1. 加浆量机械作业控制方法

单位面积（体积）加浆量控制是实现高效加浆的关键指标。加浆偏多浪费浆液原料，且容易引起变态混凝土收缩开裂的进一步增加；加浆偏少则不能满足变态混凝土需浆量要求，影响变态混凝土振捣和密实性能。因此合理可控的加浆量是机械作业的首要控制因素。

通过对现场所有加浆设备和机械加装电磁流量计实时记录单位时间内的加浆流量，可满足仓面定量加浆监控和及时调整。依据不同变态混凝土级配、配比原料以及设计指标要求，应预先进行变态混凝土的加浆量掺量试验，明确指定原料变态混凝土的机械加浆量标准。

控制机械单方加浆量标准的另一个重要环节是加浆机械的作业行走方式。针对不同机械加浆方式，设备加浆分为点式插拔＋静力扩散加浆、搅拌式加浆两种方式。便携式数字加浆设备和加浆振捣一体式台车加浆设备采用插拔加浆管形式，用插孔有效扩散半径范围内累计流量计算单位面积加浆量，如图6.7所示；机械搅拌式加浆机采用S形或"一"字形行走方式，由单位时间段内搅拌加浆机行走轨迹（坐标）面积和累计流量实时计算单位面积加浆量，如图6.8所示；再根据每层加浆层厚度，可计算获知单位体积加浆量，对比设计指标实施现场控制。加浆流量调控采用设备流量阀控制方法，依据实时馈控的流量记录和报警信息，由操作人员控制加浆瞬时流量。

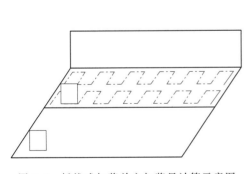

图6.7 插拔式加浆单方加浆量计算示意图

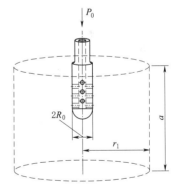

图6.8 机械搅拌式加浆单方加浆量计算示意图

2. 加浆浓度机械作业控制方法

制浆站现场生产的浆液浓度受生产工艺和原料变化影响，会产生不同程度的变化；同时对于非连续输浆过程，浆管残留浆液或冲洗水也会影响局部浆液浓度的改变。浆液浓度显著改变，会引起管路输送效果变化（如堵管），而浓度低于设计指标则会严重影响变态混凝土的掺量和掺加浆液效果。为此，需要实时对浆液浓度进行在线馈控。

加浆系统在输浆管前端设置浆液浓度检测系统（图6.9），利用声光报警信息，提醒

（a）外观 （b）内部

图 6.9 现场输浆浓度检测设备

制浆站技术人员及时调整，满足合格需求。

6.2.2.5 振捣作业工艺参数要求

上述三类振捣设备组合式作业由于各自的振捣形式不同，作用范围不同，因此，需明确各自的合理振捣工艺参数。

通常情况下，对于搅拌加浆或是插入式加浆的变态混凝土区域，加浆后均需一定的渗透扩散时间以便更加高效振捣。现场条件下，通常加浆 15～20min 后可以进行振捣作业，但加浆振捣一体机由于工艺连续性要求，所以其振捣持续时间通常要比其他方式（振捣机或手持振捣棒）略长，方能有效振捣密实。对于手持式振捣方式，因为单头振捣影响范围小，故单点振捣时长则应比振捣机稍长。振捣机一次振捣作业面积约 2.5m²，单层振捣作业时间则取决于混凝土掺浆量和拌合物级配（二级配稍短、三级配稍长）。

某项目工地三类振捣方式设备振捣工艺参数见表 6.7，振捣深度控制在 35～40cm。

表 6.7 仓面组合振捣工艺参数参考范围

设备类型	单次振捣时长/s		加浆振捣间歇/min		单次振捣有效范围/m	
	二级配	三级配	搅拌加浆	插拔加浆	搅拌加浆	插拔加浆
振捣机	25～30	30～40	3～5	15～20	2.6×0.9	2.5×0.8
振捣加浆机	20～25	25～30	—	1～2	1.1×0.5	1.0×0.45
130 振捣棒	25～30	35～40	2～3	10～15	φ0.6/0.5	φ0.42/0.5

根据表 6.7 中所列设备工艺参数、设备工作效率，结合仓面大小、设备性能特点以及施工强度（通常 2～2.5h 一层，一层 30～35cm 的铺碾加浆进度），优化配置加浆振捣设备种类和数量。

6.3 研究小结

本章针对研发的各类智能型加浆与振捣自动作业机械与小型设备，系统介绍了仓面组合机械化加浆振捣作业方式，主要包括以下方面：

（1）系统分析了目前仓面加浆及振捣工艺所存在的问题和困难，主要包括：现场碾压与加浆振捣同步高质量施工工效不匹配、仓面难管控的现象，全仓面整体作业层的精细化工艺质量高效管理比较困难等方面。

（2）提出了全仓面加浆及振捣工艺组合形式高效实施方法的施工组织原则与内容要求，讨论分析了现有各类智能机械自动化加浆与振捣设备性能、工艺参数、使用特点等。

（3）从仓面智能施工及数字化管控入手，提出机械化全仓面加浆振捣工艺参数馈控和组合布置形式及实施全仓面机械化工序的现场组织与优化匹配合方案。

（4）通过研究分析，总结形成了碾压混凝土智能化加浆作业的组合设备运用体系，形成了一种全新的智能机械化加浆作业工法。

第 7 章　大升层高大模板施工关键技术

7.1　研究背景

我国水工碾压混凝土技术代表了目前世界上最先进水平。截至目前，中国已建和在建的碾压混凝土坝已超过 200 座，是世界上碾压混凝土筑坝最高、最多、最难的国家[137]。国内碾压混凝土快速筑坝技术在施工工艺、材料、设备、机具等环节全方位创新探索和实践，施工技术已步入全新阶段[138]。碾压混凝土大坝建设速度主要受碾压混凝土施工技术、施工工艺和工法等因素影响。随着筑坝条件日趋困难以及施工技术要求不断提升，国内外碾压混凝土坝施工均未见成功实施大升程报道，因此碾压混凝土大升程快速施工技术的研究显得十分有必要[139]。

碾压混凝土模板施工是碾压混凝土快速施工关键技术，现有的碾压混凝土模板结构形式包括连续翻升模板、半悬臂模板、悬臂模板、组合钢模板等，其中应用最为广泛的翻升模板基本采用的都是 3m×3.1m 的钢制模板[140]。若碾压混凝土模板能够一次升仓达 6.0m 以上，更能显著加快碾压混凝土筑坝施工速度。碾压混凝土模板要能适应连续快速施工的特点，并要求有足够的稳定性及刚度，保证在碾压过程中不会造成跑模与变形，以确保碾压混凝土浇筑后的形状、尺寸和相对位置符合设计要求，因而对模板施工技术的要求也越来越高[141]。

7.1.1　现状与问题

大升程施工工艺主要受制于模板施工工艺，国内外碾压混凝土坝施工中所采用的模板多为 3m×3.1m 的模板，标准模板施工工艺较为成熟，但仍缺少对高大模板的研究。

在龙滩碾压混凝土坝施工中，通过温控计算并采取必要的温控措施，在低温季节将碾压混凝土浇筑升程由 1.5m 调整为 6m，节省了层面处理和模板翻升时间，大大加快了施工进度。因此，若能做到严格控制拌合料性能参数和温控，在低温季节大升程快速碾压施工技术是可以保障的[142-144]。

将官地水电站碾压混凝土坝非强约束区升程高度调整为 6m，同时优化施工工艺，开展在高温季节高温时段的连续浇筑入仓温度控制优化以及预埋水管通水冷却温控研究工作。对碾压混凝土内部最高温度的控制，达到设计提出的温控标准，保证大坝不因温度应力过高产生危害性裂缝，但对大模板施工中安全稳定性未进行讨论[145-146]。

在观音岩碾压混凝土坝大升程快速施工中提出有腿多卡模板＋翻转模板加固的大模板方案，组装式多卡模板受三角背架安装限制只能用于横缝位置，禁止用于上、下游坝面。虽然给出了详细的大模板拼接方案，但并未对模板在施工中模板的应力、形变情况进行分析[147]。

目前碾压混凝土快速筑坝施工中依然存在若干关键技术问题亟待解决，如大升程碾压混凝土施工中使用的大模板安全性与稳定性，施工中模板所受侧压力情况及仓内模板拉筋布置等问题。因为模板工程支撑措施不当、模板稳定性不足，工程中模板坍塌事故屡屡发生，造成经济损失、人员伤亡，对碾压混凝土模板施工技术的研究具有实际意义，可以为施工方案设计提供可靠的理论依据，保障施工安全，并达到节约成本的目的。

7.1.2　主要研究内容

针对工程中大升程快速碾压混凝土施工，分析碾压混凝土模板施工安全性，进行现场试验验证，为施工方案设计提供可靠的分析依据，从而保障施工安全，力求达到经济节约的目的，主要研究内容可分为以下几方面：

（1）《水工混凝土模板施工规范》（DL/T 5110—2013）未涉及碾压混凝土模板施工安全分析，为解决大升程碾压混凝土施工中使用的大模板安全性与稳定性，围绕碾压混凝土钢模板的三维有限元建模，使用 ADINA 有限元软件合理优化背肋布置，模板要有足够的强度和刚度，以承受荷载、满足稳定、不变形走样等要求，对模板进行安全性和稳定性分析。

（2）为验证三维有限元建模可靠性，通过现场试验采集施工过程中大模板所受应变数据，对碾压混凝土侧压力随施工进度变化情况进行研究，反代入有限元模型进行数值模拟分析。优化仓内拉筋布置，比选最安全、稳定的碾压混凝土大模板拼接改造方案，在工程现场安装并检测其安全性。

（3）为保障施工安全和达到经济节约的目的，结合有限元分析和现场试验对碾压混凝土模板施工技术进行研究，确定最优碾压混凝土模板方案，保证安全与快速施工。

7.2　大升层高大模板结构优化设计分析

7.2.1　有限元仿真建模

1. 建模原则

建模对象为大升程碾压混凝土浇筑过程中的整体翻升模板。选用 ADINA 有限元软件中 AUI 几何建模，该建模方法虽较耗时且需处理大量数据，但能精确反映分析对象的结构受力变化情况。根据本工程模板厂家提供的已有设计图纸和技术参数，需在 ADINA 有限元软件中将原 2D 图纸转化为 3D 钢模板有限元模型[148]。

制作钢模板和支撑背架的材料均为 Q235 标准钢，模板的面板、边框、端框、横筋板、纵筋板和主梁桁架以钢板、角钢和工字钢为主，长宽比较大。分析钢模板安全性时主要研究模板的形变和应力，使用 Shell 单元进行模拟，面板前的拉筋使用 Truss 单元进行模拟，采用 Truss 单元模拟时只考虑轴力，忽略材料质量。建立 3D 有限元模型，如图7.1 所示，单片 3m×3.1m 模板共划分了 14389 个节点。

2. 材料参数

制作模板和支撑背架的材料均为 Q235 标准钢，抗拉强度为 $4.6×10^8 \text{N/m}^2$，钢材采用理想线性弹性模型，具体参数见表7.1。

表 7.1　　　　　　　　　　　　　　　**计　算　参　数**

材料	弹性模量 E/(N/m²)	泊松比	密度 ρ/(kg/m³)
模板和背架	2.1×10^{11}	0.3	7800
拉筋	2.1×10^{11}	0.3	0

3. 侧压力荷载

由于在模板内侧 1.5m 为变态混凝土，所以碾压混凝土对模板的侧压力根据《建筑施工模板安全技术规范》(JGJ 162—2008) 中的计算得到，公式见式 (7.1)、式 (7.2)，取两者计算结果最小值。

$$F = 0.22\gamma_c t_0 \beta_1 \beta_2 V^{\frac{1}{2}} \tag{7.1}$$

$$F = \gamma_c H \tag{7.2}$$

式中：F 为新浇混凝土对模板的最大侧压力；γ_c 为新浇混凝土的重力密度，取 24kN/m³；t_0 为混凝土的初凝时间，取 8h；H 为混凝土侧压力计算位置至新浇筑混凝土顶面时的高度，取 0.5m；β_1 为外加剂影响修正系数，取 1.0；β_2 为混凝土坍落度影响修正系数，取 1.15；V 为混凝土的浇筑速度，取 0.06m/h。

碾压混凝土对模板侧压力计算结果为 11.9kN/m²[149-150]。

4. 约束处理

6.2m 钢模板在加工时主要存在两种连接方式——焊接和螺栓连接，体现在 3D 有限元模型上是使用约束来替代连接；钢接替代焊接即偏转和位移都固定，铰接替代螺栓连接即位移固定而偏转不固定。模板的两桁架之间是通过焊接在同一块焊板上连接，在模型上体现为顶角点对点的全约束，如图 7.2 所示；上下两块 3.1m 模板使用可调节螺栓连接，在模型上体现为点对点的位移约束；模板端框间螺栓连接体现为面对面的位移约束。

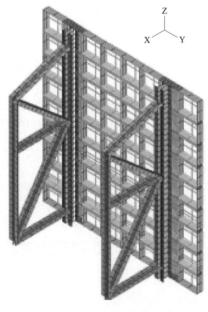 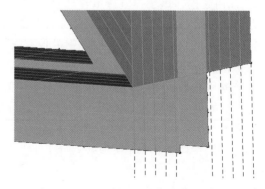

图 7.1　3m×3.1m 标准模板有限元模型　　　　图 7.2　桁架间约束

5. 边界条件与荷载模拟

施工中模板所受纵向支撑力来自上一仓碾压混凝土浇筑完成后未拆卸的模板，而上一仓的模板主要依靠螺栓与浇筑完成的混凝土连接固定，在大模板有限元建模过程中，为模拟施工中 6.2m 模板所受纵向约束，应将约束设置在下层模板螺栓孔处；横向力依靠碾压混凝土仓内拉筋固定，将约束点设置在拉筋固节点处[151]。

加载荷载时，为尽可能模拟施工中变态混凝土对模板侧压力的最不利情况，将均匀荷载施加于模板，由计算所得的侧压力乘以安全系数 1.2，最终侧压力为 $14.28kN/m^2$ 的设计值指标，以确保模板安装的安全性，以及浇筑混凝土后模板的稳定性和浇筑面的平整，随施工进度每隔 1.5m 对模板施加侧压力。同时，模型整体添加重力荷载。

7.2.2　模板安全性分析

1. 加载过程模板形变

如图 7.3、图 7.4 所示，模板的变形情况为上部大，下部小。模板顶部中间为模板变形最大处，也是实际施工中模板最易偏移位置，最大形变为 8.096mm。同时，模板形变随着模板高度的上升变大，这也是很少使用 6m 以上碾压混凝土模板的原因，模板越高变形越大，施工安全、质量难以控制。挠度验算公式如下：

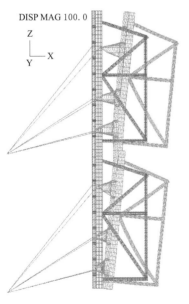

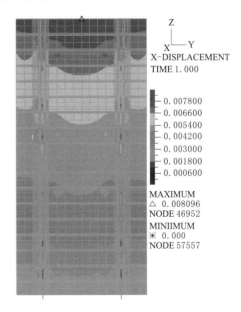

图 7.3　模板变形图（放大 100 倍）　　　　图 7.4　6.2m 模板位移云图

$$V_{max} = K_f \frac{Fl^4}{B_0} \tag{7.3}$$

$$B_0 = \frac{Eh_2^3}{12(1-\nu^2)} \tag{7.4}$$

式中：F 为变态混凝土侧压力标准值，N/m^2；B_0 为面板刚度，N/m；l 为变态混凝土侧压力作用力臂，mm；E 为钢材弹性模量，MPa；h_2 为面板厚度，mm；ν 为钢材泊松比；

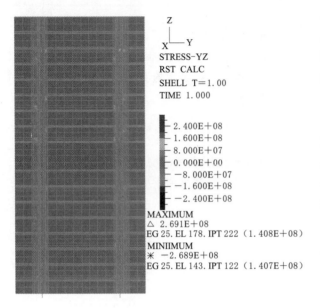

图 7.5　6.2m 模板 YZ 面应力云图

K_f 为挠度系数；V_{max} 为面板最大挠度，根据验算公式计算得最大挠度为 14.85mm，有限元模拟值符合验算结果[152]。

2. 加载过程模板应力

模板应力云图如图 7.5 所示，最大应力的位置出现在模板上螺栓孔位置，尤其以上层模板的最下部螺栓孔处的应力最大，得出最大应力 $\sigma = 2.69 \times 10^8 \text{N/m}^2$，小于模板生产厂家给出钢材的抗拉强度 $4.6 \times 10^8 \text{N/m}^2$ [153]。

7.2.3　技术可行性分析

模板面板为受弯构件，需要验算其抗弯强度和刚度，为简化强度验算，仅考虑变态混凝土产生的侧压力荷载。标准模板通过螺栓连接成整体，钢模面板被分成若干矩形横格。根据矩形方格长宽尺寸的比例，可把钢面板当作单向板或双向板计算。当长宽比大于 2 时，单向板可按三跨或四跨连续梁计算；当长宽比小于 2 时，按双向板计算。以下选取计算单元长宽比小于 2，因此按双向板计算[154]。

选标准钢模板面板为计算单元，尺寸近似为 3000mm×3000mm，取两面固结、两面简支，如图 7.6 所示。

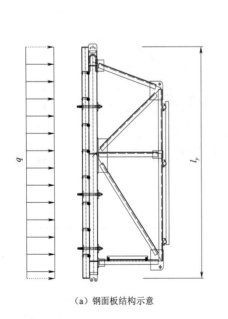

（a）钢面板结构示意

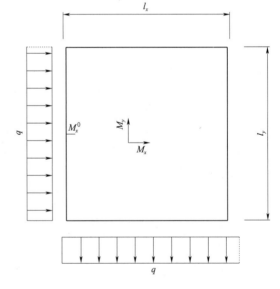

（b）钢模板应力分布

图 7.6　钢模板应力计算简图

由 $\dfrac{l_x}{l_y}=\dfrac{3000}{3000}=1$，查结构静力计算图表（两边简支，两边固支）得最大弯矩系数：
$K_x=0.0285$，$K_y=0.0158$，$K_x^0=-0.0698$，$K_y^0=0$。

从中取 1mm 宽的板条作为基本计算单元，则荷载为

$$q=1.00F\times1=1.00\times0.0119\times1=0.0119\text{N/mm}^2$$

跨中：

$$M_x=K_xql_x^2=0.0285\times0.0119\times3000^2=3052.35\text{N}\cdot\text{mm}$$

$$M_y=K_yql_y^2=0.0158\times0.0119\times3000^2=1692.18\text{N}\cdot\text{mm}$$

式中：M_x 为 l_x 轴方向的模板中心点弯矩，N·mm；M_y 为 l_y 轴方向的模板中心点弯矩，N·mm。

支座：

$$M_x^0=K_x^0ql_x^2=-0.0698\times0.0119\times3000^2=-7475.58\text{N}\cdot\text{mm}$$

式中：M_x^0 为固支端点沿 l_x 轴方向的弯矩，N·mm。

弯矩与挠度正负号规定：使模板的受荷载面受压弯矩为正；挠度变位方向与荷载方向相同者为正。

模板所用钢材泊松比 $\nu=0.3$，对模板跨中弯矩进行修正，即

$$M_x'=M_x+\nu M_y=3052.35+0.3\times1692.18=3560.004\text{N}\cdot\text{mm}$$

$$M_y'=M_y+\nu M_x=1692.18+0.3\times3052.35=2607.885\text{N}\cdot\text{mm}$$

1. 应力稳定性验算

模板板面最大应力

$$\sigma_{\max}=\dfrac{M_{\max}}{W_x}=\dfrac{7475.58}{21.7815}=343.21\text{N/mm}^2\leqslant f=460\text{N/mm}^2$$

式中：W_x 为截面模量，mm³。

经验算，满足施工要求。

2. 最大挠度验算

$$V_{\max}=K_f\dfrac{Fl^4}{B_0}\leqslant[\omega]=\dfrac{h}{3000}\tag{7.5}$$

式中：h 为计算跨度值，mm。

根据验算公式计算得最大挠度为 14.85mm，满足施工要求。

7.3　现场大模板拼装测试试验及验证

为验证仿真结果可靠性，现场测试选取某电站左岸上游坝面 1882—1888 第 4 坝段碾压混凝土施工过程中 6.2m 大模板受力工况，分析其在加载过程中的刚度、强度变化规律，掌握施工过程中模板安全稳定状况。由于现有模板安全性分析都是建立在经验

公式计算之上，缺少现场试验来验证数值模拟分析的可靠性以及进一步优化有限元计算模型，因此为了进一步深入研究大模板在碾压混凝土施工荷载作用下的应力应变和变化规律，获取大模板施工的安全性和稳定性指标，通过现场试验提供相应的数据分析，明确大升程碾压混凝土模板的施工控制内容，为大模板的设计、优化和安装提供理论基础。

7.3.1　现场大模板拼装试验

根据有限元模拟计算的结果，为建立碾压混凝土侧压力阶段性上升理论，指导加工厂对模板位移较大和应力集中处进行加工加固，将 2 块 3.1m 模板拼接成整块模板且要保证整块模板的稳定性，模板桁架间使用螺栓连接，横筋板上添加 3 对 14 槽钢增加模板刚度，如图 7.7 所示。为了方便在混凝土浇筑过程中采集应变数据，在应贴应变片的位置附近钻直径 14mm 的小孔，使采集数据的导线能通过。将模板运至施工现场，对模板表面进行清理、刷油。选择上游面安装 6.2m 模板，如图 7.8 所示。

（a）正面

（b）侧面

图 7.7　大模板加固连接

图 7.8　6.2m 模板安装

7.3.2　现场大模板应用测试

对模板应力应变进行测试，通常在模板特定位置布置应变片，通过碾压施工连续观测来取得数据，从而推导模板内部力的分布和传递规律。本试验采用无损应力检测中的电阻应变计测量法，选用 BX120-5AA 型号电阻式应变片，其敏感栅尺寸为长 5mm，宽 3mm。应变片数据通过北京东方所 INV1861A 便携式 8 通道应变调理器进行采集。根据有限元分析结果，将最大应力和位移处作为应变采集测点，由于模板左右对称，故同一高度螺栓孔选取一侧进行测试，大升程碾压混凝土模板应变测试采集共分为 6 个测点，如图 7.9 所示。

现场布设应变片所需耗材主要包括：应变片接线端子、市售环氧树脂固化剂、502 胶水、丙酮除胶剂、AB 胶、电胶带、脱脂棉球、透明胶带、导线、电烙铁、万用表。现场布置应变片过程如下：

（1）模板表面去污。为了使电阻应变片能准确地反映模板测点的变形，必须使电阻应变片和模板表面能很好地结合。用砂纸去除模板表面的油污、混凝土、锈斑等，并用纸巾擦干净模板表面以增加粘贴力，用浸有丙酮的脱脂棉球擦洗。

（2）焊接导线。将应变片上引出的两根导线通过接线端子与外部的导线焊接在一起。然后用电胶带把裸露在外面的导线固定好，最后再用万用表检测焊接完的应变片是否完好，将导线末端用胶带粘上标记。

（3）贴片。先用镊子把应变片和接线端子线性地固定在透明胶带的一边，将带有应变片和接线端子的透明胶带贴在模板表面，然后用镊子把带有应变片和接线端子这边的透明胶带挑起，将 502 胶水用聚四氟乙烯拨片均匀地涂在模板与透明胶带之间，把聚四氟乙烯薄膜片垂直压在带有应变片和接线端子这边的透明胶带上，并保持 1min 时间。去掉聚四氟乙烯薄膜片，用镊子将应变片和接线端子上的透明胶带去掉，检查贴在模板表面的应变片和接线端子是否粘贴好。

（4）胶封。将粘贴好的应变片和接线端子用环氧树脂涂抹均匀，保护应变片和接线端子不被破坏。将导线穿过预先钻好的小孔，并用 AB 胶将小孔其余部分封住，防止浇筑过程中跑浆，如图 7.10 所示。

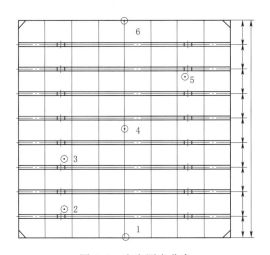

图 7.9　应变测点分布

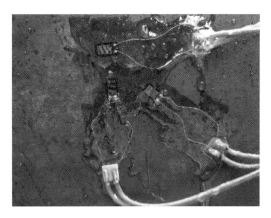

图 7.10　应变片粘贴

试验过程如下：大模板拼装完成后，在预先选定的测点安装应变片，碾压混凝土浇筑的同时进行现场测试，累计采集 7 轮次，以混凝土未浇筑前的数据作为基准，浇筑过程中每浇筑 1.5m 进行一次采集，如图 7.11 所示，以及采集 6.0m 混凝土浇筑完成后 24h 和 48h 的数据。采集数据需翻至模板后操作台，将连接应变片的编号导线与采集仪连接，如图 7.12 所示，设置采样频率为 5.12Hz，每个测点采集 2min。所得各点应变数据总结结果见表 7.2。

图 7.11　不同浇仓时刻侧压力逐步加载过程情况

表 7.2 不同浇筑时间各点应变 单位：$\mu\varepsilon$

浇筑时间	1 号测点	2 号测点	3 号测点	4 号测点	5 号测点	6 号测点
0h	2069.59	2039.66	2067.43	1999.06	2070.02	1949.58
24h	2058.57	2029.79	2063.27	1969.17	2082.72	1972.89
48h	2113.98	2028.39	2061.77	1948.10	2064.23	1965.77
72h	2088.49	2072.92	2094.25	2038.54	2097.40	2016.21
96h	2070.56	2046.65	2028.97	2152.56	2123.34	2080.26
120h	2057.35	2060.00	2044.26	2064.83	2073.14	2110.89
144h	1939.63	2029.38	2036.20	1986.89	2022.30	2029.13

图 7.12　模板应变采集

7.3.3　应用安全性分析

模板面板为受弯结构，需进行抗弯强度和刚度验算。由于整体大模板长宽比大于 2，可按三跨连续梁计算。

强度验算：

$$\sigma_{\max}=\frac{M_{\max}}{\gamma_X W_X}\leqslant f \tag{7.6}$$

式中：$M_{\max}$ 为面板最大计算弯矩设计值，N·mm；γ_X 为截面塑性发展系数，取 1；W_X 为弯矩平面内净截面抵抗矩，N·mm；$\sigma_{\max}$ 为板面最大正应力，N/m²。

根据验算公式得，大模板所能承受最大正应力为 $4.6\times10^{8}\,\mathrm{N/m^2}$[155]。

在 0h 即立模完成未浇混凝土时已存在应变，这是由大模板自重所导致的，模板在碾压混凝土施工荷载作用下仅有微小应变；在碾压混凝土施工中，模板各测点所受应力随时间变化情况如图 7.13 所示，可以看出，模板各测点在施工中所受最大应力时刻为碾压混凝土浇筑到该测点高程的时间。

由于受仓内拉筋限制，碾压混凝土施工时在靠近模板 1m 左右的范围，采用在碾压混凝土拌合物中加入适量的水泥灰浆，再用插入式振捣器振动密实的变态混凝土施工技术。变态混凝土性能与常态混凝土类似，在加浆振捣时由于水泥水化热导致混凝土膨胀，模板所受应力达到最大值，在变态混凝土温度下降后转变为温度收缩应力，与模板应力随时间先增长后下降变化曲线相符。

现场试验中因环境因素较为复杂，偶然工况下可能造成应变片实时采集数

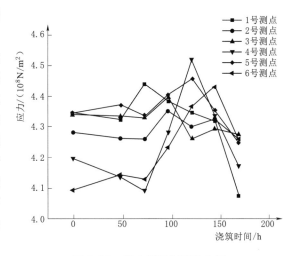

图 7.13 应力随时间变化曲线

据异常，由此导致模板实测应变规律出现偏差。模板各测点最大应力测值如图 7.14 所示，在试验中所受最大应力值为 $4.52 \times 10^8 N/m^2$，高于有限元模拟应力最大值 $2.69 \times 10^8 N/m^2$，均未超过 Q235 钢的抗拉强度 $4.6 \times 10^8 N/m^2$，满足施工安全性要求。

在有限元分析模板位移最大处即大模板顶端选取 3 个位移测点，如图 7.15 所示，分别在碾压混凝土施工前和施工过程中进行位移测量。通过计算得施工中位移最大的 1 号测点最大位移 14mm，根据《建筑施工模板安全技术规范》（JGJ 162—2008）规定，外露模板变形不得超过容许值——计算跨度的 1/400 即 15.5mm，实测数据并未超出技术规范容许值，模板位移变化满足施工安全性要求。

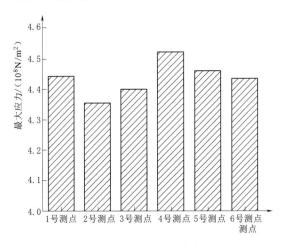

图 7.14 测点最大应力

图 7.15 大模板位移测点

7.3.4 应用可行性评价

大升层高大模板施工技术中最关键的两个安全指标是大模板所受应力和挠度。通过有

限元分析、理论计算和现场试验求得模板所受应力值分别为 $2.69 \times 10^8 \mathrm{N/m^2}$、$3.432 \times 10^8 \mathrm{N/m^2}$ 和 $4.52 \times 10^8 \mathrm{N/m^2}$，均未超过面板所能承受最大正应力 $4.6 \times 10^8 \mathrm{N/m^2}$，满足施工安全性要求。亦为试验中的测点选择提供了参考。

7.4 大升层高大模板施工应用中若干问题解决方法

施工中模板所受应力和形变情况比有限元模拟要复杂，根据所测结果，浇筑过程中形变符合有限元模拟的结果，模板处于安全稳定状态。为了验证模板侧压力阶段性上升，需要对更多的数据进行深入的分析，反代入有限元模型，对模型进行优化，使模型更加精细，可更直观显示模板在各浇筑时间的整体及局部安全性，以优化模板加工制作。侧压力阶段性上升符合实际施工过程中侧压力变化，相比有限元模拟时使用的均部荷载更加精确。

7.4.1 高大模板约束和边界条件选取问题

目前所用的 $3\mathrm{m} \times 3.1\mathrm{m}$ 标准钢模板在加工时主要存在两种连接方式——焊接和螺栓连接，体现在 3D 有限元模型上是使用约束来替代连接；钢接替代焊接即偏转和位移都固定，铰接替代螺栓连接即位移固定而偏转不固定。模板的两桁架之间是通过焊接在同一块焊板上连接，在模型上体现为顶角点对点的全约束；上下两块 $3.1\mathrm{m}$ 模板是使用可调节螺栓连接，在模型上体现为点对点的位移约束；模板端框间螺栓连接体现为面对面的位移约束。

施工中模板所受纵向支撑力来自上一仓碾压混凝土浇筑完成后未拆卸的模板，而上一仓的模板主要依靠螺栓与浇筑完成的混凝土连接固定，在大模板有限元建模过程中，为模拟施工中 $6.2\mathrm{m}$ 模板所受纵向约束，应将约束设置在下层模板螺栓孔处；横向力依靠碾压混凝土仓内拉筋固定，将约束点设置在拉筋固节点处。

7.4.2 高大模板侧压力荷载取值方法（变化取值法）

国内外对碾压混凝土侧压力方面的研究较少，大部分使用经验公式，在欧洲、美国和日本规范中的公式影响系数与我国规范基本相同。影响混凝土对模板侧压力的主要因素有混凝土浇筑速度、浇筑高度、坍落度等，侧压力计算公式采用新拌混凝土侧压力公式，荷载加载过程中，为了尽量模拟碾压混凝土施工过程中变态混凝土对模板的侧向压力，可采用梯度荷载进行模拟。

在一层碾压混凝土后，混凝土水化热引起的热膨胀力是影响碾压混凝土模板侧压力的主要因素，在考虑水化热的影响下侧压力荷载取值如图 7.16 所示。

7.4.3 内支撑钢筋柱约束简化方法

大升程碾压混凝土采用分层浇注，浇筑升程为 6m，每层 30cm。为保证混凝土浇筑时钢筋柱稳定性，拉筋在初始浇筑时连接在 3m 组合钢筋柱上，在 3m 碾压混凝土浇筑完成后，搭接 3～6m 钢筋柱，对拉筋进行约束。

标准模板施工中模板所受纵向支撑力主要来自上一仓碾压混凝土浇筑完成后未拆卸的模板，而上一仓的模板主要依靠螺栓与浇筑完成的混凝土连接固定，拉筋一端钩住钢筋柱，另一端与螺栓套筒相连，拉筋的作用是固定模板纵向力，防止其发生位移，提高大升程碾压混凝土模板整体性。

由于拉筋在钢模板面板螺栓套筒处连接，钢板在连接处会存在应力集中，因此在三维有限元建模过程中，为模拟施工中6.2m 模板所受纵向约束，应将纵向约束设置在下层模板螺栓孔处；横向约束力依靠碾压混凝土仓内拉筋固定，将约束点设置在拉筋固节点处。面板前的拉筋使用 Truss 单元进行模拟，采用 Truss 单元模拟时只考虑轴力，忽略材料质量。

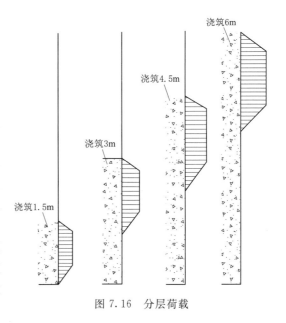

图 7.16　分层荷载

通过试验测量得到模板应变数据，验证了有限元模拟的准确性，得到模板应力随浇筑时间变化曲线，在混凝土浇筑侧压力最不利情况下模板处仍处于安全稳定状态。大模板面板挠度经有限元计算、理论计算和现场测量值分别为 8.096mm、14.85mm 和 14mm，均未超过技术规范容许值 15.5mm，满足施工安全性要求。

7.5　研究小结

本章详细介绍了大升程碾压混凝土模板快速施工安全研究，主要包括大模板设计阶段有限元三维模拟、施工中大模板应力与应变理论计算、现场试验结合有限元模型对比分析，保证模板安全施工。

（1）针对碾压混凝土 6.2m 翻升模板施工工艺的安全问题，基于有限元原理，借助 ADINA 有限元软件建立大模板整体结构三维有限元模型，模拟了碾压混凝土模板在各浇筑时间荷载工况下的形变和应力最大值。

（2）为验证有限元分析可靠性，以左岸上游坝面 1882—1888 第 4 坝段碾压混凝土施工组合大模板为例，将现场浇筑中应变试验实测值与有限元模拟结果进行对比。结果表明，6.2m 模板满足施工安全性要求，基于三维有限元仿真分析模板变形量和应力符合安全性要求并未超出设计容许值。

（3）利用有限元软件 ADINA 对大升程碾压混凝土模板施工进行建模，仿真分析了模板施工中的变形和应力，并开展实际试验验证；结果表明，正常碾压浇筑条件下，大升程模板施工能实现稳定安全。现场试验实测数据也验证了有限元分析的准确性和有效性，可为其他大模板安全施工提供借鉴。

第8章 碾压混凝土智能数字化施工质量管控系统

8.1 施工期实体动态 BIM 建模方法

8.1.1 现状与问题

AutoCAD 软件作为目前建筑行业最主流的计算机辅助设计软件，其平面设计图几乎是目前施工单位唯一技术文档和施工依据，主要以二维方式表达三维建筑结构信息，但随着用户对建筑模型详细信息的需求越来越高，传统的二维图纸已经无法满足各个方面的要求。依靠画法几何的经验凭空想象建筑模型的空间状态和拓扑关系，不利于及时发现问题；直接使用二维的设计图纸无法自动构建三维模型；另外，AutoCAD 的三维应用仍然存在难点：①传统 GPI 模式下的即时动态三维浏览基本以线框为主，看不出前后遮挡关系，与建筑实物相差很大；②GPI 模式下与硬件交互进行大容量建筑模型浏览，超出软硬件极限，显示速度慢。

近年来，国内建筑领域运用基于 AutoCAD/OpenGL 的 3D 建模技术研究工程建设管理问题正成为热点并取得了较好效果，其应用价值也得到了行业的普遍认可。该技术是继 CAD 技术之后引领建筑业信息技术走向更高层次的一种新技术，相比较传统的二维设计模式，以三维数字技术为基础，继承工程项目各阶段、各类型相关信息，进行详尽的数字表达，能够更直观地反映设计的意图，并且能够有效实现各专业之间的信息连接。其中，三维几何模型是建模的基础，是贯穿于整个项目生命期的核心数据，包含着丰富的工程信息（如建筑的空间位置、拓扑关系等），其他各类型工程数据以三维几何模型为基础在建筑生命期的不同阶段被创建、提取、更新和修改，最终形成工程数据模型。

但是目前，国内基于 AutoCAD/OpenGL 的 3D 建模技术还不能完全用于项目施工，主要用于相关专业的设计阶段建模，这不仅产生了设计工程量大、成本高、效率低、操作复杂的问题，更关键的是带来了模型利用率低的问题，失去了其信息传递流通的价值。在整个项目应用过程中，处于生命期上游的初始设计模型是由设计方创建的，作为核心的产品模型数据随着工程进展被下游施工及运营应用所使用，但目前生命期上游的初始设计模型仍不能实现在施工阶段的转换、共享及应用，必然会造成模型和实际现场的差异。进一步讲，实施技术的目的不是仅建个模型，浏览一下，而是将模型应用深入到项目管理的各个环节，模型是设计与施工间的信息传递的桥梁，模型可以在技术交底、方案评审、安全与质量检查、造价、进度掌控以及工法编写、报奖资料的编制等多方面多层次实施应用起来。充分利用好模型，才能显著提高项目管理水平，提升工程质量，创造效益。因此施工过程中的实时数字化建模技术仍然需要深入研究。

针对现有 AutoCAD 平面设计图纸在施工阶段转化为实时 3D 共享及应用效率较低这一难点，同时解决解决施工阶段坝体形态随碾压热层仓面施工进度推移而不断变化的精确表现问题，研究相关三维建模技术，即在三维系统中最大限度利用原有 AutoCAD 二维图形数据高效、自动、精细地进行施工期三维建模，提出基于 AutoCAD/OpenGL 的施工期3D 建模方法；结合某工程 AutoCAD 平面设计图纸，建立坝体 3D 施工信息模型，为实现仓面施工质量实时动态可视化馈控提供信息载体。主要开展以下研究：

（1）提出基于 AutoCAD/OpenGL 的 3D 建模原理及方法。通过对 AutoCAD 平面设计图的分析，提取相关的特征，准备基础数据；基于 OpenGL 高级图形处理系统，通过底层开发可视化程序实现自动 3D 建模。

（2）结合大坝结构设计图纸及施工阶段仓面设计图纸，建立碾压混凝土坝体 3D 施工信息模型作为信息载体，实时显示施工阶段坝体分仓分块区域动态作业实体信息，主要包括施工分仓分层参数、施工部位几何尺寸、3D 整体坐标、材料信息及对应坐标等。

坝体 3D 建模完成后，等待下一步实时仓面施工工艺参数信息导入，即可实现碾压混凝土坝仓面施工质量动态可视化仿真。

8.1.2　AutoCAD/OpenGL 3D 动态建模

8.1.2.1　AutoCAD/OpenGL 3D 动态建模原理

AutoCAD（Auto Computer Aided Design）是美国 Autodesk 公司开发的计算机辅助设计软件，自 1982 年发布以来，其功能已经非常完善，并广泛应用于多个不同领域。AutoCAD 之所以能够普及，因为其不仅基本功能强大，而且给用户提供了多种可选择的二次开发环境。AutoCAD 提供的开发环境主要有两种：基于文件系统的开发和基于高级语言的开发。基于文件系统的开发指用户可以通过修改或创建 AutoCAD 开放格式的文件，如程序参数文件 PGR 文件、线型文件 LIN 文件、脚本文件 SCR 文件、图形交换文件 DXF 格式等，来完成对 AutoCAD 软件的定制工作。由于基于文件系统的开发功能有限，为了突破这些限制，AutoCAD 也支持基于高级语言的开发，如定义 AutoCAD 新命令，实现参数化绘图，直接操作图形库，甚至扩充 AutoCAD 的现有功能，通过图形交换文件编写外部程序与 AutoCAD 双向交换图形信息的接口程序。

目前，用于在计算机中创建和显示三维模型的常用图形系统有 OpenGL（Open Graphics Library）、Direct3D 和 Java3D 等。OpenGL 由美国高级图形和高性能计算机系统公司（SGI）开发，适用于三维图形应用程序设计标准，目前已成为开放式的国际三维图形程序标准；Direct3D 由微软推出，广泛应用于 Windows 平台及游戏开发；Java3D 由 Sun 公司开发，具有平台无关性，适合于网络和单机图形应用程序的开发。OpenGL 和 Direct3D 均属于底层图形支撑系统，仅支持对点、线、面基本图元的渲染，对复杂图形的渲染需要通过各种算法转化为对点、线、面的渲染；Java3D 采用面向对象的方法对基本图形操作进行了封装，但是底层仍通过调用 OpenGL 或 Direct3D 进行图形渲染。其中，OpenGL 因建模方便、建模环境高度真实、动画显示高效、处理及时和程序的独立性、通用性与可移植性，被硬件厂商广泛认可，更能胜任施工阶段 3D CAD 建模[156]。

鉴于常规的混凝土结构三维模型都可以通过二维图形拉伸建立，本书提出基于 Auto-CAD/OpenGL 的施工过程 3D 建模方法，流程如图 8.1 所示。

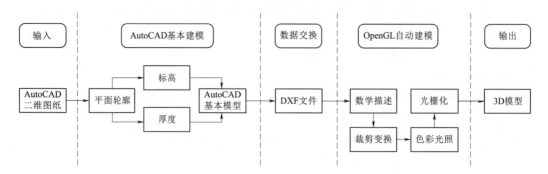

图 8.1　基于 AutoCAD/OpenGL 的 3D 建模流程

1. AutoCAD 基本建模

建模开始前，需定义建模规则，包括划分模型层级结构、图层命名规则等，以保证模型的完整性、一致性及准确性。

AutoCAD 基本建模基于 AutoCAD 的两个基本属性——标高和厚度。根据 AutoCAD 二维图纸，采用二维多段线绘制各平面轮廓（必须由多段线组成），输入标高参数为模型底面高程，厚度参数为模型底面与顶面的高差，即可创建三维实体模型。如图 8.2 所示，一个由两个长方体组成的复合长方体，底部长方体的厚度为 30，顶部长方体的厚度为 20，若底部长方体的标高为 x，则将顶部长方体标高设置为 $x+30$，即可组成复合长方体；对多面非规则实体，先分解为简单实体，再同理建模进行叠加。

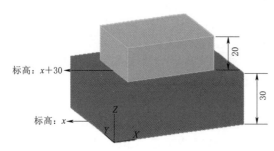

图 8.2　AutoCAD 基本建模原理示意

按照上述方法，完成各级模型的基本建模，最后将各级模型按其相应位置进行组合，完成整体基本模型。

2. 数据交换

为了保证建模过程的自动化，将 AutoCAD 基本模型转化为公开的图形交换格式——DXF 格式。AutoCAD 设计文件的标准输出格式是 DWG 格式，但出于商业需求，Auto-CAD2000 之后的版本未公布 DWG 文件的格式标准。为了与其他 CAD 系统进行数据交互，AutoCAD 使用 DXF（data exchange format）格式的文件作为数据交互文件。由于 AutoCAD 在计算机辅助设计市场的主导地位，DXF 格式已经成为 CAD 数据交换的工业标准。因此，选择 DXF 文件作为 AutoCAD 基本模型的通用导出格式。

3. OpenGL 自动建模

在 OpenGL 中是以面边界（B-REP）模型来描述物体的，或者说是使用多边形造型系统。OpenGL 生成三维图形可以分为以下几个步骤：坐标变换，根据基本图形单元建立景物模型，并且对所建立的模型进行数学描述；裁剪变换，把景物模型放在三维空间的合适位置上，设置视点最佳位置；确定色彩与光照，根据应用要求来确定色彩，同时确定光照条件；光栅化，把景物模型的数学描述及其色彩信息转换成计算机屏幕上的像素点。OpenGL 显示三维图形流程如图 8.3 所示。

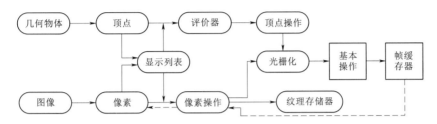

图 8.3　OpenGL 显示三维图形流程

故设计如下自动建模方法，建模效果如图 8.4 所示。

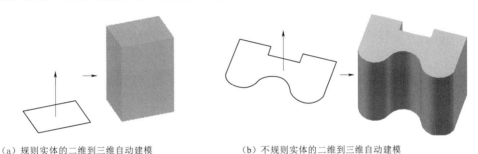

（a）规则实体的二维到三维自动建模　　　　（b）不规则实体的二维到三维自动建模

图 8.4　OpenGL 自动建模效果

（1）获取模型投影的二维图形多边形顶点数据。

（2）为使即将建立的三维表面模型获得正确的渲染，判断多边形的顶点次序（顺时针或逆时针方向）。根据顶点坐标计算多边形面积，再根据面积的正负判断顶点次序。按式（8.1）计算面积，面积大于 0 则该多边形顶点为顺时针方向，否则为逆时针方向。

$$S = (y_0 + y_n)(x_0 - x_n) \times 0.5 + \sum_{i=1}^{n} (y_{i+1} + y_i)(x_{i+1} - x_i) \times 0.5 \qquad (8.1)$$

（3）逐线段拉伸多边形轮廓（AutoCAD"厚度"属性控制三维模型的拉伸高度），建立三维模型的各侧面，并计算每个面的法向量，以获得正确的光照渲染。

（4）根据多边形轮廓建立三维模型的上、下表面。对于复杂的凹多边形，则对多边形进行网格化——将它们分解成一组简单的、能够进行渲染的多边形。

8.1.2.2　碾压坝体 3D 动态建模方法

碾压混凝土坝施工过程中，坝体体型随着仓面施工进度推移而不断变化，因此，坝体结构体型是一种动态叠加演变模型。为精准表现这种动态演进，基于上述建模方法，给出碾压混凝土坝体施工阶段 3D 动态建模方法。

1. 定义建模规则

首先，为建立坝体结构精细模型，根据坝体施工分仓升程计划及进度安排（图 8.5），

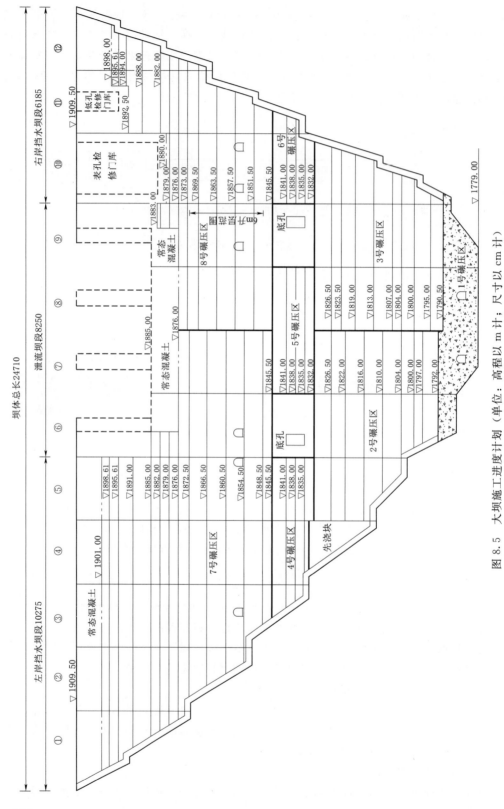

图 8.5 大坝施工进度计划（单位：高程以 m 计；尺寸以 cm 计）

确定模型层级划分。共将坝体 3D 动态模型整体划分为 3 个层级：①施工仓模型；②施工段模型；③碾压热层模型。

其次，为监控、分析坝体上、下游防渗层变态混凝土加浆过程，实现对加浆振捣设备作业的实时监控，根据碾压混凝土施工部位、变态注浆部位的分布尺寸，对碾压热层模型划分碾压工艺区及变态注浆区；又考虑不同级配的混凝土对碾压质量的影响不同，对不同级配混凝土划分区域。

最后，对仓、段、层数及级配信息赋值排序，制定图层编码规则，作为 OpenGL 自动建模识别句柄。碾压混凝土施工部分按以下规则命名：①施工仓模型图层，名为"Y 仓号"（Y 为"一"拼音首字母）；②施工段模型图层，名为"E 仓号_段号_级配"（E 为"二"拼音首字母）；③碾压热层模型图层，名为"S 仓号_段号_级配"（S 为"三"拼音首字母）。注浆部分为：④施工段模型图层，名为"Z 仓号_段号_级配"（Z 为"注"拼音首字母）；⑤碾压热层模型图层，名为"J 仓号_段号_级配"（J 为"浆"拼音首字母）。

其中，根据某工程施工分区计划，共有 11 个碾压区，所以仓号编码范围为 1～11；段号根据升程计划不同，各仓号模型可分多个段，基本不超过 10 段；另外，根据某工程浇筑所用的混凝土类型，如图 8.6 所示，依次用 1～7 级配表示不同的混凝土类型。

2. 用 AutoCAD 建立基本模型

根据大坝施工进度计划和各坝段体型图及仓面施工图纸，利用 AutoCAD 软件进行坝体结构精细化三维建模，以备现场施工实时显示和控制。

首先，约定大坝整体模型与各级模型均采用同一坐标系，以确保坝体模型的完整性、一致性及准确性。

级配	混凝土强度等级	图　例
1	RⅠ-C$_{90}$15W4F50（三）	
2	RⅡ-C$_{90}$20W8F100（二）	
3	RⅢ-C$_{90}$25W8F100（二）	
4	CbⅠ-C$_{90}$15W4F50（三）	
5	CbⅡ-C$_{90}$20W8F100（二）	
6	CbⅢ-C$_{90}$30W8F100（二）	
7	CbⅢ-C$_{90}$25W8F100（二）	

图 8.6　大坝混凝土类型

其次，建立施工段模型。由于每个施工段均涉及几个坝段，所以施工段模型的建立思路为：根据仓面施工图纸，确定该施工段共包含哪几个坝段；根据各坝段施工图纸，以该施工段下相应坝段的纵截面图为平面设计图，并根据材料分区图划分不同级配的碾压混凝土区域及变态混凝土浇筑区域，输入厚度标高参数形成 3D 模型；将各坝段 3D 模型按原坐标位置拼接形成该施工段模型。图 8.7 为 2-10 段（2 号施工仓第 10 施工段）7 号坝段纵截面图，图 8.8 为 2-10 段整体纵截面图及立视图（包括 5 号、6 号、7 号坝段）。

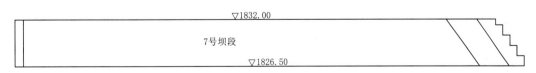

▽1832.00

7号坝段

▽1826.50

图 8.7　2-10 段 7 号坝段纵截面图

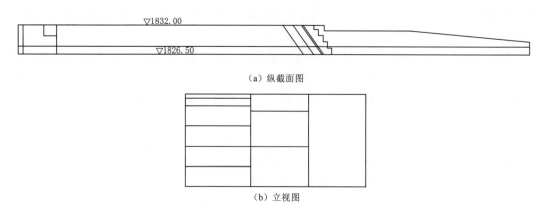

（a）纵截面图

（b）立视图

图 8.8　2－10 段整体纵截面图及立视图

另外，由于这种通过对某一平面设计图赋予"厚度"属性形成等厚实体的建模方法，无法建立如坝肩等复杂部分的多面不规则结构模型，须对局部段级复杂体模型进行二次细分，建立碾压热层模型（0.30m 厚）。以 10－4 段左岸坝肩部分为例，其分层分区图如图 8.9 所示。

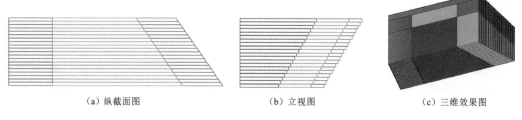

（a）纵截面图　　　　　　　　　（b）立视图　　　　　　　　　（c）三维效果图

图 8.9　10－4 段左岸坝肩部分分层分区图

最后，将各碾压热层、施工段模型按坐标参数组合即可得到各施工仓模型及大坝整体动态模型，并将模型文件以 DXF 格式导出。

3. OpenGL 自动建模

基于 OpenGL 技术，通过底层开发接口程序，与可视化系统进行双向图形信息交换。将上述导出的 DXF 格式文件导入 OpenGL 自动建模程序，即建立施工阶段坝体结构 3D 动态模型。

4. 划分单元网格

为实现对混凝土施工层碾压、注浆、振捣质量的精细化评价，需要对坝体结构 3D 动态模型进行有限元划分。网格划分主要采用自由网格划分方法，根据计算分析及可视化精度要求，可自定义 3D 有限元平面尺寸，厚度为碾压层厚度（0.30m），如图 8.10 所示。

通过赋予每个立方体多个参数属性（如"含湿率属性""应力波波速属性"

图 8.10　离散剖分有限元模型

及"变态混凝土注浆量属性"等)，进而将含湿率仪、碾压设备拖曳式测试装置及手持式、机械式注浆设备测得的信息化参数，通过 GPS 系统上传至云端数据库。最终，通过远程碾压工艺参数信息化平台，在坝体结构单元模型上实时反映混凝土内部的含湿率、密实度、变态混凝土注浆量及其动态变化。

8.2　碾压混凝土筑坝精细工艺信息化控制系统开发

基于坝体结构 3D 施工信息模型的建立，提出基于生产作业层面的施工工艺参数信息属性划分、定义规则、信息处理方法，开发坝体模型应用系统的前后端处理程序，建立碾压混凝土筑坝精细工艺信息化控制系统，确保施工现场多维实时信息实时有效导入、动态效果评价与指标精准显示，使碾压混凝土施工质量始终处于受控状态。首先，实时采集施工现场碾压层间拌合物可碾性含湿率指标、碾压热层应力波波速指标、碾压车定位数据、变态混凝土加浆、振捣施工工艺指标以及对应的地理坐标，并将监测数据通过 GPRS 系统无线传输至云服务器，通过远程通信服务程序自行接收、处理，导入云数据库归档，确保施工现场多维信息实时有效采集；然后，通过相关评价模型进行智能计算与分析，实现上述信息化参数在坝体结构 3D 模型上的可视化显示与查询；最后，可应用该系统对某工程碾压混凝土施工的水平热层结合性能、密实度，及防渗层加浆、振捣质量进行实时现场Web 在线馈控，实现对碾压混凝土坝施工的施工信息可视化以及全面质量监控，为碾压混凝土现场施工提供一种远程、实时、相对精准与量化可视的质量馈控手段，并为碾压混凝土坝仓面施工质量精细智能控制探索新途径。

8.2.1　基于 C/S＋B/S 的系统总体架构设计

碾压混凝土坝施工质量智能馈控系统网络结构采用 C/S（Customer/Server）＋B/S（Browser/Server）架构模式，如图 8.11 所示。整个应用平台由远程碾压工艺参数平台和 Web 在线质量管理系统两大部分组成，建立了施工质量数据与模型的双向链接，实现了施工质量信息的共享和应用。

碾压混凝土坝施工质量智能馈控系统架构主要分为五个层次：

（1）大坝物理层，即大坝施工现场，是智能感知层的识别和处理对象。

（2）智能采集层，是系统多源异构信息的主要来源途径，应用多种传感器技术、RFID 技术及 GNSS 技术等物联网最新成果，采用自主研发的智能含湿率测试仪、碾压层表面智能应力波速仪及增设定位设备的碾压车，实现现场施工工艺参数及其四维时空信息的智能采集。

（3）自动传输层。根据 TCP/IP 协议，将智能感知层获取的现场施工工艺参数以固定的数据格式及时间间隔，发送至云端数据服务程序对应通信端口。

（4）智能分析层，指云平台内的各种数据处理操作，数据服务程序筛选有效的实时数据存入云数据库；利用 MATLAB 将各智能计算模型算法的 M 文件编译为 C＋＋程序语言动态链接库，构成云模型库；编写 C＋＋程序，基于实时更新的云数据库及云模型库，

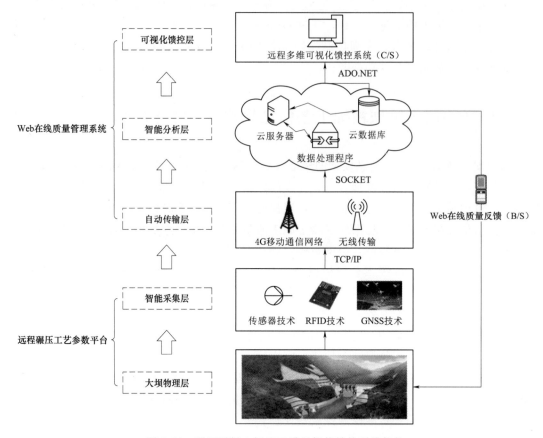

图 8.11　碾压混凝土坝施工质量智能馈控系统架构

云服务器可进行实时计算分析、输出处理结果并存储至云数据库，实现碾压混凝土坝全层面施工质量实时、准确及智能评价。

（5）可视化馈控层。网络结构采用 "C/S＋B/S" 双架构模式，远程系统通过 ADO．NET 技术与云数据库进行实时交互，调用碾压混凝土施工主要工艺参数及施工质量量化参数序列，实时可视地显示在相应的碾压层三维模型完成作业区域上；可实现相关信息在线查询及统计，并生成 Web 在线施工质量报告（包括统计报表和二维数字化云图）。同时，使用手机等智能设备登录相应 IP 地址，可在线查看质量报告，并针对性反馈指导现场施工人员作业。

8.2.2　开发平台与运行环境

开发平台：VC＋＋2010、OpenGL。

软件环境：Window XP 及以上版本 32 位或 64 位操作系统。

硬件环境：PC 机；CPU，2GHz 以上；内存，4G 以上；显卡，显存 512M 以上；硬盘，100G 以上；网卡，100M 以上。

网络环境：Internet 网络环境。

8.2.3　软件系统功能需求及设计原则

1. 功能需求

软件系统应满足工程承建单位从现场项目部至上级管理部门对碾压混凝土施工过程的质量效果精细动态掌控，也能为监理单位、设计单位及业主单位了解混凝土成型质量提供更加精准可靠信息。除用户管理、系统帮助等一般管理软件的基本功能外，应具备如下核心功能：

（1）数据管理及查询。实现碾压过程工艺参数数字化，可按工程实际施工组织形式查询、输出当前施工位置的实时采集数据或已施工位置的历史采集数据，满足用户信息查询和分析决策等后期要求。

（2）碾压施工质量多维可视化馈控。以各自的评价指标参数为标准，分别实现碾压层压实质量及层间结合质量的精细量化可视、远程实时监控及现场在线反馈，可针对性地指导仓面对质量缺陷区域进行及时修复。

（3）质量统计及查询。单元构件施工完成后，形成对应的施工质量报告（含统计报表及数字云图）并自动更新，可供多级用户查询。

2. 设计原则

（1）可靠性。系统运行稳定可靠，具有良好的容错性能，数据处理过程中不发现崩溃现象。

（2）安全性。软件需要合法的用户名密码登录才能使用，具有较好的安全保护措施；软件运行不对计算机数据及其他软件安全构成威胁。

（3）兼容性。系统可在 Windows XP、Win 7、Win 8、Win 10 等 Windows 操作系统安装并正常运行，与其他计算机通用软件无冲突现象。

（4）易用性。系统数据处理过程操作简单、反应快速且数据有效，用户界面直观、人性化，易于掌握。

8.2.4　云服务器数据服务程序设计与开发

开发基于碾压混凝土筑坝精细工艺信息化参数的云服务器数据服务程序，实现数据的收集、检验、存储和分发。实时侦听各通信端口，并行接收现场施工设备发送过来的现场监测数据，经预处理后，将数据存入云端数据库服务器，为系统功能模块提供基础数据。主要提供以下几类数据：

1. 拌合料含湿率测值

骨料含湿率对碾压混凝土可碾性有很大影响，因此骨料含湿率控制极为重要。将自主研发的含湿率测试仪插针部分插入某区域内的大骨料混凝土中，仪器自动获取骨料含湿率值，通过 GPRS 通信系统，将该位置的含湿率及对应的地理坐标打包，以（x_i，y_i，z_i，w_i）的数据格式无线传输至云端服务器。

2. 碾压后应力波波速测值

通过在仓面设置碾压设备拖曳式测试装置，获得每次碾压行进过程后的已碾单元应力波波速，同样通过 GPRS 系统，把该位置的应力波波速值及对应的地理坐标打包，

以 $(x_i,\ y_i,\ z_i,\ \sqrt{u_i})$ 的数据格式传入云端服务器。

3. 碾压车定位数据

通过安装在振捣碾压车顶部的 GPRS 定位系统，获取该施工层振动碾压车的实时定位数据，以重构碾车轨迹，确定碾压完成区域。

4. 注浆工艺参数

注浆工艺参数包括智能搅拌加浆机、人工数字化便携式加浆器、机械注浆系统及数字化加浆振捣一体机等多台设备（以不同设备号区分）采集的注浆量参数。同样通过 GPRS 系统，把该位置的注浆量及对应的地理定位坐标打包，以 $(x_i,\ y_i,\ z_i,\ q_i)$ 的数据格式传入云端数据库。

5. 振捣工艺参数

振捣工艺参数包括智能振捣机、人工智能穿戴数字化振捣设备及数字化加浆振捣一体机等多台设备（以不同设备号区分）采集的振捣位置及振捣时间参数。同样通过 GPRS 系统，把该位置的振捣工艺参数打包传入云端数据库。

云服务器数据服务程序主要处理后台数据，用户界面比较简洁，如图 8.12（采用 SQL Server2014 作为数据库服务器）所示。其中，20007 端口接收拌合料含湿率测值，20008 端口接收碾压后应力波波速测值，20009 端口接收注浆工艺参数，20010 端口接收振捣工艺参数。

图 8.12　远程云服务器数据服务程序用户界面

8.2.5　系统功能模块

系统采用模块化开发，根据不同性质的需求，按使用功能划分为用户管理、评价模型、参数设置、三维云图、监测数据、质量报告、预警信息和系统帮助等八大相对独立又相互关联的模块进行开发研究，每个模块再进一步细化为若干个子模块，如图 8.13 所示，并预留系统接口，方便使用过程中根据项目需求增添其他功能模块。

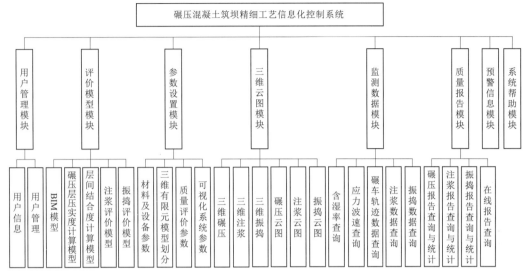

图 8.13　系统功能模块

系统登录页面及主页面如图 8.14、图 8.15 所示。

图 8.14　系统登录页面

图 8.15　系统主页面

为保障数据安全，系统需要通过有效的用户名和密码登录，进入碾压混凝土智能信息化施工软件系统。

在系统登录页面中，输入有效的用户名密码，然后回车或点击图标登录。登录成功后，界面将出现【进入系统】按钮，点击该按钮，将进入系统主界面。注意：系统登录前，请检查电脑的网络是否畅通，系统连接云端数据库需要网络需要接入 Internet。统登录成功后，进入系统主界面。

系统各模块主要功能如下：

1. 用户管理模块

该模块主要是用户信息设置及用户管理。在用户信息中可修改当前用户基本信息和密码。另外，系统设立超级管理员、管理员、普通用户和锁定用户等多级用户权限，管理员及以上用户拥有更高级别的系统使用权限，如管理其他用户、编辑远程数据、设置模型及参数等。

2. 评价模型模块

首先，需建立模型。在工程信息设置页面（图 8.16）输入工程名称、施工单位；将前述 AutoCAD DXF 格式建模文件导入系统，实现工程 CAD 图从二维到三维的转换；设置坐标转换数据，可自动建立坝体结构 3D 施工信息模型，施工开始之前，在该仓面任意位置找到不少于 3 个不共线的代表测点，由 GPS 测得 WGS84 空间坐标，经高斯投影化为平面坐标，即为"WGS84 平面坐标"，再找到代表测点在坝体结构施工单元 3D 模型中的平面坐标，输入坐标系统转换点设置页面（图 8.17），将坐标转换点提交到工程信息管理界面，可自动计算得到坐标转换参数及坐标转换精度。

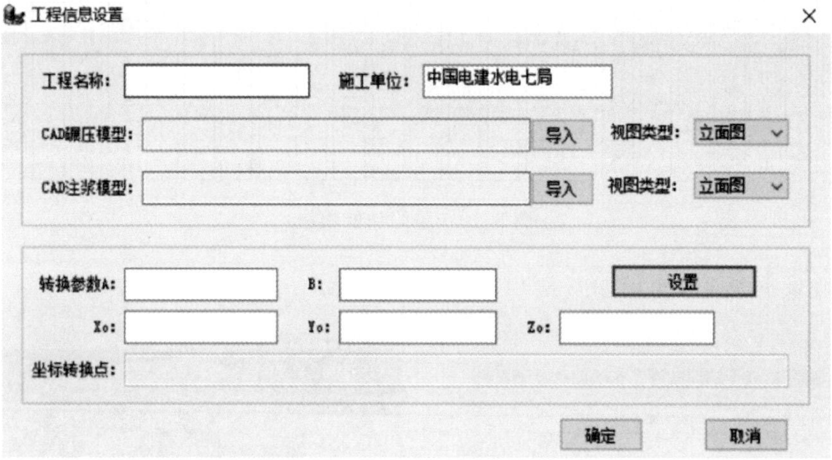

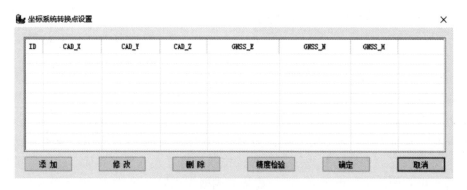

图 8.16　工程信息设置页面

图 8.17　坐标系统转换点设置页面

其次，各评价模型建模。评价模型主要包括碾压混凝土压实度计算模型，层间结合度计算模型，变态混凝土注浆、振捣质量评价模型，可与采集的多组样本数据进行对比，自动建立各级配混凝土的评价模型，判断模型预测精度，并自动保存模型数据，用于后续施工质量三维可视化评价。以为混凝土压实度建模为例，每组样本数据包含波速仪测量得到的波速值、测湿仪测得的湿度值、核子密度仪测量得到的压实度值，以及该组数据的现场采集时间，建模完成后计算模型的相对误差在±2%以内，如图 8.18 所示，证明压实度模型计算结果可靠。

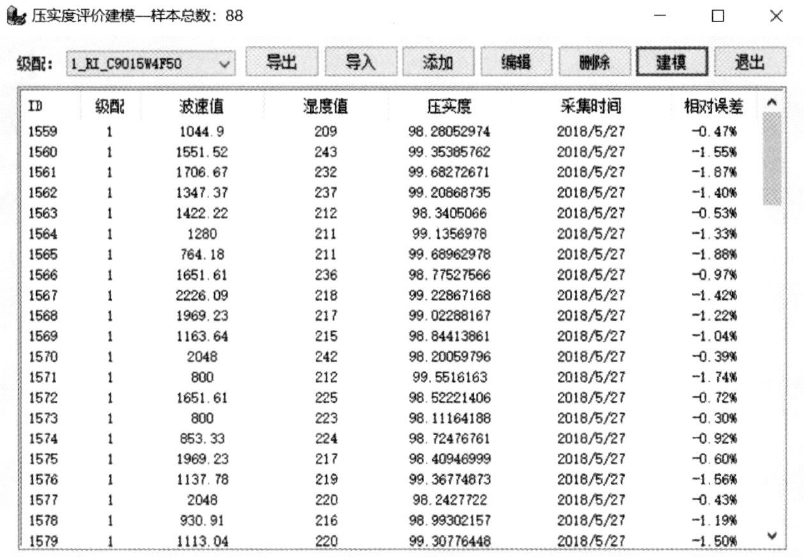

ID	级配	波速值	湿度值	压实度	采集时间	相对误差
1559	1	1044.9	209	98.28052974	2018/5/27	-0.47%
1560	1	1551.52	243	99.35385762	2018/5/27	-1.55%
1561	1	1706.67	232	99.68272671	2018/5/27	-1.87%
1562	1	1347.37	237	99.20868735	2018/5/27	-1.40%
1563	1	1422.22	212	98.3405066	2018/5/27	-0.53%
1564	1	1280	211	99.1356978	2018/5/27	-1.33%
1565	1	764.18	211	99.68962978	2018/5/27	-1.88%
1566	1	1651.61	236	98.77527566	2018/5/27	-0.97%
1567	1	2226.09	218	99.22867168	2018/5/27	-1.42%
1568	1	1969.23	217	99.02288167	2018/5/27	-1.22%
1569	1	1163.64	215	98.84413861	2018/5/27	-1.04%
1570	1	2048	242	98.20059796	2018/5/27	-0.39%
1571	1	800	212	99.5516163	2018/5/27	-1.74%
1572	1	1651.61	225	98.52221406	2018/5/27	-0.72%
1573	1	800	223	98.11164188	2018/5/27	-0.30%
1574	1	853.33	224	98.72476761	2018/5/27	-0.92%
1575	1	1969.23	217	98.40946999	2018/5/27	-0.60%
1576	1	1137.78	219	99.36774873	2018/5/27	-1.56%
1577	1	2048	220	98.2427722	2018/5/27	-0.43%
1578	1	930.91	216	98.99302157	2018/5/27	-1.19%
1579	1	1113.04	220	99.30776448	2018/5/27	-1.50%

图 8.18　压实度建模相对误差

3. 参数设置模块

参数设置包括混凝土材料参数录入；施工设备参数录入；碾压层分块参数设置，如图 8.19 所示，可根据计算分析及可视化精度要求，自定义 3D 有限元尺寸；质量参数设置，如图 8.20 所示，分别设置碾压层压实度、注浆量、振捣强度阈值及其对应可视化颜色；三维可视化预警参数设置，如图 8.21 所示。

4. 三维可视化模块

三维可视化模块是远程碾压混凝土筑坝精细工艺信息化控制系统的核心模块，实现碾压、注浆、振捣质量实时计算及可视化，生成 Web 在线质量馈控信息（包括统计报告及数字化云图），指导现场施工人员作业。

该模块主要包括三维碾压、三维注浆、三维振捣、碾压云图、注浆云图和振捣云图等六个子模块。其中，三维碾压、三维注浆和三维振捣可实现各施工层施工工艺参数及效果的实时精细化 3D 云图显示；碾压云图、注浆云图和振捣云图模块可实现各施工段、施工仓整体施工质量效果的实时精细化 3D 云图显示。详细功能

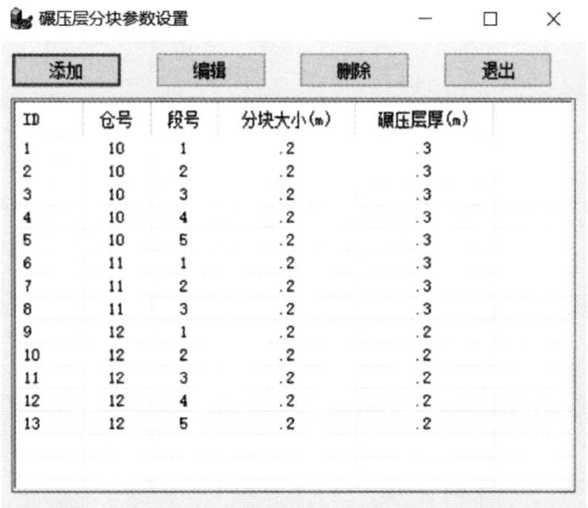

ID	仓号	段号	分块大小(m)	碾压层厚(m)
1	10	1	.2	.3
2	10	2	.2	.3
3	10	3	.2	.3
4	10	4	.2	.3
5	10	5	.2	.3
6	11	1	.2	.3
7	11	2	.2	.3
8	11	3	.2	.3
9	12	1	.2	.2
10	12	2	.2	.2
11	12	3	.2	.2
12	12	4	.2	.2
13	12	5	.2	.2

图 8.19　碾压层分块参数设置界面

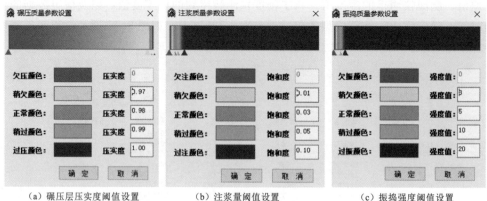

（a）碾压层压实度阈值设置　　　（b）注浆量阈值设置　　　（c）振捣强度阈值设置

图 8.20　质量参数设置

图 8.21　三维可视化预警参数设置

介绍见 8.4 节。

5. 数据管理模块

可指定条件，查询、导入、导出、删除各类型精细工艺参数现场采集数据，进行拌合料含湿率、碾压后应力波波速数据、碾车轨迹定位数据、机械注浆及人工注浆数据、机械振捣及人工振捣数据查询。含湿率数据查询结果见图 8.22，所有数据可导出为外部 Excel 文件。

ID	设备号	区域号	层标识	湿度	VC值	N坐标(m)	E坐标(m)	H高程(m)	状态	采集时间
14056	H1	100417	False	223	58	3091722.885	492549.1659	1846.5...	True	2018/06/01 15:01:00
14057	H1	100417	False	219	77	3091692.454	492528.2301	1846.4...	True	2018/06/01 15:02:00
14058	H1	100417	False	241	81	3091742.486	492555.4492	1846.3...	True	2018/06/01 15:03:00
14059	H1	100417	False	215	41	3091754.619	492568.586	1846.5...	True	2018/06/01 15:04:00
14060	H1	100417	False	214	37	3091701.815	492532.9531	1846.6...	True	2018/06/01 15:05:00
14061	H1	100417	False	226	6	3091750.148	492564.5961	1846.6...	True	2018/06/01 15:06:00
14062	H1	100417	False	251	52	3091710.905	492536.5145	1846.6...	True	2018/06/01 15:07:00
14063	H1	100417	False	235	59	3091692.599	492529.1896	1846.5...	True	2018/06/01 15:08:00
14064	H1	100417	False	232	62	3091728.325	492554.4535	1846.5...	True	2018/06/01 15:09:00
14065	H1	100417	False	246	28	3091761.572	492557.7968	1846.6...	True	2018/06/01 15:10:00
14066	H1	100417	False	221	59	3091749.623	492558.0416	1846.6...	True	2018/06/01 15:11:00
14067	H1	100417	False	230	23	3091720.194	492546.7568	1846.6...	True	2018/06/01 15:12:00
14068	H1	100417	False	226	24	3091743.708	492559.7218	1846.5...	True	2018/06/01 15:13:00
14069	H1	100417	False	220	100	3091724.95	492551.7836	1846.6...	True	2018/06/01 15:14:00
14070	H1	100417	False	226	58	3091721.827	492550.321	1846.5...	True	2018/06/01 15:15:00
14071	H1	100417	False	240	80	3091762.965	492555.5618	1846.5...	True	2018/06/01 15:16:00
14072	H1	100417	False	242	30	3091732.759	492554.9072	1846.4...	True	2018/06/01 15:17:00
14073	H1	100417	False	242	95	3091747.806	492559.9288	1846.6...	True	2018/06/01 15:18:00
14074	H1	100417	False	215	28	3091744.112	492558.422	1846.6...	True	2018/06/01 15:19:00
14075	H1	100417	False	226	65	3091702.404	492532.2793	1846.5...	True	2018/06/01 15:20:00
14076	H1	100417	False	236	71	3091743.968	492549.9288	1846.5...	True	2018/06/01 15:21:00
14077	H1	100417	False	211	21	3091720.927	492543.3754	1846.4...	True	2018/06/01 15:22:00
14078	H1	100417	False	226	8	3091698.6	492536.7582	1846.4...	True	2018/06/01 15:23:00
14079	H1	100417	True	232	20	3091720.815	492554.406	1846.4...	True	2018/06/01 15:24:00

图 8.22　监测数据查询

6. 质量报告模块

该模块包括碾压、注浆、振捣施工质量报告的查询与统计，可实现从施工层、施工段到施工仓的质量统计。

（1）碾压报表查询。单击系统主界面菜单【报表查询】→【碾压报表查询】，将弹出碾压报表查询界面，如图 8.23 所示。

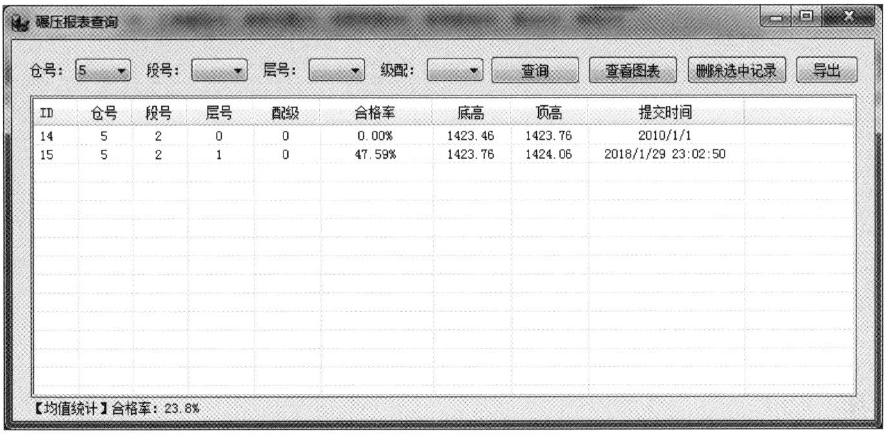

图 8.23　碾压报表查询界面

在该界面中，选择【仓号】，或同时选择【段号】【层号】【级配】，再单击【查询】按钮，将在列表中显示满足条件的报表信息，并在列表下方显示查询结果的统计信息。

在该界面列表中选择某施工层后，双击列表，或单击【查看图表】，将显示该层的详细质量二维报表。

在该界面列表中单选或多选施工层后，单击【删除选中记录】按钮，将从数据库中永久删除所选层的质量报表。

在该界面中单击【导出】按钮，将列表中所有的报表信息导出为 Excel 报表。

（2）注浆报表查询。单击系统主界面菜单【报表查询】→【注浆报表查询】，将弹出注浆报表查询界面，如图 8.24 所示。

在该界面中选择【仓号】，或同时选择【段号】【层号】【级配】，再单击【查询】按钮，将在列表中显示满足条件的报表信息，并在列表下方显示查询结果的统计信息。

在该界面列表中选择某施工层后，单击【查看图表】，将显示该层的详细质量二维报表。

在该界面列表中单选或多选施工层后，单击【删除选中记录】按钮，将从数据库中永久删除所选层的质量报表。

在该界面中单击【导出】按钮，将列表中所有的报表信息导出为 Excel 报表。

（3）振捣报表查询。单击系统主界面菜单【报表查询】→【振捣报表查询】，将弹出振捣报表查询界面，如图 8.25 所示。

在该界面中，选择【仓号】，或同时选择【段号】【层号】【级配】，再单击【查询】按钮，将在列表中显示满足条件的报表信息，并在列表下方，显示查询结果的统计信息。

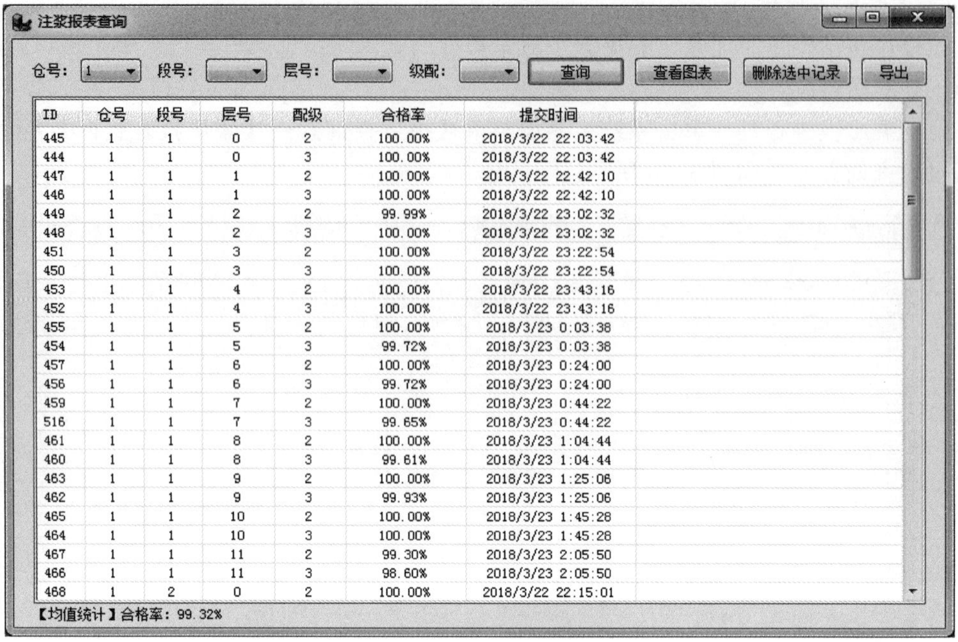

图 8.24　注浆报表查询界面

注浆报表查询

ID	仓号	段号	层号	配级	合格率	提交时间
445	1	1	0	2	100.00%	2018/3/22 22:03:42
444	1	1	0	3	100.00%	2018/3/22 22:03:42
447	1	1	1	2	100.00%	2018/3/22 22:42:10
446	1	1	1	3	100.00%	2018/3/22 22:42:10
449	1	1	2	2	99.99%	2018/3/22 23:02:32
448	1	1	2	3	100.00%	2018/3/22 23:02:32
451	1	1	3	2	100.00%	2018/3/22 23:22:54
450	1	1	3	3	100.00%	2018/3/22 23:22:54
453	1	1	4	2	100.00%	2018/3/22 23:43:16
452	1	1	4	3	100.00%	2018/3/22 23:43:16
455	1	1	5	2	100.00%	2018/3/23 0:03:38
454	1	1	5	3	99.72%	2018/3/23 0:03:38
457	1	1	6	2	100.00%	2018/3/23 0:24:00
456	1	1	6	3	99.72%	2018/3/23 0:24:00
459	1	1	7	2	100.00%	2018/3/23 0:44:22
516	1	1	7	3	99.65%	2018/3/23 0:44:22
461	1	1	8	2	100.00%	2018/3/23 1:04:44
460	1	1	8	3	99.61%	2018/3/23 1:04:44
463	1	1	9	2	100.00%	2018/3/23 1:25:06
462	1	1	9	3	99.93%	2018/3/23 1:25:06
465	1	1	10	2	100.00%	2018/3/23 1:45:28
464	1	1	10	3	100.00%	2018/3/23 1:45:28
467	1	1	11	2	99.30%	2018/3/23 2:05:50
466	1	1	11	3	98.60%	2018/3/23 2:05:50
468	1	2	0	2	100.00%	2018/3/22 22:15:01

【均值统计】合格率：99.32%

图 8.24　注浆报表查询界面

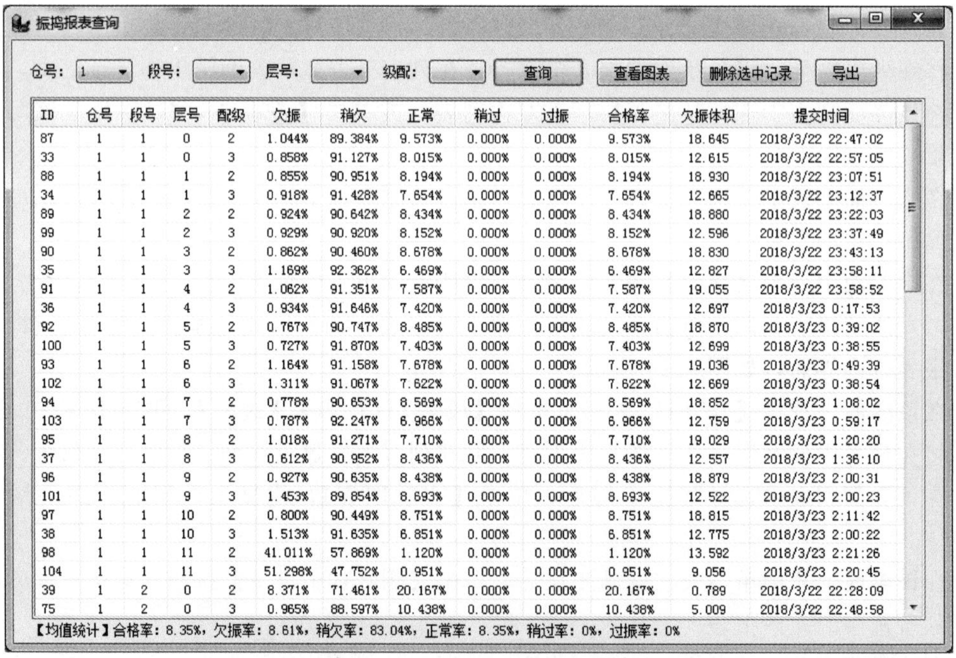

振捣报表查询

ID	仓号	段号	层号	配级	欠振	稍欠	正常	稍过	过振	合格率	欠振体积	提交时间
87	1	1	0	2	1.044%	89.384%	9.573%	0.000%	0.000%	9.573%	18.645	2018/3/22 22:47:02
33	1	1	0	3	0.858%	91.127%	8.015%	0.000%	0.000%	8.015%	12.615	2018/3/22 22:57:05
88	1	1	1	2	0.855%	90.951%	8.194%	0.000%	0.000%	8.194%	18.930	2018/3/22 23:07:51
34	1	1	1	3	0.918%	91.428%	7.654%	0.000%	0.000%	7.654%	12.665	2018/3/22 23:12:37
89	1	1	2	2	0.924%	90.642%	8.434%	0.000%	0.000%	8.434%	18.880	2018/3/22 23:22:03
99	1	1	2	3	0.929%	90.920%	8.152%	0.000%	0.000%	8.152%	12.596	2018/3/22 23:37:49
90	1	1	3	2	0.862%	90.460%	8.678%	0.000%	0.000%	8.678%	18.830	2018/3/22 23:43:13
35	1	1	3	3	1.169%	92.362%	6.469%	0.000%	0.000%	6.469%	12.827	2018/3/22 23:58:11
91	1	1	4	2	1.062%	91.351%	7.587%	0.000%	0.000%	7.587%	19.055	2018/3/22 23:58:52
36	1	1	4	3	0.934%	91.646%	7.420%	0.000%	0.000%	7.420%	12.697	2018/3/23 0:17:53
92	1	1	5	2	0.767%	90.747%	8.485%	0.000%	0.000%	8.485%	18.870	2018/3/23 0:39:02
100	1	1	5	3	0.727%	91.870%	7.403%	0.000%	0.000%	7.403%	12.699	2018/3/23 0:38:55
93	1	1	6	2	1.164%	91.158%	7.678%	0.000%	0.000%	7.678%	19.036	2018/3/23 0:49:39
102	1	1	6	3	1.311%	91.067%	7.622%	0.000%	0.000%	7.622%	12.669	2018/3/23 0:38:54
94	1	1	7	2	0.778%	90.653%	8.569%	0.000%	0.000%	8.569%	18.852	2018/3/23 1:08:02
103	1	1	7	3	0.787%	92.247%	6.966%	0.000%	0.000%	6.966%	12.759	2018/3/23 0:59:17
95	1	1	8	2	1.018%	91.271%	7.710%	0.000%	0.000%	7.710%	19.029	2018/3/23 1:20:20
37	1	1	8	3	0.612%	90.952%	8.436%	0.000%	0.000%	8.436%	12.557	2018/3/23 1:36:10
96	1	1	9	2	0.927%	90.635%	8.438%	0.000%	0.000%	8.438%	18.879	2018/3/23 2:00:31
101	1	1	9	3	1.453%	89.854%	8.693%	0.000%	0.000%	8.693%	12.522	2018/3/23 2:00:23
97	1	1	10	2	0.800%	90.449%	8.751%	0.000%	0.000%	8.751%	18.815	2018/3/23 2:11:42
38	1	1	10	3	1.513%	91.635%	6.851%	0.000%	0.000%	6.851%	12.775	2018/3/23 2:00:22
98	1	1	11	2	41.011%	57.869%	1.120%	0.000%	0.000%	1.120%	13.592	2018/3/23 2:21:26
104	1	1	11	3	51.298%	47.752%	0.951%	0.000%	0.000%	0.951%	9.056	2018/3/23 2:20:45
39	1	2	0	2	8.371%	71.461%	20.167%	0.000%	0.000%	20.167%	0.789	2018/3/22 22:28:09
75	1	2	0	3	0.965%	88.597%	10.438%	0.000%	0.000%	10.438%	5.009	2018/3/22 22:48:58

【均值统计】合格率：8.35%，欠振率：8.61%，稍欠率：83.04%，正常率：8.35%，稍过率：0%，过振率：0%

图 8.25　振捣报表查询界面

在该界面列表中选择某施工层后，单击【查看图表】，将显示该层的详细质量二维报表。

在该界面列表中单选或多选施工层后，单击【删除选中记录】按钮，将从数据库中永久删除所选层的质量报表。

在该界面中，单击【导出】按钮，将列表中所有的报表信息导出为 Excel 报表。

远程系统端可通过本模块查询三维可视化模块实时生成的 Web 在线报告（包括质量报表及数字可视化云图）。如图 8.26 所示，可具体查询某施工层合格率，也可显示该段、仓整体施工质量合格率。选中某层质量报告，单击上方【云图】按钮，可查看对应数字化质量云图，如图 8.27 所示，并提供 pdf 报告下载、打印等功能，供施工单位、监理单位和业主单位等项目参与方快捷、方便地进行施工质量控制。

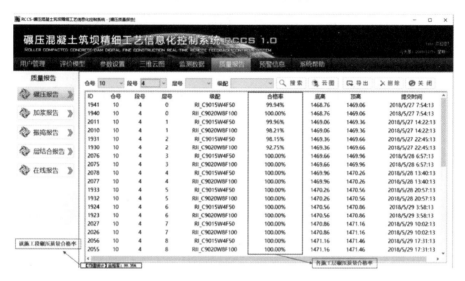

图 8.26　质量报告查询界面

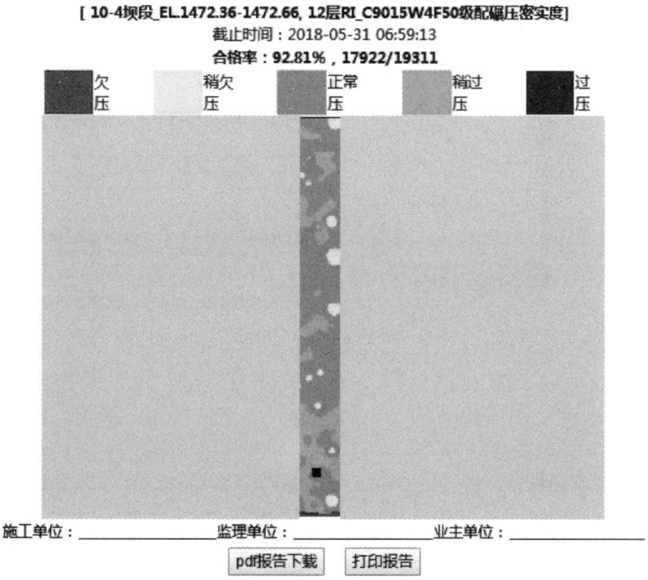

[10-4坝段_EL.1472.36-1472.66, 12层RI_C9015W4F50级配碾压密实度]
截止时间：2018-05-31 06:59:13
合格率：92.81%，17922/19311

施工单位：＿＿＿＿＿　　　监理单位：＿＿＿＿＿　　　业主单位：＿＿＿＿＿

pdf报告下载　　打印报告

图 8.27　数字化质量云图

在施工现场使用手机等智能设备登录 Web 在线质量管理系统，图 8.28 为 Web 在线质量管理系统登录页面。可实时查看远程三维系统实时生成的 Web 在线碾压质量报告，根据云图效果对欠碾区域及时补碾修复。

图 8.28　Web 在线质量管理系统登录页面

（4）预警信息模块。单击系统主界面菜单【报表查询】→【Web 在线报告】，将自动启动 Web 浏览器，显示在线报告 Web 主页，如图 8.29 所示。

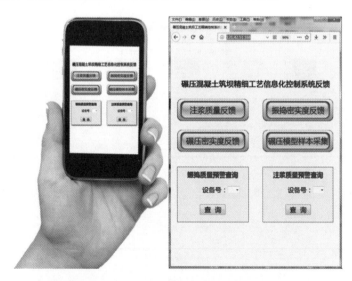

图 8.29　在线报告与现场实时预警 Web 主页

现场施工员通过手机等移动设备，通过 Web 浏览器，登录施工质量预警网址 Web 主页。施工员也可在 Web 页面中，单击【碾压密实度反馈】按钮，按仓、段、层、级配查询各施工部位的完整施工质量报告。

（5）系统帮助模块。查看系统帮助、系统版本等信息。

8.2.6　多维可视化监控实现方法

多维可视化馈控作为远程系统的核心功能，通过 C++调用 OpenGL 图形库开发三维云图模块，并与云数据库交互，将碾压混凝土施工质量的属性、状态等信息从云端虚拟空间重载至现实仿真空间。首先，坝体三维实体模型上实时显示施工质量三维可视化云图，工程管理人员可对现场施工状况进行实时监控；其次，三维云图模块按设置时间自动刷新质量信息，并生成质量报告（包括 Web 在线施工质量统计报表及数字化云图），返回至云数据库保存。根据情形不同，碾压层压实质量与层间结合质量的多维可视化监控实现方法如下所述：

1. 碾压层压实质量

碾压层压实质量的多维可视化监控，需建立在动态碾压层三维模型有限元单元划分、确定已碾区域、实时碾压工艺参数导入、离散参数全层面高粒度优化赋值、各单元压实度计算、碾压质量指标数字化云图显示及统计的多维功能实现的基础之上。

（1）动态碾压层三维模型有限元单元划分。根据离散参数空间不确定性计算分析精度要求，可自定义三维有限元平面尺寸（厚度默认为碾压层厚度）。

（2）确定已碾区域。通过安装在振捣碾压车顶部的 GPS 定位系统，读取数据库中获取的该层碾车实时定位数据，重构碾车轨迹中心线；按碾车车轮直径设置影响范围，获得完整碾车轨迹，并叠加到三维有限元网格平面；根据碾车轨迹对网格进行标记，碾压覆盖的网格单元标记为 1，否则标记为 0。

（3）现场工艺参数 5D 可视化。任意时刻 t 某一碾压热层上的空间点（x，y，z）处的拌合料含湿率空间坐标为（x，y，z，w，t）、应力波波速空间坐标为（x，y，z，V，t），各数据点表示含湿率值或应力波波速值及其所在的空间位置、采集时间，但不是可视的面元或者体元，无法使仿真结果满足对可视化的需求，故对这些随机离散的数据点进行网格曲面重建：以各个含湿率、波速实测数据点的空间坐标为圆心，将对应数据值统一乘以一固定常数，换算为球体半径，即以球型可视地表达数据点数值大小；计算两个相邻时间的碾压车实时定位数据间的直线距离，以直线形式表达完整的碾车轨迹范围。

（4）离散参数全层面高粒度优化赋值。读取数据库中该模型层的实测含湿率、波速等数据，运用 IDW 空间插值法，按加权函数［式（8.2）］，对所有标记为 1 的网格单元，以距其最近的 3 个实测数据点为离散样本点，插值求出其含湿率值及应力波波速值。

$$\left. \begin{array}{l} \omega_i = \dfrac{1/d_i}{\sum\limits_{i=1}^{3} 1/d_i} \\ d_i = \sqrt{(x-x_i)^2 + (y-y_i)^2} \end{array} \right\} \qquad (8.2)$$

式中：ω_i 为波速；d_i 为插值点（x，y）与第 i 个点（x_i，y_i）间的距离，mm。

（5）计算各单元压实度。基于各单元计算参数，调用基于 BP-ANN 的碾压层压实度预测模型，计算各单元压实度值。

（6）压实质量多维云图显示。设定碾压热层压实度阈值及其对应色带，读取各单元压实度值，对三维有限元模型进行可视化着色，效果如图 8.30 所示。

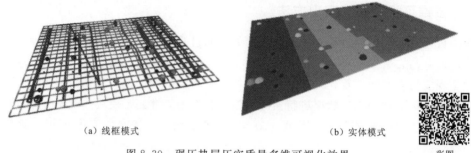

| （a）线框模式 | （b）实体模式 | 彩图 |

图 8.30　碾压热层压实质量多维可视化效果

图 8.30 中，绿色、黄色球体表示该层的上、下层含湿率数据，蓝色球体表示该层波速测量点位，紫色多段线表示该层碾车轨迹；图 8.30（b）中"蓝—红"的梯级色域分别表征"佳—差"的压实质量。

（7）实时压实质量统计。按设定的压实度阈值统计欠压、稍欠、正常、稍过、过压的三维有限元总数，计算合格率。

（8）生成 Web 在线碾压质量统计信息，包括二维数字化云图及碾压质量统计报表，可供远程及手机端查询。

2. 层间结合质量

因层间结合面为一面状结构，因此层间结合质量只能以二维形式表达。

（1）对任意两个相邻的碾压层，提取其结合面作为层间结合质量评价可视化区域（平面网格划分尺寸同压实度计算网格设置）。

（2）单元劈裂抗拉强度计算。基于结合面上、下碾压热层本体压实度，下层历时含湿率及上层拌合料含湿率实时数据，调用云服务器内基于 Bagging - BP 的层间结合质量模型，计算输出各单元劈裂抗拉强度值。

（3）层间结合质量数字化云图显示。同理，设定劈裂抗拉强度阈值及其对应色带，读取各单元劈裂抗拉强度值，对各单元进行可视化着色。

（4）实时层间结合质量统计。按设定的劈裂抗拉强度阈值统计识别为冷缝、温缝、热缝的单元总数，计算合格率。

（5）生成 Web 在线碾压质量统计信息，包括二维数字化云图及层间结合质量统计报表，可供远程及手机端查询。

3. 薄弱区域压实质量

（1）将以压实度为指标统计达标的仓面作为评价可视化区域，进行不合格点空间特征分析。

（2）薄弱欠压程度计算。基于压实度实时数据，调用云服务器内基于基于加权平均思想的质量评价模型，计算输出各单元 M 值。

（3）薄弱空间特征分析。根据不合格网格中心坐标位置计算相同碾压层空间分布特征指标 CV 值，量化分析仓面薄弱区域空间分布状态。同时结合 Voronoi 图有目标地指导常规抽样检测和补碾修复，提高施工效率。

（4）薄弱区域质量数字化云图显示。同理，设定压实度及其对应色带，读取各单元压实度值，对各单元进行可视化着色。

（5）生成 Web 在线碾压质量统计信息，包括二维数字化云图及薄弱区域质量统计报表，可供远程及手机端查询。

综上，本书面向生产作业层面，给出了坝体碾压施工质量多维可视化馈控模式的基本流程，并以功能需求为切入点研发了远程多维可视化馈控系统，分别实现了碾压层压实质量、层间结合质量以及薄弱区域压实质量的精准量化可视与远程实时监控。

8.3　碾压混凝土施工工艺可视化实现方法

8.3.1　碾压可视化计算与分析

（1）模型单元划分。根据计算分析及可视化精度要求，在平台参数设置模块自定义三维有限元平面尺寸（有限元厚度为碾压热层厚度 0.3m），将碾压热层模型划分为若干立方体有限元。

（2）确定已碾区域。通过安装在振捣碾压车顶部的 GPS 定位系统，读取数据库中获取的该层碾车实时定位数据，重构碾车轨迹中心线；按碾车车轮直径设置影响范围，获得完整碾车轨迹，并叠加到 3D 有限元网格平面；根据碾车轨迹对网格进行标记，碾压覆盖的模型单元标记为 1，否则标记为 0。

（3）计算各单元压实度。读取数据库中该模型层的碾压料级配、实测含湿率、波速等数据，运用反距离加权法（inverse distance weighted），按加权函数 [式（8.2）]，对所有标记为 1 的模型单元，以距其最近的 3 个实测数据点为离散样本点，插值求出其含湿率值及应力波波速值；再导入基于 BP 神经网络构建的碾压压实度计算模型，计算各单元压实度值。

（4）单元模型 5D 动态参数可视化。任意时刻 t 某一碾压热层上的空间点 $M(x, y, z)$ 处的含湿率空间坐标为 (x, y, z, w, t) 和应力波波速空间坐标为 $(x, y, z, \sqrt{u}, t)$，各数据点表示其所在的空间位置、含湿率值或应力波波速值及采集时间，但不是可视的面元或者体元，无法使仿真结果满足对可视化的需求，故对这些随机离散的数据点进行网格曲面重建：以各个实测数据点的空间坐标为圆心，将对应数据值统一乘以一固定常数换算为球体半径，即以球型可视地表达数据点数值大小；碾压车轨迹则根据完整的碾车轨迹范围，以直线形式表达；设定碾压热层压实度阈值及其对应颜色，读取各单元压实度值，对 3D 有限元模型进行可视化着色。最终可视化效果如图 8.30（a）所示。

8.3.2　碾压变态区计算与分析

8.3.2.1　变态混凝土注浆

（1）实时读取远程采集的注浆点位和注浆量数据，含人工注浆和机械注浆，图 8.31 所示为注浆点位于注浆层模型网格分块（在平台参数设置模块自定义分块大小）示意。

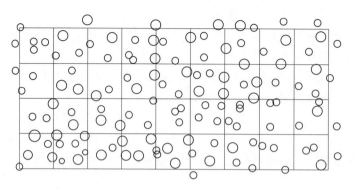

图 8.31　注浆点位于注浆层矩形分块示意图

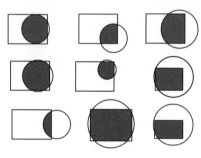

图 8.32　矩形与圆拓扑关系计算分析

（2）将注浆点位表示为圆形，圆半径（即注浆影响半径）默认为 0.5m。

（3）判断各注浆点与各分块的拓扑关系，对超出平面范围的有效注浆点（GNSS 定位误差造成）进行点位校正，强制拉入注浆层平面范围。

（4）计算各圆与各矩形分块的拓扑关系（图 8.32），即计算圆与矩形分块的重叠区面积，按照面积比例，将某点注浆量分配到各矩形单元，如图 8.33 所示。

图 8.33　不同拓扑关系的单点注浆量分配

S—圆与矩形分块的重叠区面积

（5）设定注浆量阈值及其对应颜色，读取各单元注浆量值，对 3D 有限元模型进行可视化着色。

8.3.2.2　变态混凝土振捣

（1）根据变态混凝土一次浇筑体量和计算分析精度要求，在平台参数设置模块自定义三维有限元尺寸，将变态混凝土浇筑块 3D 模型划分为若干立方体有限元，如图 8.34 所示。

（2）为每个立方体元赋予振捣强度属性，振捣强度采用振捣累计时长表达，以 1s 为 1 个单位振捣强度赋值。

（3）设置实体块中一次振捣影响范围。根据振捣棒棒头位置和振捣棒的影响半径，将振捣影

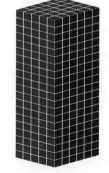

图 8.34　混凝土构件三维表面模型与离散剖分体元模型

响范围视为竖直圆柱体，振捣棒头位置为圆柱体底面圆心，圆柱体半径为振捣棒的影响半径，高度为振捣棒头长度。判断每个立方体元与此圆柱体的空间包含关系，如立方体元的重心在圆柱体内，则该体元振捣强度值增加相应倍数的振捣赋值单位。

（4）计算各单元振捣强度。根据振捣棒棒头位置、振捣时间、振捣棒影响半径以及混凝土钢筋分布和拌合物工作性，确定每个受振影响范围内立方体元的振捣强度。其中，振捣棒棒头位置和振捣时间通过读取数据库获得；其他评价参数如振捣棒影响半径则根据已有现场大量试验统计参数模型细化选取，一般取振捣棒棒头半径的 5～10 倍。

（5）振捣质量可视化。根据设定的振捣强度阈值（由现场试验确定，以振捣时混凝土骨料不再显著下沉并开始泛浆的时间为振捣强度阈值），逐个体元判断其振捣强度是否合格。3D 可视化表达时，不同振捣强度自动赋予设定的颜色，加以区分。

（6）欠振区域实时反馈。搜索欠振区域时，从某一个欠振体元出发，搜索其邻域 26 个立方体元，如图 8.35 所示，找出欠振的相邻体元，再以这些体元为新的节点，进一步搜索各处相邻的其他欠振体元，即进行多叉树搜索，通过递归算法找出所有彼此相邻的欠振体元。

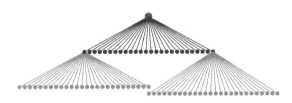

（a）欠振体元周围的26邻域　　　　　　　（b）相邻体元多叉树搜索

图 8.35　欠振区多叉树搜索

经过欠振体 3D 连通域搜索后，得到混凝土构件内部由连通欠振体元集组成的不规则欠振体。计算所有欠振体体积，如体积超过设定的阈值，则将其体积、空间位置参数提交到远端振捣质量报告数据库，并统计累计欠振体积及其占浇筑体总体积的百分比等质量参数。对于混凝土浇筑体内部的欠振漏振区域，相连续的欠振体体积达到一定程度则需要预警，告知施工人员及时补振。

8.3.3　质量统计与分析

（1）实时碾压质量统计。按设定的压实度阈值统计欠压、稍欠、正常、稍过、过压的三维有限元个数，计算正常、稍过、过压的三维有限元总数所占仓面三维有限元总数的比例，即为该仓面碾压质量合格率，同时生成 Web 在线碾压质量报告，以生成 Web 在线质量云图的方式对 3D 施工质量信息进行有效降维处理，实时向现场反馈预警信息，可供远程及手机端查询。

（2）实时注浆质量统计。按设定的注浆量阈值统计欠浆、稍欠、正常、稍过、富浆的三维有限元总数，同理，计算正常、稍过、富浆的三维有限元总数所占仓面三维有限元总数的比例，即为该仓面的注浆质量合格率，同时生成 Web 在线注浆质量云图，以生成 Web 在线质量云图的方式对 3D 施工质量信息进行有效降维处理，实时向现场反馈预警信息，可供远程及手机端查询。

（3）实时振捣质量评价。按设定的振捣强度阈值统计欠振、稍欠、正常、稍过、过振的三维有限元总数，同理，计算正常、稍过、过振的三维有限元总数所占仓面三维有限元总数的比例，即为该仓面的振捣质量合格率，同时生成 Web 在线振捣质量云图，以生成 Web 在线质量云图的方式对 3D 施工质量信息进行有效降维处理，实时向现场反馈预警信息。

8.3.4　监测数据管理

1. 测湿数据管理

单击系统主界面菜单【监测数据管理】→【测湿数据管理】，将弹出测湿数据管理界面，如图 8.36 所示。

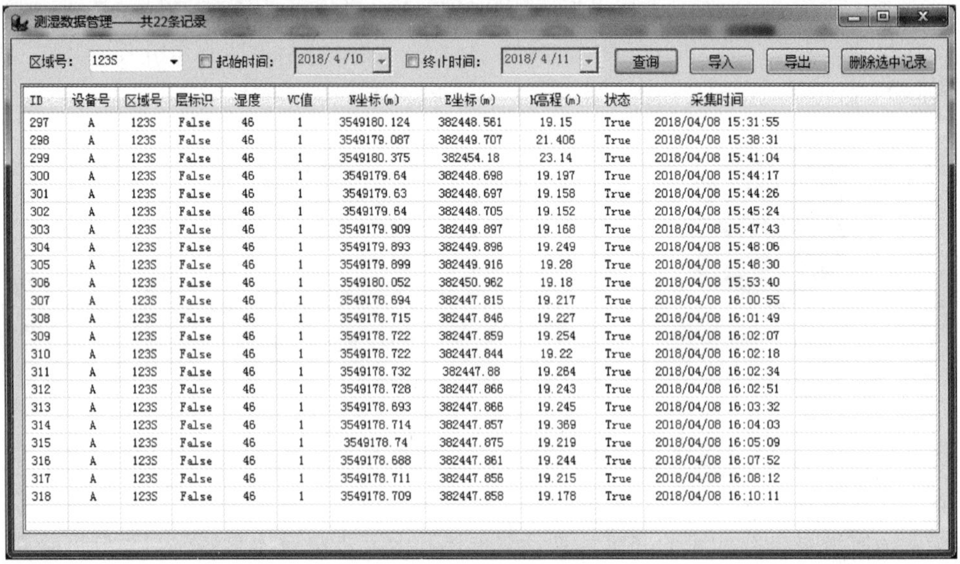

ID	设备号	区域号	层标识	湿度	VC值	N坐标(m)	E坐标(m)	H高程(m)	状态	采集时间
297	A	123S	False	46	1	3549180.124	382448.561	19.15	True	2018/04/08 15:31:55
298	A	123S	False	46	1	3549179.087	382449.707	21.406	True	2018/04/08 15:38:31
299	A	123S	False	46	1	3549180.375	382454.18	23.14	True	2018/04/08 15:41:04
300	A	123S	False	46	1	3549179.64	382448.698	19.197	True	2018/04/08 15:44:17
301	A	123S	False	46	1	3549179.63	382448.697	19.158	True	2018/04/08 15:44:26
302	A	123S	False	46	1	3549179.64	382448.705	19.152	True	2018/04/08 15:45:24
303	A	123S	False	46	1	3549179.909	382449.897	19.168	True	2018/04/08 15:47:43
304	A	123S	False	46	1	3549179.893	382449.896	19.249	True	2018/04/08 15:48:06
305	A	123S	False	46	1	3549179.899	382449.916	19.28	True	2018/04/08 15:48:30
306	A	123S	False	46	1	3549180.052	382450.962	19.18	True	2018/04/08 15:53:40
307	A	123S	False	46	1	3549178.694	382447.815	19.217	True	2018/04/08 16:00:55
308	A	123S	False	46	1	3549178.715	382447.846	19.227	True	2018/04/08 16:01:49
309	A	123S	False	46	1	3549178.722	382447.859	19.254	True	2018/04/08 16:02:07
310	A	123S	False	46	1	3549178.722	382447.844	19.22	True	2018/04/08 16:02:18
311	A	123S	False	46	1	3549178.732	382447.88	19.264	True	2018/04/08 16:02:34
312	A	123S	False	46	1	3549178.728	382447.866	19.243	True	2018/04/08 16:02:51
313	A	123S	False	46	1	3549178.693	382447.866	19.245	True	2018/04/08 16:03:32
314	A	123S	False	46	1	3549178.714	382447.857	19.369	True	2018/04/08 16:04:03
315	A	123S	False	46	1	3549178.74	382447.875	19.219	True	2018/04/08 16:05:09
316	A	123S	False	46	1	3549178.688	382447.861	19.244	True	2018/04/08 16:07:52
317	A	123S	False	46	1	3549178.711	382447.856	19.215	True	2018/04/08 16:08:12
318	A	123S	False	46	1	3549178.709	382447.858	19.178	True	2018/04/08 16:10:11

图 8.36　测湿数据管理界面

在该界面中，选择【区域号】，或同时选择【起始时间】或【终止时间】，再单击【查询】按钮，将在列表中显示满足条件的现场监测数据。

在该界面列中，单击【导入】按钮，可导入文本格式波速监测数据到云端数据库。导入数据文件格式必须与界面中列表格式相同。

在该界面列表中单选或多选记录后，单击【删除选中记录】按钮，将从数据库中永久删除所选的监测数据。

在该界面中，单击【导出】按钮，将导出列表中所有的监测数据为 Excel 报表。

2. 波速数据管理

单击系统主界面菜单【监测数据管理】→【波速数据管理】，将弹出波速数据管理界面，如图 8.37 所示。

在该界面中，选择【起始时间】或【终止时间】，再单击【查询】按钮，将在列表中

图 8.37　波速数据管理界面

显示满足条件的现场监测数据。

在该界面列中，单击【导入】按钮，可导入文本格式波速监测数据到云端数据库。导入数据文件格式必须与界面中列表格式相同。

在该界面列表中单选或多选记录后，单击【删除选中记录】按钮，将从数据库中永久删除所选的监测数据。

在该界面中，单击【导出】按钮，将导出列表中所有的监测数据为 Excel 报表。

3. 碾车定位数据管理

单击系统主界面菜单【监测数据管理】→【碾压车轨迹数据管理】，将弹出碾车轨迹数据管理界面，如图 8.38 所示。

在该界面中，选择【车号】，或同时选择【起始时间】或【终止时间】，再单击【查询】按钮，将在列表中显示满足条件的现场监测数据。

在该界面列中，单击【导入】按钮，可导入文本格式碾车定位监测数据到云端数据库。导入数据文件格式必须与界面中列表格式相同。

在该界面列表中单选或多选记录后，单击【删除选中记录】按钮，将从数据库中永久删除所选的监测数据。

在该界面中，单击【导出】按钮，将导出列表中所有的监测数据为 Excel 报表。

注：车号为碾压车编号，共 2 位，编号必须第一无二。

4. 注浆数据管理

单击系统主界面菜单【监测数据管理】→【机械注浆数据管理】或【人工注浆数据管理】，将弹出注浆数据管理界面，如图 8.39 所示。

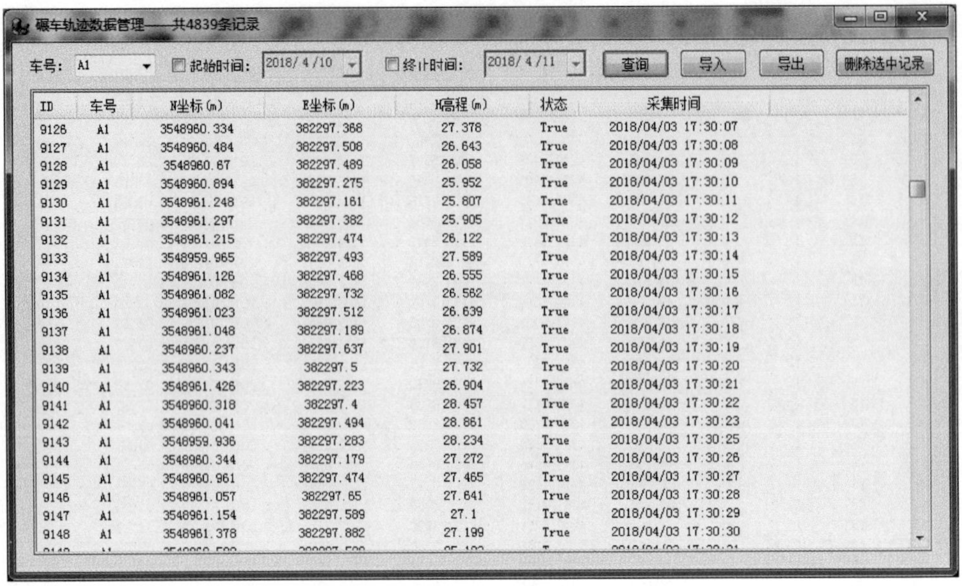

图 8.38　碾车轨迹数据管理界面

图 8.39　注浆数据管理界面

在该界面中，选择【区域号】，或同时选择【起始时间】或【终止时间】，再单击【查询】按钮，将在列表中显示满足条件的现场监测数据。

在该界面列中，单击【导入】按钮，可导入文本格式波速监测数据到云端数据库。导入数据文件格式必须与界面中列表格式相同。

在该界面列表中单选或多选记录后，单击【删除选中记录】按钮，将从数据库中永久删除所选的监测数据。

在该界面中，单击【导出】按钮，将导出列表中所有的监测数据为 Excel 报表。

注：【区域号】共 6 位，前两位为仓号，中间两位为段号，后两位为层号。

5. 振捣数据管理

单击系统主界面菜单【监测数据管理】→【振捣注浆数据管理】，将弹出振捣数据管理界面，如图 8.40 所示。

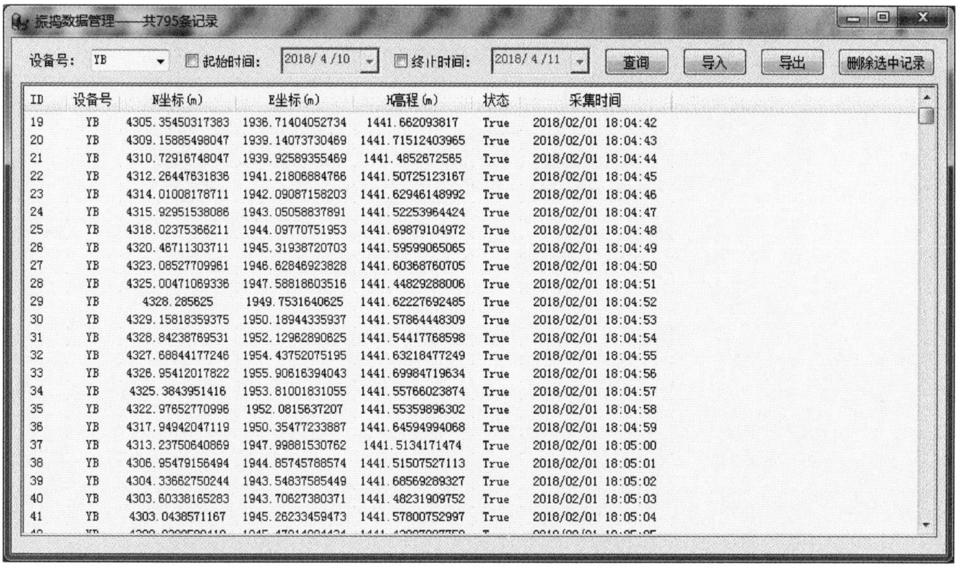

ID	设备号	N坐标(m)	E坐标(m)	H高程(m)	状态	采集时间
19	YB	4305.35450317383	1936.71404052734	1441.662093817	True	2018/02/01 18:04:42
20	YB	4309.15885498047	1939.14073730469	1441.71512403965	True	2018/02/01 18:04:43
21	YB	4310.72916748047	1939.92589355469	1441.4852672565	True	2018/02/01 18:04:44
22	YB	4312.26447631836	1941.21806884766	1441.50725123167	True	2018/02/01 18:04:45
23	YB	4314.01008178711	1942.09087158203	1441.62946148992	True	2018/02/01 18:04:46
24	YB	4315.92951538086	1943.05058837891	1441.52253964424	True	2018/02/01 18:04:47
25	YB	4318.02375366211	1944.09770751953	1441.69879104972	True	2018/02/01 18:04:48
26	YB	4320.46711303711	1945.31938720703	1441.59599065065	True	2018/02/01 18:04:49
27	YB	4323.08527709961	1946.62846923828	1441.60368760705	True	2018/02/01 18:04:50
28	YB	4325.00471069336	1947.58818603516	1441.44829288006	True	2018/02/01 18:04:51
29	YB	4328.285625	1949.7531640625	1441.62227692485	True	2018/02/01 18:04:52
30	YB	4329.15818359375	1950.18944335937	1441.57864448309	True	2018/02/01 18:04:53
31	YB	4328.84238769531	1952.12962890625	1441.54417768598	True	2018/02/01 18:04:54
32	YB	4327.68844177246	1954.43752075195	1441.63218477249	True	2018/02/01 18:04:55
33	YB	4326.95412017822	1955.90616394043	1441.69984719634	True	2018/02/01 18:04:56
34	YB	4325.3843951416	1953.81001831055	1441.55766023874	True	2018/02/01 18:04:57
35	YB	4322.97652770996	1952.0815637207	1441.55359896302	True	2018/02/01 18:04:58
36	YB	4317.94942047119	1950.35477233887	1441.64594994068	True	2018/02/01 18:04:59
37	YB	4313.23750640869	1947.99881530762	1441.5134171474	True	2018/02/01 18:05:00
38	YB	4306.95479156494	1944.85745788574	1441.51507527113	True	2018/02/01 18:05:01
39	YB	4304.33662750244	1943.54837585449	1441.68569289327	True	2018/02/01 18:05:02
40	YB	4303.60338165283	1943.70627380371	1441.48231909752	True	2018/02/01 18:05:03
41	YB	4303.0438571167	1945.26233459473	1441.57800752997	True	2018/02/01 18:05:04

图 8.40　振捣数据管理界面

在该界面中，选择【设备号】，或同时选择【起始时间】或【终止时间】，再单击【查询】按钮，将在列表中显示满足条件的现场监测数据。

在该界面列中，单击【导入】按钮，可导入文本格式波速监测数据到云端数据库。导入数据文件格式必须与界面中列表格式相同。

在该界面列表中单选或多选记录后，单击【删除选中记录】按钮，将从数据库中永久删除所选的监测数据。

在该界面中，单击【导出】按钮，将导出列表中所有的监测数据为 Excel 报表。

注：【设备号】为振捣棒编号，每根振捣棒编号独一无二。

8.3.5　Web 实时在线馈控

远程多维可视化馈控系统是坝体碾压施工质量智能管控的直接承载平台，但如何在现场施工仓面实现与远程系统同步的可视化反馈功能，是近年来大坝建设管理智能化技术研发领域的重要研究课题。以往在项目部及现场分别布设总控站、分控站的方式增加了实施复杂性和应用成本，采用机载馈控系统对碾压作业过程进行实时控制是目前较为先进的馈控方式，但机载系统一般研发周期长、成本高且对机械的耦合度要求较高。为此，本书开发了 B/S 架构的碾压混凝土筑坝 Web 在线质量信息馈控系统，由浏览器端网页直接显示远程系统输出的碾压施工质量报告，现场管理人员可通过手机登录相应 IP 地址查看，实时指导施工人员针对质量缺陷区域及时修复，从而实现施工现场与远程系统的高效协同馈控。

1. 基本流程

考虑到现场应用，坝体碾压施工质量现场 Web 在线可视化馈控基本流程如图 8.41 所示。

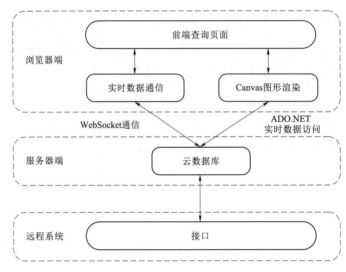

图 8.41　坝体碾压施工质量现场 Web 在线可视化馈控基本流程

（1）远程系统通过程序接口与服务器端进行交互。如前所述，远程系统发送控制指令，按设定的时间间隔计算分析并自动刷新，实时监控当前施工碾压层的质量状况并生成质量报告（含统计报表与二维数字化云图），通过接口将处理结果存入服务器端的云数据库。

（2）浏览器端从服务器端获取质量报告，将统计报表和数字云图同步呈现在 Web 在线信息馈控系统前端界面。其中，质量统计报以实时数据流形式发送，二维数字化云图的绘制采用 HTML5 Canvas 标签在线绘制。

（3）现场施工员可使用手机浏览器登录在线系统查询相关报告，根据馈控结果，结合手机的 GNSS 定位功能，指导工人及时修补质量缺陷。

2. 功能需求及模块设计

由于坝体碾压施工质量三维实时计算分析产生的数据流量较大，受技术水平限制，现阶段无法在浏览器端实现大体量三维模型的实时动态交互计算。因此，考虑到系统时效及工程实用性，以"快速、及时、直观、有效"为设计原则，Web 在线质量信息馈控系统主要功能模块如下：

（1）系统登录模块。Web 在线质量信息馈控系统用户身份信息与远程系统保持一致，但仅提供登录功能，无用户注册、管理等功能。通过身份验证后可进入其他模块执行操作。

（2）质量统计报表。分碾压热层压实质量与层间结合质量两部分。与远程系统统一，按仓、段、层划分的树状结构进行查询，以一个碾压热层为基本查询单位的统计报表具体包括碾压层编码、质量合格率、报告更新时间等内容，同时提供对应层的二维数字化云图快捷跳转按钮。

（3）二维数字化云图。以二维数字云图的形式直观地显示当前碾压施工层的质量状况，开启手机的 GPS 定位功能后，可指示缺陷区域具体位置，指导工人及时修补质量缺陷；施工结束后，可打印最终质量报表及云图形成质量评定资料，供各级单位用户查阅。

综上，质量统计报表和二维数字化云图模块是 Web 在线质量信息馈控系统的两个核心模块，两个模块互相配合，共同完成在线馈控的实时刷新。

3. 现场 Web 在线质量信息馈控实现方法

现场 Web 在线质量信息馈控系统是基于 ASP. NET 技术开发的。ASP. NET 是 Microsoft 公司推出的全新一代的 Web 开发平台，用于生成动态网页，服务器端可用 . NET 兼容的任何语言（如 Visual Basic、C＋＋、C♯等）进行编写。因此，本书基于 HTML5 技术配合现代浏览器的 JavaScript 引擎设计系统前端 Web 网页，通过 ADO. NET 数据库访问技术及 WebSocket 通信协议与云数据库进行交互，C＋＋编写后台服务程序。

（1）馈控界面设计。馈控系统前端页面采用 HTML5 与 JavaScript 脚本代码编写，并载入 ASP. NET 服务器控件，对原本的静态 HTML 界面进行编程，以实现 Web 在线施工质量统计报表及数字化云图的动态显示，最后在云平台上利用 IIS（internet information services）部署网站进行 Web 发布。B/S 结构 Web 在线系统的优势在于通过将核心功能部分转移至后台服务器处理，降低了系统的设计、使用和维护成本。用户通过使用手机等智能设备打开浏览器输入网站 IP 地址即可登录 Web 在线质量馈控系统，发送相关数据查询请求，服务器进行相应的处理后向浏览器发送最新的施工质量报告数据。

（2）质量统计报表数据交互。ADO. NET 是分属 ASP. NET 框架中的一个类库，用于实现 ASP. NET 设计程序对数据库的实时访问及增删改查等操作。现场 Web 在线质量信息馈控系统的数据处理过程如图 8.42 所示，使用 VC＋＋ 2010 编程完成服务器端代码的设计，采用 ADO. NET 技术与云数据库内的数据进行交互，通过 WebSocket 技术进行实时数据传输，最后在前端浏览器页面显示所查询数据。

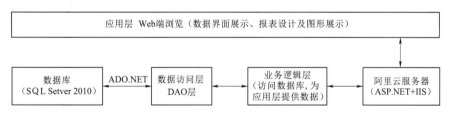

图 8.42　Web 在线质量信息馈控系统数据处理过程

（3）二维数字化云图渲染。为实现施工质量 Web 端可视化馈控，首先就要解决数字化云图的呈现和实时刷新问题。以往实现的 Web 可视化通常是对已有的监控界面文件进行重新绘制或格式转化，极易导致远程系统端与 Web 馈控端修改与变更不同步，进而在实际工程应用中造成时间延误和成本增加。为此，本书提出采用 HTML5 Canvas 标签直接读取数据库内已生成的质量报告数据，直接绘制 2D 数字云图，实现了远程系统到 Web 馈控的无缝衔接。

综上，本书提出的现场 Web 在线质量信息馈控方法，与远程系统实现了分仓、分段、分层的二维数字化云图质量同步馈控，信息丰富而直观、简单而全面，为施工质量现场智能馈控提供了一种新的解决方案。

8.4　可视化系统应用功能

碾压混凝土筑坝精细工艺可视化系统是远程碾压混凝土筑坝精细工艺信息化控制系统的核心组成部分，系统总体功能结构与工作原理如图 8.43 所示。

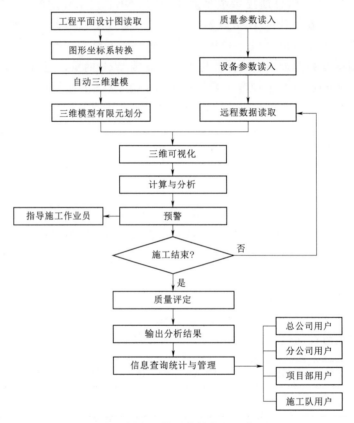

图 8.43　系统总体功能结构与工作原理

（1）系统读取工程平面设计图，并将平面设计图坐标转换到大地坐标系；在此基础上，自动生成施工混凝土构件的三维模型，并对三维模型进行三维有限元划分，将构件的三维模型细分为若干规则正方体。

（2）混凝土施工时，系统自动读入质量参数（包括阈值、预警参数等）和设备参数（如加浆振捣棒编号、长度、影响半径等），并实时读取从设备发送到云端的监测数据（包含碾车定位数据、波速数据、含湿率数据、加浆振捣设备编号、根据 GNSS 和加浆振捣棒传感器测量数据计算得到的加浆振捣位置的三维空间坐标、加浆振捣棒插拔状态等）。

（3）根据读取的实时监测数据，系统基于研发的人工神经网络评价模型，自动/实时计算混凝土构件的碾压密实度、加浆质量、振捣强度（密实度）；按照设定的质量评价阈值，统计构件内部质量缺陷的个数、体积、位置，根据设定的预警参数，生成预警信息并写入数据库，供施工员手机 App 读取，实时反馈指导施工员作业。

（4）如单元构件施工结束，系统根据设定的评价指标参数，自动分析评价混凝土构件的碾压、加浆和振捣质量，并将分析结果写入云端数据库，供各级用户查询、统计分析。

（5）各级用户通过系统提供的施工信息化管理模块，按照各自的权限对混凝土碾压、加浆和振捣结果进行质量统计、查询与用户管理。

可视化系统又细分为三维碾压、三维注浆、三维振捣、碾压云图、注浆云图和振捣云图等 6 个子系统。其中，三维碾压、三维注浆及三维振捣系统主要功能为：施工层精细工艺参数包括碾压热层压实质量、层间结合质量和防渗层加浆及振捣质量计算分析及可视化；生成施工质量馈控信息，包括统计报告和数字化云图两部分。碾压云图、注浆云图及振捣云图系统主要功能为：施工段、仓整体质量计算分析及可视化。

因碾压/注浆/振捣云图系统是在三维碾压/注浆/振捣系统的基础上进行信息简化、合并以提供整体效果显示，其他功能与三维系统类似，故以三维碾压、三维注浆及三维振捣系统为主介绍可视化系统功能。

8.4.1　三维碾压系统

三维碾压系统主要是自动读取现场碾压工艺参数（包括拌合料含湿率值、应力波波速值、碾压车定位数据），基于碾压层压实度评价模型和层间结合度评价模型，实时计算分析工程各构件的碾压质量，并实时生成碾压质量评价报告，用于现场反馈。图 8.44 为某工程碾压混凝土重力坝体 3D 施工信息模型。

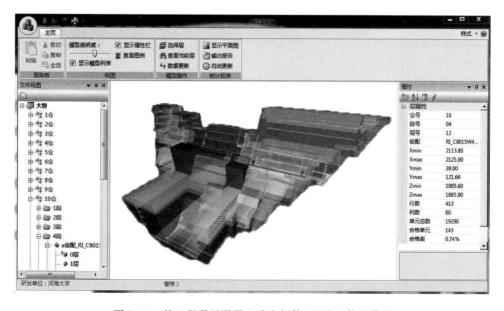

图 8.44　某工程碾压混凝土重力坝体 3D 施工信息模型

依次选择界面左侧树形列表中的大坝三维模型仓号—段号—层号,将在三维图形界面中显示具体碾压层压实质量可视化效果,包括该热层各碾压参数值(含湿率、应力波波速、碾压车定位数据),并实时计算该层的施工质量,以不同色阶代表不同压实质量,界面右侧属性栏显示该层的属性值及合格率,如图 8.45、图 8.46 所示。

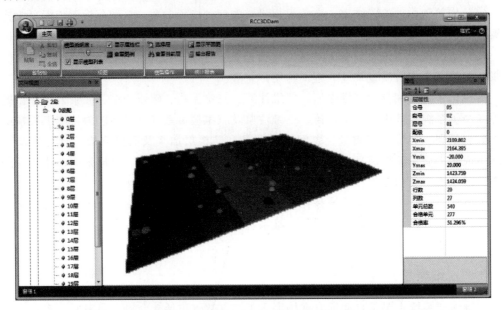

图 8.45　某碾压层碾压质量可视化效果

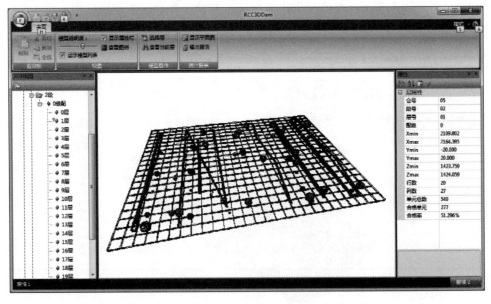

图 8.46　线框模式(快捷键 G)三维可视化效果

(1)分别用绿色、黄色球体表示该层的上、下层含湿率测点点位,球体大小表示测湿值。

（2）用蓝色球体表示该层波速测量点位，球体大小取决于波速值。

（3）紫色多段线表示该层碾车轨迹。

各系统还可通过鼠标对三维模型进行旋转、平移、缩放、选择与反馈；可采用多种方式查看施工质量效果。如：通过单击鼠标左键，可选择碾压层单独显示（即隐藏大坝其他部位）及在坝体整体模型中显示；快捷键 W 切换系统背景颜色；快捷键 G 切换模型线框显示模式；快捷键 T 切换模型实体填充模式；移动鼠标悬浮在工具框内的碾压区域某点片刻，随时可获得该点位置的压实度指标，如图 8.47 所示。

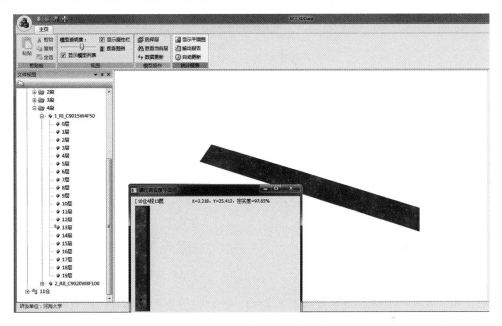

图 8.47 压实度指标修改操作示意图

单击界面顶端工具栏的【显示平面图】按钮，将弹出对话框，显示当前模型层的碾压密实度二维平面图，如图 8.48 所示。

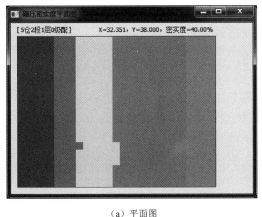

（a）平面图　　　　　　　　　（b）图例

图 8.48 碾压密实度平面图及其图例

另外，除了通过左侧树状结构图选择某层模型，还可单击界面顶端工具栏的【选择层】按钮，将弹出三维模型单元选择对话框，如图 8.49 所示，在下拉列表中选择指定仓号、段号、层号，将把对应的模型层作为当前三维模型层。

单击界面顶端工具栏的【查看当前层】按钮，将自动把距离当前时间最近的施工层作为当前三维模型层，计算该层的施工质量，将该层施工质量报表提交到云端数据库。

单击界面顶端工具栏的【输出报告】按钮，将显示当前三维模型层的施工质量二维数字化云图，如图 8.50 所示。

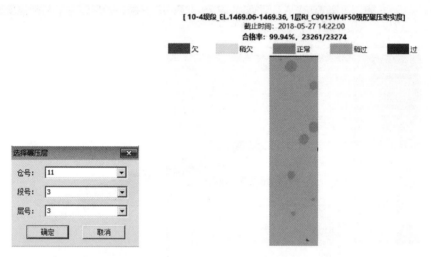

图 8.49　三维模型单元选择对话框　　图 8.50　碾压质量数字化云图

单击界面顶端工具栏的【数据更新】按钮，将自动读取最新的现场监测数据，并搜索对应的施工层，实时计算新施工层的施工质量，将新施工层的质量报表提交到云端数据库。

单击界面顶端工具栏的【自动更新】按钮，将进入无人值守模式，按照设定的时间间隔自动进行【数据更新】。

通过单击鼠标左键，可实现模型单独显示与坝体模型整体显示的切换，丰富可视化查询方式。右侧属性栏显示该段、仓对应施工质量合格率。

8.4.2　三维注浆系统

三维注浆系统主要是自动读取现场注浆数据（注浆点位和注浆量），含人工注浆和机械注浆（以不同设备号区分）；基于加浆评价模型，实时计算分析工程各构件的注浆质量，并实时生成注浆质量评价报告，用于现场反馈。

进入三维注浆系统，单击界面左侧树形列表中的三维模型层号，将在三维图形界面中显示该层的三维模型，根据远程采集的最新注浆数据，自动判断当前注浆层，并计算该层的施工质量，用不同颜色表示注浆饱和度；在界面右侧的属性表中显示该层的属性值。

同时，将该层施工质量报表提交到云端数据库，生成注浆质量可视化效果图，如图 8.51 所示。

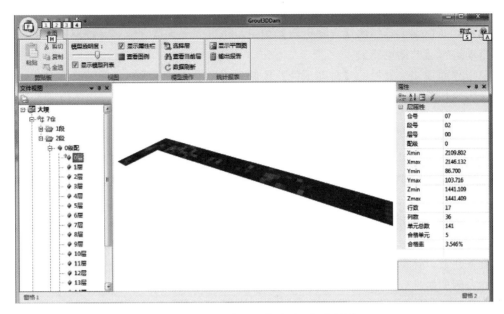

图 8.51 某注浆层注浆质量可视化效果

分别用不同颜色块表示该层的机械注浆、人工注浆点位，块体大小表示注浆量值；单击界面顶端工具栏的【显示平面图】按钮，将弹出对话框，显示当前模型层的注浆质量二维平面图，如图 8.52 所示。

单击界面顶端工具栏的【输出报告】按钮，将显示当前三维模型层的注浆质量云图，如图 8.53 所示。

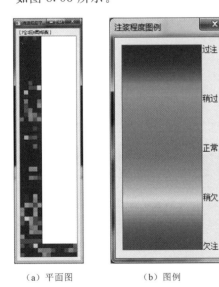

（a）平面图　　　（b）图例

图 8.52 注浆质量平面图及对应图例

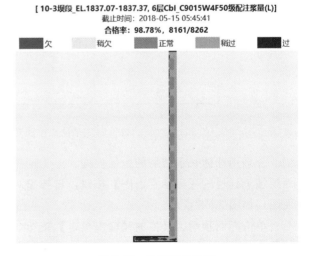

图 8.53 注浆质量云图

单击界面顶端工具栏的【数据更新】按钮，将自动读取最新的现场监测数据，并搜索对应的施工层，实时计算新施工层的施工质量，将新施工层的质量报表提交到云端数据库。

单击界面顶端工具栏的【自动更新】按钮，将进入无人值守模式，按照设定的时间间隔，自动进行【数据更新】。

单击界面顶端工具栏的【自动预警】按钮，将按设定的预警时间间隔，实时生成馈控信息，为现场施工提供反馈。

8.4.3　三维振捣系统

三维振捣系统主要是自动读取现场振捣数据（振捣棒棒头位置及振捣时间），基于振捣质量评价模型，实时计算分析工程各构件的振捣质量，并实时生成振捣质量评价报告，用于现场反馈。

进入振捣三维可视化计算分析模块，单击界面左侧树形列表中的三维模型层号，将在三维图形界面中显示该层的三维模型，程序自动读取云端数据库中的振捣数据，结合振捣加浆设备参数，计算各有限元的振捣加浆强度，采用设定的色阶三维显示振捣加浆效果。在界面右侧的属性表中显示该层的属性值。同时，将该层施工质量报表提交到云端数据库，生成质量可视化效果图，如图 8.54 所示。

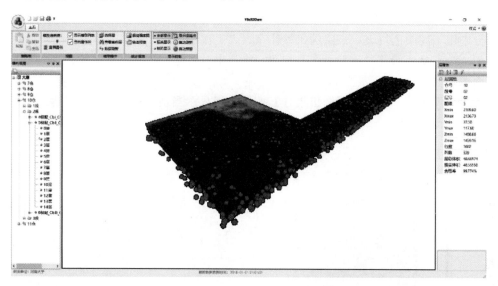

图 8.54　某注浆层注浆质量可视化效果

分别用球体表示该层的机械振捣、人工振捣点位，球体大小表示振捣强度值；单击界面顶端工具栏的【显示平面图】按钮，将弹出对话框，显示当前模型层的振捣质量二维平面图，如图 8.55 所示。

单击界面顶端工具栏的【输出报告】按钮，将显示当前三维模型层的振捣质量云图，如图 8.56 所示。

单击界面顶端工具栏的【数据更新】按钮，将自动读取最新的现场监测数据，并搜索对应的施工层，实时计算新施工层的施工质量，将新施工层的质量报表提交到云端数据库。

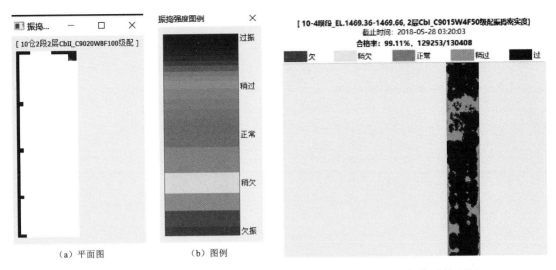

（a）平面图　　　　（b）图例

图 8.55　振捣质量平面图及对应图例

图 8.56　振捣质量云图

单击界面顶端工具栏的【自动更新】按钮，将进入无人值守模式，按照设定的时间间隔，自动进行【数据更新】。

单击界面顶端工具栏的【自动预警】按钮，将按设定的预警时间间隔，实时生成馈控信息，为现场施工提供反馈。

工程应用

第 9 章　碾压混凝土施工技术现场应用

9.1　工程背景

其工程现场环境高湿、多雨、蒸发量大。坝体混凝土施工工期为 24 个月（碾压混凝土施工工期 23 个月），坝体月平均上升高度约 6m，坝体上升速度与国内同类工程相比较要求高。施工面临的难点为：①场区施工道路布置困难，坝体碾压混凝土拟采用自卸汽车＋转满管泄槽＋转仓面汽车＋缆机吊运等多种入仓方式，转料环节多；②工程区昼夜温湿度变化大，温控难度高；③坝体混凝土分区较多，大面积仓号作业时间长，入仓强度组织要求高，质量控制难度大；④现场原材料差异性强，普通混凝土及碾压混凝土合格配比优化困难，严重影响碾压坝质量控制成效；⑤大坝施工工期十分紧张，依据现有条件快速施工碾压混凝土层面质量监控和模板工程改造面临诸多现实困难。研究探寻碾压混凝土层面快速施工质量馈控方法，将是监控保障施工质量和进度的关键。

9.2　混凝土碾压热层质量参数智能化采集现场应用与效果

9.2.1　智能含湿率测试仪现场试验

将智能含湿率测试仪应用于某工程 1～5 号坝段、第 10 仓，并测试应用效果。智能含湿率测试仪现场试验步骤如下：

1. 设置相关信息参数

（1）设置仓号、段号、层号、级配和新拌混凝土压实状态。

（2）按【开/关】键，打开含湿率在线采集仪仪表开关。

2. 试样制备

将筛除粗骨料的混凝土分三次装入容量筒内，每装入一次后就进行拍打压实。每次将松散混凝土装入到长刻度线处，用铁制重圆盘拍打到整体处于密实状态。

3. 测试

（1）将智能含湿率测试仪的探针竖直插入压实后拌合物中。

（2）按【测量】键，仪器即可按顺序测量记录探测器电极所处位置的介质体积含湿率。

（3）按【菜单】键—【确定】键，进入混凝土含湿率数据上传界面，再次按【确定】键进行含湿率数据上传，按【菜单】键，返回主页面，以便下次测量碾压混凝土含湿率，现场测试如图 9.1 所示。

（a）探针竖直插入拌合物　　　　　　　　（b）采集仪现场检测

图 9.1　智能含湿率测试仪现场应用

4.测试注意事项

（1）打开智能含湿率测试仪，直到显示界面显示 0 ……… 0 时，表明数据上传正常，且搜星满足定位精度要求时，方可进行测试。

（2）检测碾压混凝土含湿率时，为检测准确，需将水分传感器探针部分完全插入混凝土中，但混凝土中含有大量大骨料，插针插入时容易触碰到大骨料而无法完全没入混凝土中，因此需将混凝土中大骨料完全剔除后进行检测。

（3）为保证测试骨料含湿率的准确性，将筛除骨料后的碾压混凝土分三次放入圆筒中时，需使每次放入混凝土量大致相等，放入后拍打压实时需确保表面泛浆，保证圆筒中压实后的拌合物整体均匀。

（4）将智能含湿率测试仪探针插入拌合物中时，确保传感器以垂直方向一次性插入且过程中不能晃动，一次直接插入可避免空气进入拌合物中，增加拌合物中空气含量，影响检测的准确性。

（5）检测时需多次检测取平均值，为保证准确性，每次检测完后需将拌合物重新击打压实，每次检测的位置不能相同，确保检测值有足够的代表性。

对二级配、三级配碾压混凝土分别进行含湿率测试，同时检测相应 VC 值，以确定测值是否能替代 VC 值表征碾压混凝土可碾性能，试验结果见图 9.2 和表 9.1。分析表 9.1 中数据可知，智能含湿率测试仪所测得骨料含湿率与对应测得 VC 值除个别异常点外，均存在良好的对应关系，含湿率越高则 VC 值越小。表明用智能含湿率测试仪测得骨料含湿率可以替代 VC 值反映碾压混凝土碾压性能，能满足工程需要。造成两种测量结果存在一定差别的原因有很多：一方面，VC 值测量由人工控制，测量过程中可能存在操作失误及计量误差；另一方面，碾压混凝土在现场摊铺后有大型喷雾机向其表面喷雾，VC 值测量与水分测定仪现场测量存在一定时差，两者结果间会存在一定差别。

9.2.2　波速仪现场测试与应用效果分析

作者使用智能应力波速仪在某工程碾压混凝土坝施工现场检测表面波在碾压混凝土中

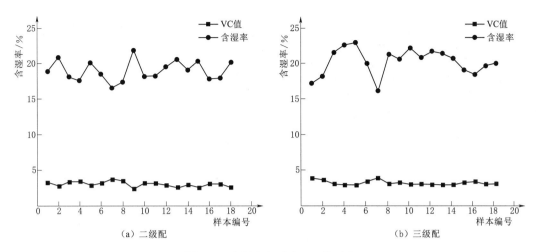

图 9.2　含湿率与对应 VC 值对比

表 **9.1**				试　验　数　据

序号	二　级　配		三　级　配	
	VC 值/s	含湿率/%	VC 值/s	含湿率/%
1	3.3	18.9	3.8	16.9
2	2.8	20.9	3.6	17.9
3	3.4	18.1	3.0	21.2
4	3.5	17.6	2.8	22.3
5	2.9	20.2	2.8	22.6
6	3.2	18.6	3.3	19.7
7	3.8	16.6	3.8	15.9
8	3.6	17.4	3.0	21.0
9	2.4	21.9	3.2	20.3
10	3.2	18.2	2.9	21.8
11	3.2	18.3	3.0	20.5
12	2.9	19.5	2.9	21.4
13	2.6	20.6	2.9	21.1
14	3.0	19.1	2.9	20.4
15	2.6	20.4	3.2	18.8
16	3.1	17.8	3.3	18.2
17	3.1	18.0	3.0	19.4
18	2.6	20.1	3.0	19.7

传播速度，在仓面中心区域取三个碾压条带，对同一碾压条带在不同碾压遍数条件下各检测三次，同时使用核子密度仪检测对应位置处压实度值，现场检测如图 9.3 所示，部分检测结果见表 9.2。

（a）智能应力波速仪　　　　　　　　　　　（b）核子密度仪复测

图 9.3　智能应力波速仪现场检测

表 9.2　　　　　　　　　　　　　　　部 分 检 测 结 果

级配	组数	第一遍		第二遍		第三遍	
		波速/(m/s)	压实度/%	波速/(m/s)	压实度/%	波速/(m/s)	压实度/%
二级配	1	269.81		289.78		298.63	
	2	272.78	94.35	286.67	97.12	295.79	97.62
	3	274.89		283.46		292.48	
	4	279.45		283.63		285.73	
	5	272.48	95.15	288.78	96.58	295.62	97.25
	6	271.68		285.43		292.61	
	7	265.47		283.46		289.64	
	8	276.98	93.15	281.58	96.88	291.32	97.18
	9	279.82		287.59		288.98	
三级配	1	257.42		276.83		292.12	
	2	269.72	94.25	272.48	97.15	287.62	97.55
	3	262.44		278.87		286.42	
	4	271.45		274.62		289.35	
	5	259.62	95.32	272.65	97.18	302.47	97.60
	6	264.32		282.32		291.52	
	7	269.36		279.58		275.88	
	8	265.43	95.60	270.44	97.12	285.42	97.48
	9	268.72		277.62		290.35	

　　现场应用表明，智能应力波速仪具有测试简单、准确、方便等特点，单点平均测试时间为 1min，相比于核子密度计测试法，效率得到极大的提高。分析检测结果可得，智能应力波速仪测值稳定性好，离散性小，单点测试均方差的均值为 3.16，且表面波波速对碾压混凝土压实质量较为敏感，随着碾压混凝土不断被压实，波速将逐渐增大，证明智能

应力波速仪可以满足现场使用要求。通过研究发现波速测值产生波动的影响因素很多，主要是以下三个方面：首先，碾压混凝土压实后表面存在很多石子，表面波激发装置中铁球与混凝土表面接触到石子所激发的波与接触到小颗粒所激发的波存在一定差别；其次，尽管智能应力波速仪检测时避免周边存在大型施工机械作业且内部信号处理系统可有效降低周边干扰信号影响，但实际计算时部分干扰信号可能未被完全处理，对计算结果产生了一定影响；最后，碾压混凝土经过振动碾压后大小颗粒不断重新组合，逐渐变为一个整体，但其内部并不均匀，各位置孔隙率存在差别，对表面波传播会产生一定影响。

9.2.3　压实度和含湿率现场联合测定试验

选取某工程左岸 10 号坝段碾压区的第 4 施工仓第 11 层（1～5 号坝段，高程为1882.00～1888.00m）。该区域为二级配碾压区域，通过在施工现场实时采集碾压工艺参数并上传，远程评价碾压混凝土现场施工压实质量并进行现场馈控，开展了有效应用，并运用核子密度仪在现场采集碾压压实度实测值，验证了智能含湿率测试仪和智能应力波速仪现场联合测试的可靠性。

（1）选取碾压区域内二级配混凝土，仓面实时检测若干组单独测点的含湿率值和应力波波速值，并通过 BP 神经网络预测模型得出上述测点压实度。

（2）利用核子密度仪对相同测点检测压实度值，分析压实度预测值与实测值间的关系。模型计算中，输入某评价单元内某点实时测量数据（二级配骨料、含湿率为 21.1％、应力波波速为 257.98m/s），得到预测压实度 94.12％；采用核子密度仪检测该点压实度为 95.30％，两者差值满足精度要求。其余测点压实度评价数据见表 9.3，结果表明，除少量异常值外，两者差值均小于 0.8％，基于现场应力波和含湿率联合测试所建立的施工层压实度评价模型可以较好反映现场碾压混凝土施工压实情况。

表 9.3　　　　　　　　　第 11 层二级配部分测点碾压混凝土压实度评价数据

含湿率/％	应力波波速/(m/s)	BP 模型压实度预测值/％	核子密度仪压实度实测值/％
21.2	275.42	96.85	96.87
21.2	283.25	97.35	97.45
21.2	296.74	98.25	98.12
20.5	267.45	96.24	94.38
20.5	274.38	96.88	96.48
20.5	287.79	97.42	97.80
20.5	297.57	99.20	98.50
19.3	270.00	95.25	95.80
19.3	282.42	97.58	97.89
19.3	289.08	98.50	98.60
19.3	306.72	98.90	99.40
18.3	270.42	97.28	97.52
18.3	284.25	98.28	98.42

含湿率/%	应力波波速/(m/s)	BP模型压实度预测值/%	核子密度仪压实度实测值/%
18.3	300.12	98.90	99.30
19.6	268.72	94.56	94.12
19.6	284.65	97.38	97.25
19.6	293.10	98.15	97.98
19.6	303.20	98.96	98.88
19.0	267.40	94.50	94.58
19.0	280.32	97.32	97.62
19.0	289.98	98.25	98.40
19.0	297.62	98.38	99.12

利用本书所提出的基于应力波和含湿率联合测试实时评价碾压混凝土压实度指标方法，可形成碾压混凝土施工热层的实时压实质量评价模型。现场使用表明，实时评价模型使用效果良好，能满足快速、精细化馈控施工要求。

9.3　碾压层质量智能模型现场应用与效果

9.3.1　施工压实质量评价模型现场应用

试验以某工程1～5号坝段、第10号碾压区为例进行测试。该仓面的新拌碾压混凝土使用水泥为 P·MH42.5 水泥，粉煤灰为Ⅱ级粉煤灰；骨料采用砂石加工系统生产的人工骨料，母岩为灰岩，细骨料为灰岩人工砂，碾压砂细度模数为3.08，石粉含量为20.9%，其中小于0.08mm微粒含量为6.8%。粗骨料经过砂石筛分系统二次筛分的灰岩碎石；外加剂采用 ZB-1Rcc15、ZB-1A 缓凝型高效减水剂，GK-9A 引气剂；拌合水采用营地用水。碾压混凝土的配合比见表9.4。

表 9.4　　　　　　　　　　　　大坝碾压混凝土配合比

设计强度等级	级配	粉煤灰掺量/%	减水剂掺量/%	引气剂掺量/%	水胶比	表观密度/(kg/m³)	石子比例(小石：中石：大石)
$C_{90}15W4F50$	三级配	60	0.70	8.0	0.55	2490	30：40：30
$C_{90}20W8F100$	二级配	55	0.70	8.0	0.45	2450	50：50：0

现场采用含湿率测试仪直接测出仓面铺料后拌合料的含湿率值；在振动碾碾压规定的遍数后，通过应力波波速仪测定该位置采集滤波后的表面纵波波速值，同步采用核子密度计实时检测相应位置处的单点压实度。在现场不同碾压部位重复该过程；通过测定不同碾压层不同位置的含湿率、波速以及对应检测压实度，结合已知的对应级配和材料胶砂比，应用 GA-BP 神经网络预测对应压实度值并对比实测压实度值，部分数据见表9.5和表9.6。

表 9.5 二级配碾压混凝土试验数据

含湿率/%	纵波波速/(m/s)	压实度/%		含湿率/%	纵波波速/(m/s)	压实度/%	
		预测值	实测值			预测值	实测值
21.2	257.98	94.15	92.57	18.3	265.82	94.12	95.30
21.2	275.42	96.85	96.87	18.3	270.42	97.28	97.52
21.2	283.25	97.35	97.45	18.3	284.25	98.28	98.42
21.2	296.74	98.25	98.12	18.3	300.12	98.90	99.30
20.5	267.45	96.24	94.38	19.6	268.72	94.56	94.12
20.5	274.38	96.88	96.48	19.6	284.65	97.38	97.25
20.5	287.79	97.42	97.80	19.6	293.10	98.15	97.98
20.5	297.57	99.20	98.50	19.6	303.20	98.96	98.88
19.3	270.00	95.25	95.80	19.0	267.40	94.50	94.58
19.3	282.42	97.58	97.89	19.0	280.32	97.32	97.62
19.3	289.08	98.50	98.60	19.0	289.98	98.25	98.40
19.3	306.72	98.90	99.40	19.0	297.62	98.38	99.12

表 9.6 三级配碾压混凝土试验数据

含湿率/%	纵波波速/(m/s)	压实度/%		含湿率/%	纵波波速/(m/s)	压实度/%	
		预测值	实测值			预测值	实测值
21.5	257.45	94.32	94.33	19.1	262.40	95.23	95.40
21.5	264.38	95.65	96.43	19.1	276.62	97.32	97.45
21.5	277.79	97.38	97.75	19.1	287.55	98.15	98.35
21.5	287.57	98.24	98.45	19.1	297.80	98.72	98.95
20.4	262.43	94.25	93.63	19.8	252.40	93.22	93.40
20.4	275.32	97.42	97.19	19.8	269.65	96.92	96.84
20.4	284.28	97.95	98.35	19.8	278.46	97.65	97.74
20.4	295.48	98.72	99.23	19.8	289.81	98.12	98.45
20.3	260.00	94.35	95.75	22.3	254.72	94.74	95.25
20.3	272.42	96.98	97.84	22.3	263.28	96.85	97.40
20.3	279.08	97.85	98.55	22.3	278.69	97.48	97.85
20.3	296.72	99.26	99.35	22.3	286.78	98.18	98.55

　　将所得模型预测值与工程现场核子密度计实测值进行误差分析比较，验证碾压混凝土施工压实质量 GA - BP 神经网络预测模型的可靠性，结果如图 9.4 所示。

　　图 9.4（a）、（b）分别为二级配及三级配碾压混凝土施工压实质量监测模型预测值与现场实测值对比，结果表明除少量异常值外，两者差值均小于 1%。由此表明，GA - BP 神经网络预测模型不仅显著提高碾压混凝土压实度预测精度，且预测值偏差波动范围小，更能准确有效地预测现场碾压层混凝土压实性。根据以上数据结合材料级配分区（R1 _ C$_{90}$15W4F50），采用 GA - BP 人工神经网络评价模型得出某工程碾压混凝土坝 10 号碾压

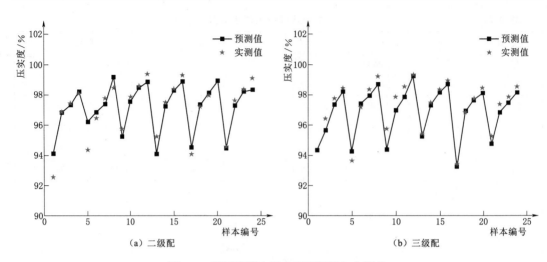

图 9.4 碾压混凝土压实度预测值与实测值

区 4 段 13 层碾压压实度，显示云图效果见图 9.5。图 9.5 中大部分区域显示为蓝绿色，即碾压密实区域，压实度在 98% 以上，而红色区域为未压实区，压实度低于 98%，黄点为波速仪测试的波速值，蓝点为含湿率测试值。由图分析计算可知，通过模型评价显示的混凝土压实度与核子密度计测定压实度的一致性达到 95% 以上，满足工程现场质量控制要求。

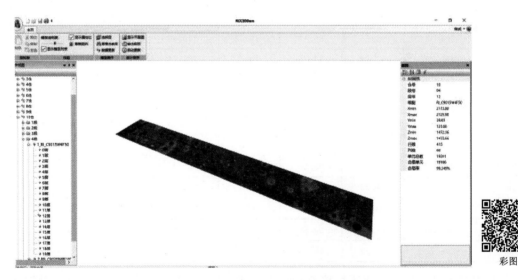

彩图

图 9.5 碾压混凝土压实度远程馈控显示

9.3.2 层间结合质量预测模型现场应用

层间结合质量模型是基于上层碾压混凝土含湿率、下层含湿率以及对应的压实度建立的 BP 神经网络模型。上、下层含湿率由含湿率仪直接测出，对应的压实度由 GA - BP 神经网络进行计算得出。芯样劈裂抗拉强度和抗剪强度平方和根值由取芯获得，因此，在工程现场试验中，碾压层上层含湿率、下层含湿率、上层压实度、下层压实度、劈裂抗拉强度和抗剪强度平方和根值取芯实测值与 BP 神经网络模型预测值的部分数据见表9.7。

表 9.7　试验数据统计表

芯样	上层含湿率 /%	上层压实度 /%	下层含湿率 /%	下层压实度 /%	劈裂抗拉强度和抗剪强度平方和根值	
					取芯实测值 $\sqrt{\Delta_1}$/MP	BP 神经网络模型预测值 $\sqrt{\Delta_2}$/MP
A_1	24.1	98.9	23.4	98.1	9.45	9.32
A_2	21.7	96.2	21.7	96.0	7.74	8.15
A_3	23.1	97.6	22.5	97.4	9.19	9.09
A_4	23.1	97.1	23.3	98.3	9.55	9.34
A_5	23.7	98.6	21.8	96.0	7.56	7.72
A_6	23.5	98.5	22.1	97.1	9.55	9.05
A_7	20.8	94.7	23.9	98.8	9.77	10.01
A_8	23.6	98.5	21.8	96.3	8.89	8.99
A_9	21.9	95.5	23.5	98.5	9.72	9.78
A_{10}	21.9	97.1	22.8	97.2	9.07	9.33
A_{11}	23.2	97.5	22.5	97.8	9.32	9.45
A_{12}	23.0	97.6	24.3	99.5	10.18	9.78
A_{13}	23.1	98.8	22.0	96.2	8.63	8.93

将 $\sqrt{\Delta_2}$ 与 $\sqrt{\Delta_1}$ 进行比较（图 9.6），验证碾压混凝土施工层间结合质量评价模型的可靠性，并进行误差分析。

图 9.6 表明了该模型通过上层含湿率、上层碾压混凝土压实度、下层含湿率和下层碾压混凝土的压实度能够准确预测结合层的结合质量，并量化为强度指标，从而作为表征层间结合质量的指标。除个别点外，模型预测误差基本都在 0.4MPa 以内，表明本书所建立碾压混凝土施工压实质量实时监测模型预测精度较高。根据以上数据结合材料级配分区 （R1 _ C9015W4F50），采用三层 GA-BP 人工神经网络评价模型得出的某工程碾压混凝土坝 10 号碾压区 4 段层

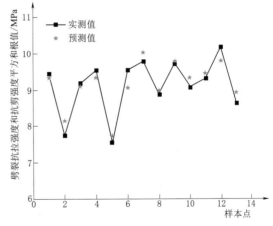

图 9.6　层间结合质量预测值与实测值

间结合质量，显示云图见图9.7。图中大部分区域显示为蓝绿色，即碾压密实区域，强度满足设计使用要求，而红色区域为未压实区，强度不满足要求。由图分析计算可知，通过模型评价显示的混凝土层间结合质量与取芯测定强度一致性达到 95％ 以上，满足工程现场质量控制要求。

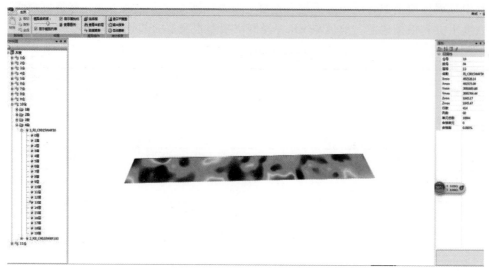

彩图

图 9.7 碾压混凝土层间结合质量云图

9.3.3 压实质量薄弱区域评价模型现场应用

3.1 节分析了压实质量薄弱区域的影响，可知在实际施工中，对于合格区域满足相应要求的仓面，其不合格区域的缺陷程度也极大影响着碾压层整体质量。另外，3.5.4 节也利用现场碾压条带试验验证了薄弱区域量化指标的适用性。因此，在实际施工过程中要对碾压层不合格区域进行分析，以保证施工仓面质量评估的可靠性。

对同一碾压层进行插值可绘制相应压实度云图，如图 9.8 所示，可以明显看到不合格区域存在聚集趋势，但实际施工中，仅凭肉眼观察无法量化聚集程度，特别是当施工任务紧时，不可能实现对云图中监测到的任意不合格区域进行补碾修复，因此量化分析每一碾压层不合格点特征属性将有利于提高施工效率以及质量精细化水平。

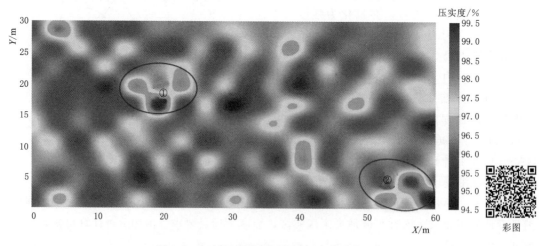

彩图

图 9.8 95%可靠度保证率下压实度分布云图
①、②—聚集程度较高的不合格点

将上述碾压层（60m×30m）非合格网格选出，进行压实薄弱区域质量评价。在智能馈控系统中实时生成碾压过程中的 M 及 CV 值，待终碾结束后，薄层欠压程度 M 为 0.61%（>0.5%），即薄弱区域压实度与目标值偏差较大；CV 值为 68%（>64%），即不合格点聚集属性明显。通过以上两个指标监测值及其预设标准，可确定存在连续薄弱区域，同时可结合分布云图，通知施工人员进行精准补碾修复，且生成薄弱区域点 Voronoi 图，如图 9.9 所示。

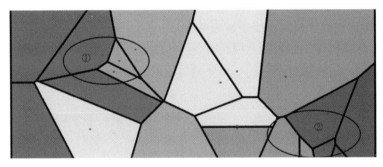

彩图

图 9.9 不合格点的 Voronoi 图

图 9.9 展示了薄弱区域空间分布信息，任意 Voronoi 多边形中只有一个不合格点，且不合格点分布相对集中时，多边形面积较小，显然图中主要有两处较小面积多边形（①和②）聚集。由 CV 值为 68%，可知仓面薄弱区域分布过于集中。图 9.9 中不合格区域分布位置和范围与图 9.8 中 95% 可靠度保证率下压实度分布云图大致相同，说明了 Voronoi 图能够通过 CV 指标有效识别薄弱区域分布状态。在传统合格率统计评价方法中，此碾压层会被判定为合格，且合格率较高，无法获知连续不合格区域形成的质量缺陷，若不及时修复将影响大坝整体性能。

9.3.4 应用效果分析

本章根据可准确获取的拌合料含湿率、碾压层表面波波速和材料性能参数，采用基于遗传算法的 BP 神经网络，构建压实度预测模型，分析预测仓面检测点处的碾压混凝土压实度指标。该压实质量模型用于某工程碾压混凝土重力坝浇筑中进行效果验证。在预测误差不超过 1% 的范围内，能够对全层面进行准确预测，同时，测值稳定可靠；碾压混凝土施工压实质量监测模型预测值与现场实测值拟合度较好，预测效果良好，基本可以满足工程要求。

在压实度预测模型的基础上，通过建立上、下碾压层含湿率和对应的压实度值，运用三层 BP 神经网络对层间结合质量进行预测，并利用现场试验验证了该模型的准确性与稳定性。除去个别异常点，模型的预测误差基本在 0.4MPa 范围之内，大部分测试点的误差在 0.2MPa 附近，且模型评价显示的混凝土层间结合质量与取芯测定强度一致性达到 95% 以上，因此，层间结合质量评价模型满足工程现场质量控制要求。

在压实度和层间结合质量满足要求的情况下，通过 M 和 CV 值可判断出相同碾压层不合格点压实度值与标准值差异稍大，且在空间分布较为聚集，需要加以修复。因此，相比单一压实度评价以及层间结合质量评价，增加对薄弱区域空间特征量化的综合评价，有利于提高碾压层压实质量评价准确性，更加适应复杂多变施工现场。

9.4　变态混凝土数字化施工馈控技术现场应用与效果

9.4.1　变态混凝土数字精细化加浆现场应用与效果分析

9.4.1.1　数字化搅拌式机械注浆机仓面现场应用

新一代数字化搅拌式机械注浆机是在两代设备研究的基础上全新研发的数字化搅拌式注浆设备，加上数字化采集系统全新组装，数字通信效果、数字上传样式以及数据采集精度等一系列问题还需进行相应的户外试验（图9.10、图9.11）进行验证。

图9.10　搅拌加浆试验　　　　　　　　图9.11　数字化搅拌轴系统检测

设备在初始进行搅拌加浆时，注浆效果良好，柴油动力源的改进使得注浆头在搅拌过程中有了较大动力，搅拌加浆过程相较之前更加流畅均匀，设备已经满足仓面施工的要求。

搅拌注浆设备在注浆过程中数据采集上传出现一系列问题，最主要有坐标定位非固定解问题以及数据上传格式问题。坐标数据的非固定解主要是由于在注浆操作在过程中，注浆机械臂一直处于半遮挡状态，受试验场地的限制，周围不够空旷，数据采集仪在获取坐标位置时，时常出现非固定解现象。通过提高圆盘RTK天线的位置，保证天线在获取坐标位置时，增加信号采集发送系统增益性能，实现坐标固定解的快速获取。

在数据采集上传过程中，由于代码编辑问题，数据偶有出现乱码现象，导致数据格式不一致，云端数据接收不到。数据格式确定以及数据代码编辑漏洞是实际编码出现的问题，最终单片机通过4G模块发送数据格式，彻底解决上述问题。

1. 试验应用情况

对改进后的数字化搅拌式机械注浆机进行现场仓面变态混凝土作业试验，施工仓面为某工程左岸10号变态碾压区（1～5号坝段，高程为1865.50～1895.61m），其中，坝体仓面上下游变态混凝土加浆区宽度为3m，按设计要求，碾压混凝土单方加浆量为80L/m^3。机械注浆系统仓面现场注浆应用如图9.12所示。

（a）机械注浆系统　　　　　　　　　　（b）输浆管路

图 9.12　机械注浆系统仓面现场注浆应用

2. 作业流程

（1）在选定的搅拌式机械加浆设备上安装有 GPS-RTK 精确定位设备。该设备由两组 GPS-RTK 天线组成，利用直线距离公式精确获取加浆头位置坐标，加浆机行走平面与加浆头伸缩作业平面正交，其中水平面（N、E）误差小于 3cm，高程误差小于 10cm。设备安装有电磁流量计，设备数据采集精度为 0.01L，数据每隔 0.1s 采集一次。

（2）设备安装有加浆数据流量的实时采集装置，具有无线上传功能。数据采集仪由电台模块、GPS 采集通信模块、485 采集模块、4G 网络通信模块等组成。电台模块用于接收基站的定位坐标；GPS 采集通信模块用于接收卫星信号，并与电台模块接收的基站定位坐标进行 RTK 解算，确定最终加浆头位置坐标；485 采集模块用于采集流量计的 485 信号，并进行 485 转 232 模块的数据格式转换；4G 网络通信模块将 CPU 处理完成的数据按照特定的格式发送到云端。

（3）现场提前做不同加浆工艺参数匹配试验，并进行混凝土力学性能试验。最终确定最佳加浆参数为：加浆头行进速度 0.07m/s，加浆压力 1.2MPa，瞬时流量计控制速度为 4.8m³/h。其中，加浆压力选保证设备正常运行的最大值，行进速度则取满足单方加浆量指标的最大值。

（4）根据坝体仓面施工计划，用软件提前构建坝体三维模型图，设定好指定段、仓作业加浆层的实体坐标信息。根据事先试验段获取的设计加浆控制指标，设置作业层标准加浆量为 80~85L/m³，用绿色表示；85~90L/m³ 表示加浆量稍过，用浅蓝色表示；大于 90L/m³ 表示加浆量过多，用深蓝色表示；75~80L/m³ 表示加浆量稍欠缺，用黄色表示；小于 70L/m³ 表示加浆量过少，用红色表示。

（5）考虑避免加浆轨迹重复交叉或重叠，保证加浆操作的均匀、有序、高效，根据仓面加浆区作业面条件、拉筋布设间距等，确定采取 S 形加浆头加浆行走轨迹。其中，S 形加浆平行次数，根据仓面加浆区带宽 3.0m，以及加浆机设备最大伸缩范围 1.5m，确定分两条带进行。S 形加浆轨迹中相邻平行加浆带宽度为搅拌直径加 15cm，为 0.85m。

（6）搅拌式机械加浆机根据设定参数及轨迹开始加浆操作。加浆机装备的数据采集上传装置实时采集加浆机坐标、流量参数，并以 1s/次的频率发送至远端服务系统。

（7）远端可视化系统根据接收到的实时加浆头坐标和流量数据，对比单方加浆量控制指标进行分析评价，采用数字化云图的方式来对加浆质量实时反馈。依据所建的 10 号碾压区－4 段－13 层实体加浆区模型，加浆后云图可分别通过远端和现场终端实时查看。远端 PC 端能够实现正在实施的加浆层三维云图显示，现场手机端可依据表单列表分层观察二维云图加浆效果。现场操作人员则可根据实时云图效果，调整仓面加浆压力和流量控制参数，满足施工工艺控制效果，完成加浆工序，提高作业合格性。

另外，远端系统具有加浆质量报表生成功能，能够对加浆完成的施工层段的加浆质量合格率进行分析，生成相应报表；如 10 号碾压区第 4 段第 13 加浆层质量合格率统计达 91.99%。

3. 效果分析总结

由现场试验可知，数字化搅拌式机械注浆机设备运行良好，各个系统功能协调工作，并无出现其他异常。搅拌加浆后，在试验区域挖槽，取出变态混凝土观察水泥浆液渗透情况。经观察可知，水泥浆液在碾压混凝土内部渗透均匀，碾压混凝土骨料周围被水泥浆液均匀附着，变态混凝土上下层水泥浆液分布均匀且无大量水泥浆液集聚现象，能够满足变态混凝土性能需求。变态混凝土内部渗透浆液情况如图 9.13（a）所示。采用传统施工方式即在碾压混凝土表面铺洒水泥浆制备变态混凝土，水泥浆液渗透极不均匀，极易造成水泥浆液上下层含量差异：上层水泥浆液较多［图 9.13（b）］，而下层水泥浆液不足，最终导致泌水现象。对比两种施工方式变态混凝土表观质量可知，采用数字化搅拌式机械注浆机施工的变态混凝土，其水泥浆液渗透质量相比传统人工加浆方式能够得到极大提高。

（a）机械注浆系统注浆　　　　　　　　　　　（b）传统方式注浆

图 9.13　碾压混凝土注浆效果对比

综上，采用数字化搅拌式机械注浆机具备以下优点：

（1）现场操作员根据设定好的加浆轨迹、控制工艺参数进行搅拌加浆操作，加浆操作标准有序，能够提高仓面作业有效协调性。

（2）数字化系统功能能够有效实时监控加浆效果，方便直观的云图显示加浆质量和准确定位功能可保证加浆缺陷区域及时得以准确高效修复，提高加浆工艺质量的现场量化控制水平。

（3）加浆质量实现均匀性控制，减少了变态-碾压混凝土交界面开裂风险，能够有效降低工程造价。

（4）给出了加浆信息化施工标准作业方法，具备加浆工艺过程参数可溯性和资料完整性，大大提升了机械式作业效率和规范化水平。

9.4.1.2 数字化便携式注浆工艺现场应用

1. 现场调试

数字化便携式注浆设备调试（图 9.14）主要解决改进后数据上传格式、数据代码模块性能匹配以及漏洞检测试验等问题。初始研发数据采集上传装置虽已有模块间的有效组合，但是在实际研发好的设备中进行数据测试试验时，依旧存在数据格式不匹配、程序编码有问题（乱码）以及数据上传不稳定等一系列的问题。

通过修改 AD 采集模块编码方式，不断查新去除程序 BUG，完善编码数据格式，保证了手持式注浆坐标、流量等参数上传云端数据库的正常和稳定。

图 9.14 数字化便携式注浆设备调试

2. 现场测试

对改进后的便携式注浆系统进行现场仓面变态混凝土作业试验，施工仓面为某工程左岸 10 号变态碾压区（1～5 号坝段，高程为 1865.50～1895.61m）。

利用便携式注浆系统注浆头小巧、灵便的特点，手持注浆主要用于仓面上下游模板交界处、止水铜片模板交界处、廊道附近、拉筋附近等小空间、小范围的变态混凝土带加浆。注浆作业流程如下：

（1）选定合适位置，安装便携式注浆泵系统（图 9.15）。注浆泵系统安置，充分考虑现场安全要求，应满足以下几点：①既考虑尽量减少智能注浆泵系统与手持注浆头间的输浆管长度，又需兼顾注浆泵系统在坝肩部位的固定安装方便；②注浆泵系统应充分靠近制浆站，提高注浆输送效率；③注浆泵系统应具有便捷的水源、电源和污水清洗系统；④仓面手持注浆作业与注浆泵安置位置尽量保持通视，或尽可能减少障碍干扰；⑤系统布置好之后一般不随意挪动。现场设备组装要求如下：①注浆活塞泵上、下油管分别与液压泵机上、下油管相连，严禁上下油管交叉连结；②压力计旋入液压活塞泵机，检查油箱中液压油，若不足需加满（40L），缸体冷却水箱中加水使液面淹没推送压力轴；③依次连接三通电磁阀、电磁流量计、数据采集盒、注浆管、注浆棒、冲振锤，检查保证注浆管无折损、打结等阻塞浆液输送的情况。

图 9.15 某工程现场左岸便携式注浆泵系统安置示意

（2）连接柱塞泵进浆管和制浆站输浆管，打开储浆桶搅拌浆，同时往储浆桶里注浆，保证此时三通阀处于回流状态。

（3）现场仓面加浆作业人员按照规定

要求穿戴好相应设备。分别打开两端数据采集盒，灯亮1min左右自检设备功能，查看数据无线通信是否正常等情况，保证数据采集通信通畅稳定。

（4）接入380V交流电源，手动遥控三通电磁阀，打开注浆泵。务必使电机正转，严禁反转。待注浆管空气排尽、浆液从注浆孔喷出后启动冲振锤进行注浆操作，手持注浆主要集中于模板边角、拉筋附近等机械注浆够不到的位置。注浆过程中，可以通过注浆机流量控制旋钮调节泥浆流量，调节范围为10～50L/min。流量显示仪与浆液压力计分别显示浆液流量与浆液压力。可根据每平方米变态混凝土设计加浆量手动调节喷浆量。

（5）现场仓面保持相对正常的注浆作业姿态，连续插拔注浆。采用梅花形插入、拔出注浆或矩形插入、拔出注浆，基本控制注浆点间距25～35cm，每次插、拔点注浆8～10s；视现场条件确定，并根据初始试用状态，对得到的反馈注浆效果信息进行自由作业方式的修正。手机或PC登录Web站点，选择注浆设备号，进入注浆预警界面，单击预警界面右上方的【注浆层设置】，记录每层开始时间，现场仓面注浆应用见图9.16。

图9.16　数字化便携式注浆系统仓面注浆测试

（6）实时查看手持注浆远端效果云图，保证注浆质量。对少注部分进行及时差缺补漏。

（7）注浆完成，手动遥控电磁阀，浆液回路由注浆变为回浆，关闭设备电源完成注浆操作。

2018年5月8日在某工程项目进行了变态混凝土数字化便携式注浆设备测试试验，对设备的现场实用性、适用性进行试验验证。试验仓为某工程大坝10号仓第4段，整个仓面共20层，每层0.3m，高程为1876～1882m，共6m，注浆位置主要集中于每一层上下游变态混凝土区机械注浆机注不到的模板、止水带边角夹缝位置。

以10号仓4段第14层为例，数字化便携式注浆工艺具体流程为：完成设备调试准备→打开流量采集仪、定位采集仪→手机设置仓、段、层→上游边角注浆→下游边角注浆→生成报告及注浆质量云图，如图9.17所示。

3. 数字化便携式注浆设备应用性能分析

通过测试可以发现，便携式注浆系统较好地解决了振捣台车小仓面施工不方便的问题，插入式高压注浆保证同层注浆高度上保持一致，增加注浆均匀性。数字精细化改进后的设备能够对注浆位置、注浆量、注浆时间进行很好的控制，并且通过客户端（电脑、手机）以云图的方式进行，注浆人员可以通过手机查看实时注浆情况，保证变态混凝土注浆质量。

通过某工程仓面现场试验可以发现，数字化便携式注浆系统只需2～3名注浆工人一组就能够高效地完成注浆操作，相比仓面上原有6～10名工人一个班组（提桶加浆），显

（a）完成设备调试准备　　（b）打开流量采集仪、定位采集仪　　（c）手机设置仓、段、层

（d）上游边角注浆　　　　　　　　（e）下游边角注浆

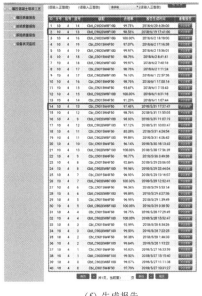
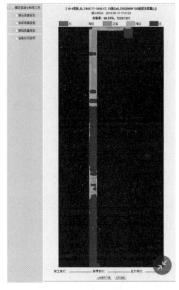

（f）生成报告　　　　　　（g）生成注浆质量云图　　　　彩图

图9.17　现场应用流程及效果演示

著减少劳动力。此外，数字精细化改进，实现了对注浆位置、注浆量精准的控制，避免了单方注浆过多造成的浆液浪费、变态－碾压接触裂缝等一系列施工问题，人工方式与便携式注浆方式效果对比见表9.8。

数字化便携式注浆设备上传流量精度为0.01L，坐标精度水平方向上小于2～3cm，垂直方向小于10cm，设备精度满足施工要求。采样数据上传频率为1Hz，稳定可靠；在单方注浆消耗量控制由原有的85L/m³下降为70L/m³的条件下，整体注浆质量合格率均达到90%以上，满足了施工要求。

表 9.8		人工方式与便携式注浆方式效果对比分析		
方　式	劳动力/个	单方注浆/L	注浆均匀性	注浆质量可控与否
人工	6～10	85	差	否
便携式注浆	2～3	70	好	是

9.4.2　变态混凝土人工数字精细化振捣现场应用与效果分析

9.4.2.1　现场应用测试

对改进后的智能人工振捣进行现场仓面变态混凝土作业试验，施工仓面为某工程左岸10 号变态碾压区（1～5 号坝段，高程为 1865.50～1895.61m）。仓面施工如图 9.18 所示。

（a）上游面振捣

（b）下游面振捣

图 9.18　智能人工振捣现场仓面上下游振捣示意

具体测试流程如下：

（1）安排振捣工进行智能信息化设备的穿戴，包括穿戴马甲、GPS-RTK 天线、数据采集仪等安装。其中两 GPS-RTK 天线安装于工人两肩，通过数据连接线与数据采集盒连接在一起，而数据采集盒挂在马甲皮带位置处。

（2）打开数据采集盒，查看上云情况。数据上云应在采集盒灯亮 1min 左右上传成功，此时远端系统已经能够接受每秒一次的振捣数据。

（3）工人手机或 PC 登录 Web 站点，选择振捣设备号，进入振捣预警界面，单击预警界面右上方的【振捣层设置】，记录每层开始时间。

（4）设置完成，打开振捣棒开关，即可开始振捣操作。

（5）实时查看人工振捣远端效果云图，保证振捣质量，对少振部分及时进行查缺补漏。

（6）振捣完成，关闭数据采集盒。

9.4.2.2　智能人工振捣设备应用效果

通过现场仓面测试可以发现，智能化人工振捣设备的加入有效改善了变态混凝土现有人工振捣不可控、振捣质量无法保证的问题。根据振捣的坐标以及振捣持续时间等参数对振捣状态进行机械判定，更加具有规范性。设备上传数据稳定，坐标精度水平方向上小于 3cm，垂直方向小于 10cm，采样精度满足施工评判精度要求。此外数据上传频率为

1～2Hz。

初始振捣质量往往会出现 70% 左右的欠振漏振区域；通过实时的馈控补漏，最终振捣质量合格率实时报表均能达到 98% 以上，满足施工振捣质量实时馈控要求。振捣质量云图也可按施工现场振捣的重要性顺序，表现为稍微过振以及合适振捣等不同显示效果，由此有效减少了过振引起的浆液分布不均匀等现象，特别是显著改善了漏振和欠振区域与程度，为及时改善振捣整体效果提供了直观方便的监控方法。

9.4.3 智能加浆振捣台车作业现场应用与效果分析

对改进后的振捣台车进行现场仓面变态混凝土作业试验，施工仓面为某工程左岸 10 号变态碾压区（1～5 号坝段，高程为 1865.50～1895.61m），智能加浆振捣台车仓面施工如图 9.19 所示。

图 9.19 智能加浆振捣台车仓面施工

可以看出，振捣台车在原有注浆、振捣一体化功能的前提下，进一步实现变态混凝土加浆位置、加浆量、振捣位置、振捣时间的精细化控制，设备注浆流量精度达到 0.01L/s，注浆、振捣坐标水平误差为 2～3cm，高程误差在 10cm 以内。此外，设备数据参数云端实时上传稳定可靠，上传频率 1Hz，未出现间断和错误数据，因此为碾压混凝土变态混凝土大仓面施工区注浆、振捣机械化与精细化提供了保证。

稳定、精确及可靠的数据参数上传，为远端系统数据处理及云图报表生成提供可靠保证，仓面负责人、操作员可根据电脑端、手机端反馈的注浆、振捣质量云图对其施工效果、施工质量进行实时监控，对云图显示的注浆不均匀、振捣不密实的区域及时补漏，消除工程隐患，提升了工程质量。

注浆质量云图、均匀度显示效果中，绿色、蓝色部分为注浆质量合格区域，其他欠浆、漏浆或欠振、漏振效果都可清楚显示。如：靠近模板及止水带等重点注浆区域均显示注浆稍微过量；实际应用表明，整体注浆云图既保证重点抗渗区域注浆质量，同时还能避免区域部位少加或欠加现象的发生。注浆云图报表表明，所有测试施工层均满足注浆合格率要求，平均合格率可达 98%。

设备智能化改造为机械式加浆振捣台车提供了准确量化的注浆工艺控制技术，也为远程智能化采集、分析和馈控台车作业的变态混凝土质量实时管控提供了关键技术手段，既解决了现场台车精细化作业方式,又能有效解决现场因施工工艺欠缺而引起的后续精准补救措施,显著提高了施工功效。此外,数字化云图和报表的双重在线式质量反馈作业方式,为台车注浆作业提供了可溯源过程资料,为大坝变态混凝土注浆振捣质量评价提供有效支撑。

9.5 变态混凝土改性增强技术应用与效果

9.5.1 复合耐久性粉剂变态混凝土现场实施及取芯试验

在某工程左岸 10 号碾压区第 4 段部分变态混凝土中进行了变态浆液添加复合耐久性粉剂的现场试验和渐变梯度加浆施工方法的现场应用。含复合耐久性粉剂的变态浆液各组分配合比见表 9.9。随后现场变态混凝土加浆过程中,在摊铺完毕的碾压混凝土中人工铺洒加入含复合耐久性粉剂的变态浆液,加浆量为 $85L/m^3$,加浆后采用振捣台车进行振捣密实,如图 9.20 所示。现场观察可见振捣密实后的变态混凝土表面泌浆显著减少。对现场非关键部位的基准变态混凝土和含复合耐久性粉剂的变态混凝土分别进行了钻芯取样,具体对每种变态混凝土选取取样位置 12 个,横向间隔 2m,每个点纵向间隔 50cm 取 5 个芯样,因此每种取样数量为 60 个,芯样直径 15cm,长度 1m,现场操作过程如图 9.21 所示。

表 9.9 掺复合耐久性粉剂变态浆液配合比

试样代号	混凝土材料用量/(kg/m³)					水胶比
	水	水泥	粉煤灰	减水剂	复合耐久性粉剂	
M20FH5	1	1.14	1.2	0.012	0.06	0.42

(a) 添加复合耐久性粉剂　　　　　　(b) 振捣台车振捣密实

图 9.20 复合耐久性粉剂现场仓面应用

将芯样养护至 28d 和 90d 后,按《钻芯法检测混凝土强度技术规程》(JGJ/T 384—2016)和《普通混凝土力学性能试验方法标准》(GB/T 50081—2002)对芯样进行了抗压强度和劈裂抗拉强度测试。其中规程规定抗压芯样试件的高径比(H/d)宜为 1,试样内不宜含有钢筋,也可有一根直径不大于 10mm 的钢筋,且钢筋应与芯样试件的轴线垂直并离开端面 10mm 以上;劈裂抗拉芯样试件的高径比(H/d)宜为 2,且任何情况下不应小于 1,劈裂抗拉芯样试件在劈裂破坏面内不应含有钢筋。因此对钻取的芯样先进行了截

<table>
<tr><td>（a）芯样位置标定</td><td>（b）钻芯取样</td></tr>
</table>

图 9.21 变态混凝土现场仓面钻芯取样

取、切割、磨平等处理，以剔除、避开钢筋并满足尺寸要求。最终抗压芯样试件的直径为
150mm，高 150mm；劈裂抗拉芯样试件的直径为 150mm，高 300mm。

芯样抗压强度试验如图 9.22（a）所示，劈裂抗拉强度测试需根据规范使用特殊夹
具，如图 9.22（b）所示，试验结果见表
9.10。由芯样测试结果可知，28d 抗压强
度较基准样提高 7.2%；此后复合耐久性
粉剂通过火山灰反应使强度缓慢发展，
90d 抗压强度较基准样提高 5.9%。同时，
加入 5%复合耐久性粉剂之后，28d 劈裂
抗拉强度有所上升（7.4%），90d 劈裂抗
拉强度上升 7.5%，可能是由于复合耐久
性粉剂颗粒较小，可有效发挥填充作用，
改善骨料界面区微结构。此外含复合耐久
性粉剂的变态混凝土 28d 弹性模量较基准
上升 6.4%，可见掺加复合耐久性粉剂
后，混凝土内部结构变得更加密实。

<table>
<tr><td>（a）抗压强度试验</td><td>（b）劈裂抗拉强度试验</td></tr>
</table>

图 9.22 含复合耐久性粉剂变态混凝土
芯样力学性能试验

表 9.10 　　基准浆液和含复合耐久性粉剂浆液制取的变态混凝土芯样性能对比

混凝土	工作性		力学性能			耐久性			抗渗高度/mm
	坍落度/mm	净浆流变参数	抗压强度/MPa		弹性模量/MPa	劈裂抗拉强度/MPa		快冻	
基准变态混凝土	30	屈服应力/Pa	24.59	28d	18.0	2.18×10⁴	28d	3.12	弹性模量损失/%	83.2	86
		塑形黏度/(Pa·s)	0.76	90d	35.6		90d	3.34	质量损失/%	0.27	
含5%复合耐久性粉剂变态混凝土	50	屈服应力/Pa	22.85	28d	19.3	2.32×10⁴	28d	3.35	弹性模量损失/%	91.3	58
		塑形黏度/(Pa·s)	0.72	90d	37.7		90d	3.59	质量损失/%	0.20	

随后对芯样进行了截取，并按《普通混凝土长期性能和耐久性能试验方法标
准》（GB/T 50082—2009）测试了芯样的抗冻性和抗渗性，如图 9.23 和图 9.24 所示。加

入 5％复合耐久性粉剂之后，300 次冻融后弹性模量损失减小 10％，质量损失减小 35％。抗渗加压 1.2MPa 并维持 24h 后，相对渗水高度减小 33％，抗冻性和抗渗性都得到改善。因此，掺加复合耐久性粉剂制取变态浆液，对变态混凝土抗压强度影响不大，满足设计强度要求；可有效提升劈裂抗拉强度，有利于防止开裂，提高抗渗抗冻能力。

(a) CO　　　　　　　　　　(b) FH5

图 9.23　含复合耐久性粉剂变态混凝土芯样抗冻试验

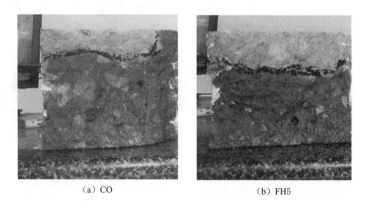

(a) CO　　　　　　　　　　(b) FH5

图 9.24　含复合耐久性粉剂变态混凝土芯样抗渗相对渗水高度试验

9.5.2　渐变梯度加浆量变态混凝土现场实施及取芯试验

选择左岸 10 号变态碾压区的第 4 施工仓（1～5 号坝段，高程为 1882.00～1888.00m）现场实施了渐变梯度加浆量变态混凝土加浆工艺，见图 9.25。其中，大坝变态混凝土注浆宽度 3m，设计混凝土单方注浆量 85L/m³。具体现场实施方法如下：

（1）根据设计确定的结合层变态混凝土力学性能指标，确定最终变态混凝土梯度加浆分为富浆区、贫浆区两层，每层带宽均为 1.5m，单方注浆量富浆区为 85L/m³，贫浆区为 50L/m³。

（2）结合仓面施工状况以及变态混凝土注浆带划分原则，采用了合适的变态混凝土加浆设备即智能搅拌式机械注浆机加浆。该注浆机注浆分层厚定点控制加浆量精度高，注浆流量均匀性实时控制效果好，能够高效实现变态混凝土分层改变注浆参数操作。对比设计了仓面变态混凝土单层加浆和富浆区、贫浆区分层式加浆的对照实施方案。图 9.25 中条带区域④为变态混凝土贫浆区，条带区域⑤为变态混凝土富浆区。

（3）对振捣完成后变态混凝土进行直观形貌分析，普通变态混凝土加浆和渐变梯度加浆量变态混凝土加浆外观对比如图 9.26 所示。观察分析发现，单一变态层加浆工艺由于加浆量稍多且不够均匀，表层出现较多泌浆；由于加浆层收缩差异大，变态-碾压混凝土形成明显交界面。相比之下，贫富浆分层加浆作业法由于其多、少、无浆三层渐

图 9.25 智能搅拌式机械注浆机实施渐变梯度加浆量变态混凝土加浆

变式掺量工艺，不同混凝土料层结合面间实现了良好的过渡，加之振捣渗透作用，不同层间变态混凝土性能差异减小，提高了变态-碾压区间黏结强度。

（a）普通变态混凝土加浆 　　　　　　　　　（b）渐变梯度加浆量变态混凝土加浆

图 9.26 普通变态混凝土加浆和渐变梯度加浆量变态混凝土加浆外观对比

（4）现场仓面进行了不同加浆工艺的变态混凝土自收缩检测，并对比普通单层加浆，就硬化后变态-碾压混凝土黏结区取芯进行 28d 劈裂抗拉强度试验。发现现场加浆工艺下变态混凝土由于水泥浆含量多，收缩率相对较大；相比之下，渐变式梯度掺量加浆作业中贫浆区混凝土收缩率明显减少。也就是说，梯度加浆法变态-碾压两侧混凝土收缩速率差相比现场加浆法有显著改善，这将直接削弱变态-碾压结合面所承受拉伸应力，降低结合体开裂风险。

对现场普通和渐变梯度加浆量变态混凝土分别进行了钻芯取样，将芯样养护至 28d 和 90d 后，按《钻芯法检测混凝土强度技术规程》（JGJ/T 384—2016）和《普通混凝土力学性能试验方法标准》（GB/T 50081—2002）对芯样进行了抗压强度和劈裂抗拉强度测试，并按《普通混凝土长期性能和耐久性能试验方法标准》（GB/T 50082—2009）测试了芯样的抗冻性和抗渗性，结果见表 9.11。结合面劈裂抗拉强度测试表明，分层法（梯度）加浆法下的变态-碾压混凝土劈裂抗拉强度相比现场单层加浆法劈裂抗拉强度有所提高，

黏结强度亦同样规律。上述收缩、劈裂抗拉检验结果表明，渐变式梯度掺量加浆法界面黏结强度高，所受收缩拉应力小，为碾压混凝土坝中变态-碾压的可靠结合提供了保证。另外，渐变式梯度掺量加浆法中贫浆区加浆量小于原变态混凝土设计加浆值，由此也降低了加浆材料费用。而耐久性方面，300 次冻融后弹性模量损失减小 4％，质量损失减小 11％。抗渗加压 1.2MPa 并维持 24h 后，相对渗水高度减小 6％，抗冻性和抗渗性有所改善。

表 9.11　　　　单层加浆和渐变梯度加浆量变态混凝土芯样性能对比

混凝土	工 作 性			力 学 性 能			耐 久 性		
	坍落度/mm	净浆流变参数		抗压强度/MPa	弹性模量/MPa	劈裂抗拉强度/MPa	快冻		抗渗高度/mm
单层加浆变态混凝土	30	屈服应力/Pa	24.59	28d　18.0	$2.18×10^4$	28d　3.12	弹性模量损失/％	83.2	86
		塑形黏度/(Pa·s)	0.76	90d　35.6		90d　3.34	质量损失/％	0.27	
渐变梯度加浆量变态混凝土	30	屈服应力/Pa	24.37	28d　18.7	$2.15×10^4$	28d　3.26	弹性模量损失/％	86.6	81
		塑形黏度/(Pa·s)	0.75	90d　36.1		90d　3.36	质量损失/％	0.24	

9.5.3　应用效果分析

通过现场取芯试验证明含有复合耐久性粉剂的浆液密度减小，流动性和渗透能力高，提高了浆液在碾压混凝土中渗透性，减少了变态混凝土表面泌浆，缓解了混凝土内部浆液浓度不均匀分布，减少因浆液浓度突变造成的不均匀收缩裂缝，降低了变态混凝土的开裂风险；变态混凝土的早期劈裂抗拉强度有所提高，有利于防止温度裂缝和干缩裂缝；抗冻性提高了 32％，抗渗性提高了 77％，可显著提高碾压混凝土坝耐久性。通过现场观察和取芯试验证明了采用"渐变梯度加浆量变态混凝土施工作业方法"施工的变态混凝土与碾压混凝土界面处互相齿合，交接情况良好，黏结过渡和结构层整体性提高；收缩量平缓过渡、抗拉强度提高 4.5％，满足碾压-变态混凝土的现场施工需求；有效节约变态区加浆总量，节省造价；解决了目前变态混凝土和碾压混凝土之间由于浆液浓度差别大造成的收缩不均匀、易在界面处开裂的问题。

9.6　全仓面机械智能化组合加浆振捣工艺现场应用与效果

9.6.1　全仓面智能机械组合工艺实施方法

为保证仓面工作内容组织协调、合理有序，达到多设备、多工作面高效协同作业效果，应根据项目实施的具体内外部条件，开展机械化组合全仓面加浆振捣工艺实施方法运用研究（现场如图 9.27 所示）。

基于上述讨论的各类设备特点、工作参数、影响范围（机械尺寸大小、有效范围）

等，区分不同仓号大小设置、拌合物供料强度以及明确的热层碾压升程进度需求，合理规划和配置调度好仓面全机械组合作业工艺。

9.6.1.1 实施步骤

（1）优化仓面划分设计，确定仓面施组方案，形成技术文件。在满足设计与施工组织要求下，尽可能采取并仓施工，以求充分形成大仓面作业，发挥组合机械设备的作业功效。

图9.27 某工程典型碾压坝段全仓面机械智能化组合作业设备布置实景

（2）计算碾压、加浆区域面积分布，编号划定不同机械设备加浆范围，布设智能加浆和振捣设备数量、作业空间位置。

（3）检查核对各类设备的作业完好率，使用Project软件客观编制各自施工累计和作业时间分布。

（4）优化运料、铺料、碾压分段作业轨迹和影响范围，进行加浆振捣大型设备作业时空碰撞检查和修正调整。

（5）分别按仓面工序依次施工、搭接施工合理组织间歇与工艺间歇，测算施工强度匹配的设备使用效率，确保组合作业效率不低于各类加浆振捣机械设备最大生产效率的75%，并及时记录统计信息。

（6）做好辅助工种人员分组与配合机械作业培训，明确责岗内容和要求，充分做好原材料（拌合料、加浆液）以及供电、供料管线移布等配合工作。

（7）运用数字化实时馈控系统信息资源，在线评估全仓面机械设备作业质量、进度和效率，为后续工序改进优化提供参考。

9.6.1.2 实施方法

以某工程典型碾压坝段的全机械加浆振捣（碾压）仓面设备布设方案要点示例全仓面智能机械组合工艺实施方法。

（1）确立组合机械作业方式（图9.28）。图9.28明确给出了仓面铺料、碾压、加浆及振捣等主要工序的全机械设备智能化施工的组合示意。由此，可清楚梳理明晰的全仓面

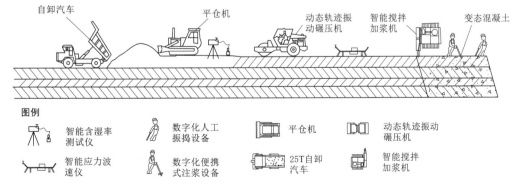

图9.28 组合机械作业方式

数字化施工作业的实现方式。

（2）绘制仓面平面、立面设备布置示意图（图9.29、图9.30）。从示意图可以清楚得到仓面布设备类智能型机械设备分类、作业区间分类、工序流程分类等信息，便于直观理解和有效执行。

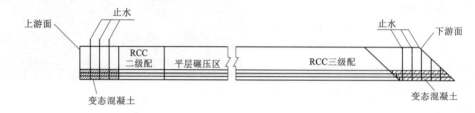

图9.29　仓面上下游全断面碾压、加浆分区示意

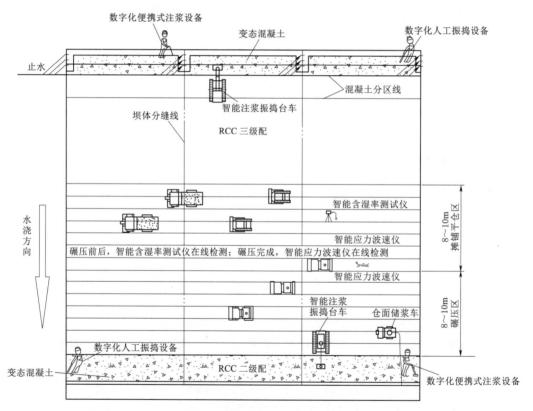

图9.30　仓面上下游全断面碾压、加浆分区及设备分段布设平面示意

（3）提供仓面所需各类设备机械数量、型号等参数（表9.12）。

9.6.1.3　全仓面机械加浆振捣组合作业工艺流程

1. 大型仓面全仓机械化组合加浆振捣工艺流程

流程如下：加浆设备工艺参数现场测试标定→振捣设备工艺参数现场使用标定→仓面三维施工断层可视化实时建模→大型设备加浆振捣区域初步划定→仓面施工强度计算分析→设备种类数量与分布区初步确定→设备作业影响范围估算→大型设备作业效率测算→工序时

表9.12 大仓面组合作业主要施工设备

序号	设备名称	规格型号	数量	备注
1	定位碾压车	徐工 XD121	4台	GPS实时轨迹
2	智能含湿率测试仪		2台	智能采集传输
3	平仓机	SD13S	4台	备用1台
4	切缝机		1台	
5	智能搅拌加浆机	自研	2台	
6	汽车吊	16t	1台	
7	数字化便携式注浆设备	自研	6套	
8	智能振捣车	XT-C-200	2台	
9	智能应力波速仪	自研	2台	备用1台
10	智能注浆振捣台车	自研	1台	
11	转料自卸汽车	25t	6台	备用1台

空质量错漏核查→加浆振捣工序范围调整→远程、现场精细化评价。

2. 中小仓面全仓机械化组合加浆振捣工艺流程

流程如下：加浆设备工艺参数现场测试标定→振捣设备工艺参数现场使用标定→仓面三维施工段层可视化实时建模→加浆振捣设备分区初步划定→仓面浇振设备范围划定→设备种类优化与分布初步确定→设备作业有效区时估算→加浆振捣交叉作业测算→工序时空质量错漏核查→加浆振捣工序范围调整→人工补浇补振边角地带→远程、现场精细化评价。

9.6.2 现场应用

首次应用组合机械式智能化加浆及振捣工艺在国内外类似工程碾压混凝土坝段实施高效精细化施工。为检验前述各种组合施工的原则、方法和工艺流程是否合理有效，本书在某工程碾压大坝的左岸10号碾压区1～5坝段第一次浇筑开仓（3.0m升程）进行了试验应用。

该仓为左岸1427.5高程坝轴线1～5轴共4小仓合并的1个碾压大仓，按3.0m为一仓号分层进行施工，共分为0～19层，每层0.3m层厚，变态混凝土区域加浆面积为560m²。仓面施工设计如图9.31所示。施工时间为2018年4月14—17日。

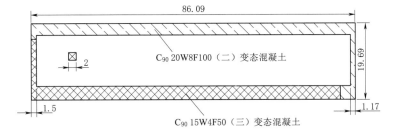

图9.31 坝面10号碾压区1段0～19层仓面施工设计示意（单位：m）

开仓后，仓内置加浆与振捣机械设备包括：智能搅拌加浆机1台套，数字化振捣机1台套，数字化加浆振捣台车1台套，便携式人工加浆设备2套，智能穿戴式人工振捣设备2套。0层开始施工时间如下：4月12日7：30开始铺料平仓，8：50开始碾压施工，14：40开始加浆，17：30振捣结束。

现场实施效果如图9.32～图9.35所示。

图 9.32　坝面 10 号碾压区 1 段 0～19 层仓面
加浆振捣机械化组合实施作业情况

图 9.33　仓面智能搅拌加浆设备实施作业情况

彩图

图 9.34　10 号碾压区 1 段 0 层组合加浆实施质量远程可视化效果

彩图

图 9.35　10 号碾压区 1 段 0 层机械组合振捣实施质量远程可视化效果

9.6.3　应用效果分析

9.6.3.1　功效分析

该仓面采用了全机械式智能加浆振捣设备组合作业方法，取得显著功效。主要体现在以下方面：

1. 明显提高了作业效率，且节省了注浆材料消耗

本仓的开仓第 0 层至第 19 层，3.0m 升程，累计浇筑变态混凝土 3500m³、碾压混凝土 14000m³。按正常作业工艺，3.0m 升程从开仓到收仓需要 90～120h；采用全机械智能化作业方式，3.0m 升程从开仓到收仓，历时约 74h 完成，节约工效近 30％；节约注浆消耗量 18％左右。

（1）智能搅拌加浆作业效率。考虑现场实际作业条件和应用熟练程度差异，对比了普通人工加浆与智能搅拌加浆作业效率，结果见表9.13。

表9.13　　　　　普通人工加浆与智能搅拌加浆作业效率对照

对比指标	普通人工加浆方式	智能搅拌加浆方式
单位时间加浆量/（L/min）	25	87
单位体积用浆量/（L/m³）	100	81
工人效率/［m²/（人·min）］	1.1	3.5

（2）智能加浆振捣台车加浆作业效率。同样考虑现场实际作业条件和应用熟练程度差异，对比了普通人工加浆与智能加浆振捣台车加浆作业效率，结果见表9.14。

表9.14　　　　普通人工加浆与智能加浆振捣台车加浆作业效率对照

对比指标	普通人工加浆方式	智能加浆振捣台车加浆方式
单位时间加浆量/（L/min）	25	65
单位体积用浆量/（L/m³）	100	80
工人效率/［m²/（人·min）］	1.1	2.6

（3）智能人工加浆作业效率。现场对比了普通人工加浆与数字化便携式注浆系统作业效率，结果见表9.15。

表9.15　　　普通人工加浆与数字化便携式注浆系统加浆作业效率对比

对比指标	普通人工加浆方式	数字化便携式注浆系统加浆方式
单位时间加浆量/（L/min）	25	45
单位体积用浆量/（L/m³）	100	85
工人效率/［L/（人·min）］	10	25

2. 加快作业进度，且提高了加浆振捣质量

由于采用合理的组合方式机械化作业实施仓面施工，上下游宽长区域尤其下游斜面采用智能搅拌加浆＋振捣机组合作业实施大面，上游面振捣加浆台车作业，配合边角与坝缝止水带附近人工智能加浆振捣，采用一次流水作业形式跟进铺料顺序，大大提高了加浆振捣进度，且智能精细化反馈加浆振捣质量信息，极大提高了施工质量。施工中未出现层面铺料碾压长时间等待同层加浆与振捣以及加浆与振捣等待同层铺料碾压的现象；此外，统计表明，加浆合格率达到95.21%，振捣合格率达到99.47%。

9.6.3.2　应用总结

（1）机械组合式加浆振捣方式有效减少了仓面作业的人工需求量，改善了施工仓面整体安全作业状态，保障了仓面同步施工进度，更加充分发挥了碾压混凝土的快速施工特点。改造后的加浆振捣台车能实现机械化、标准化与信息化快速施工，1台加浆振捣台车能替代15～20人的人工作业工作量；1台智能搅拌式加浆机作业效率相当于5～10人的加浆作业效率，每立方米变态混凝土可减少浆液耗用量15～20L，显著提高了施工效率，大大降低了施工成本；从精细化角度，显著改善了作业多浆和少浆问题，严格控制了过振、欠振和漏振等施工非正常现象，有利于碾压混凝土变态层的防裂抗渗耐久性。

（2）智能搅拌加浆机仓面布设灵活，保证了上下游加浆作业的快速高质量完成，有效避免了变态混凝土施工质量离散性大等缺陷，能够满足大小不同仓面下游面的加浆机械化作业需求。

（3）全仓面组合机械加浆作业有效解决了现场人工加浆、振捣时作业人员与设备交叉施工的局面；配合人工智能加浆控制设备应用边角地带，实现了全仓面无死角的自动化加浆和振捣工艺覆盖；由于机械作业效率高，变态混凝土工作面施工井然有序，能有效组织流水作业施工和交叉作业施工，大幅提高了现场文明施工水平。

（4）全仓面组合机械振捣作业，实现了智能在线监控工艺效果与在线质量状态，通过实时反馈，显著提升了生产效率，改进变态混凝土施工工艺，促进机械化施工技术水平的进步。

9.7　大升层高大模板施工关键技术现场应用与效果

9.7.1　大升层高大模板拼装方案

大升层高大模板是由两块标准翻升钢模彼此连接拼装而成，背架间通过紧固螺栓连接，上、下边框使用螺丝扣进行紧固连接。这样组装的大模板拆装方便、施工工序简单，可采用机械化安装和装卸，整块模板安装和拆卸效率高，可有效减少碾压混凝土备仓时间，节约工期。在受力性能方面，大模板刚度、承载力均能满足施工安全要求。

9.7.1.1　模板间添加支撑桁架

通过有限元模拟大升层高大模板混凝土浇筑各时刻，在碾压混凝土浇筑到3～4.5m时，上、下两块标准模板间的形变差距较大，最大位移点处在下层模板的顶部，下层模板承受整块模板大部分的荷载。为解决这一问题，在拼装模板时，在横筋板上添加3对1m的[14槽钢，约束变形处，提高上、下模板连接处的刚度。

[14槽钢即标准模板的桁架主梁，模板加工厂标准件充足易得，在横筋板上钻出螺栓孔，将槽钢与横筋板通过螺栓固定，每根槽钢连接螺栓4个。此法拼装大模板能有针对性地提高模板刚度，保证模板的整体性，同时又加工方便，无须焊接，仅通过锚固螺栓连接，在拆卸时也不会对标准模板造成损伤，设计图如图9.36所示。

9.7.1.2　背架间添加固定螺栓

大模板加固改造如图9.37所示，用标准碾压混凝土模板拼接的方式，在上、下两块模板连接处使用2根调节螺栓固定连接背架。调节螺栓能起到支撑模板的作用，同时在模板安装作业中通过调节螺栓能校正模板倾角，保证同一仓模板的垂直度。虽从有限元分析中可以看出整块大模板背架形变较小，但在提出减少仓内拉筋优化施工的方案后，模板背肋就需要承担更多的纵向荷载。因此，要适当加大背架的支撑刚度，添加2根调节螺栓提高背架连接处的刚度，保证模板整体的稳定性。

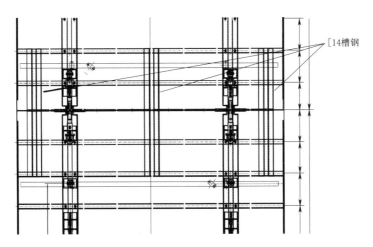

图 9.36　添加桁架改造设计图

9.7.2　6m 大升层高大模板安装施工工艺要点

9.7.2.1　大升层高大模板安装施工工艺

大模板由两块彼此连接的 3m×3.1m 标准钢模板拼装而成，标准模板之间通过螺栓和槽钢连接加固，从而利用标准模板拼装成大升程模板，如图 9.38 所示。通过理论计算和有限元建模拟合结果分析，证明了大模板具有可靠的承载能力、刚度和稳定性。

图 9.37　大模板加固改造

图 9.38　6.2m 模板安装

大模板拼装的主要施工工艺流程如下：加工厂拼装大模板→调运至仓面→搭接模板后方操作平台和防护网→模板主体安装→安装大模板加固构件→进行碾压混凝土施工→混凝土结构初凝→拆除大模板加固构件→大模板主体拆模→大模板清理。

模板是保证碾压混凝土工程质量与施工安全的重要前提，并且直接影响结构施工进度以及工程成本。由于模板在工程中所起到的关键作用，所以相关规范从建筑模板制作、安装、拆除等多个方面对其进行了严格的质量以及施工效果控制。

针对大模板质量安全检查主要注意以下几点：

（1）预制生产的标准模板构件的型号、尺寸必须符合设计要求，加工误差控制在允许范围之内，模板外观无裂纹、翘曲、锈蚀等外观变形损坏缺陷；模板构件选材符合质量要求。

（2）组合大模板符合《组合钢模板技术规范》（GB/T 50214—2013）中相应要求，桁架槽钢与面板符合模板平整度要求。

（3）组合模板连接所用销钉或螺栓应达到强度要求，并有相应出厂合格证。

（4）严格按照模板设计施工图纸拼装大模板，不可随意更改替换模板标准件，如需更改必须重新进行大模板设计及核算。

9.7.2.2 大升程模板拆模施工工艺

待上层碾压混凝土浇筑完毕，并且混凝土达到一定强度后，方可进行下层大模板拆除施工。通常，大模板的拆除和安装工作可以同时进行，即对拆下的大模板检查完整性后进行面板清理和刷模板油，如图 9.39 所示，之后即可安装，完成下层向上层翻升的施工。

（a）清理　　　　　　　　　　　　（b）刷油

图 9.39 大模板清理、刷油

大模板拆模的主要施工流程如下：层混凝土达到强度→拆除模板与混凝土筒连接件→大模板调节螺栓拆除→整体拆卸、吊至仓面→大模板清理、刷油→进行下一层模板安装。

使用起吊车吊住大模板的背架，先将模板上、下连接的调节固定螺栓拆除，然后依次将模板与混凝土连接的锚固螺栓套筒、左右模板相连的 U 形卡拆除，这样依次拆除可以保证拆除作业的安全性。使用专用拆模工具，从模板两侧同时撬动，防止混凝土表面被破坏，当模板撬松动后，吊车直接将模板吊运至仓内进行下一步安装作业。

9.7.3　大模板施工安全控制技术

9.7.3.1　模板吊耳强度验算

标准钢模板自重 3100kg，大模板自重加 1 倍，为确保吊耳使用安全可靠，应重新进行吊耳强度验算。如图 9.40 所示，拉力最不利位置在 $A—A$ 断面，其强度计算公式为

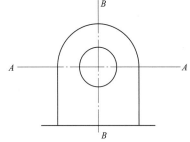

$$\left.\begin{array}{l} \sigma = \dfrac{N}{S_1} \\[2mm] \sigma \leqslant [\sigma] \end{array}\right\} \qquad (9.1)$$

式中：σ 为拉应力，N/mm^2；N 为大模板重力荷载；S_1 为 $A—A$ 断面处的截面积；$[\sigma]$ 为钢材（Q235 钢材）允许拉应力。

通过计算，当吊耳吊起 6200kg 大模板时，吊耳板中心孔直径应为 80mm，吊耳板端部圆弧为 85mm，

图 9.40　吊耳

吊耳孔中心线至垫板中心的距离为 140mm，吊耳板厚度应为 16mm（2 只吊耳对称分布，安全系数为 2.0）。吊耳板可根据构造要求设置加强板，加强板的厚度应小于或等于吊耳板的厚度。

9.7.3.2　起重要求验算

由于施工中粗放式管理，施工现场盲目赶工期等现象十分普遍，起重机械超载超限、违规操作现象十分严重，增加了安全隐患，尤其是采用大模板自重增加 1 倍，因此需对起重机承重进行验算，选取合适的吊车。

汽车吊理论吨位乘以 3，再除以要吊的重量得出操作距离，或再除以距离能得出重量，但吊车的实际能力达不到计算出来的结果，还要把主臂的重量和吊钩的重量算上。大模板重量为 6.2t，吊装时安装模板位置中心距离吊车的中心 8m。需要选择的型号吊车计算如下：

预估采用 25t 吊车最大起重吨位计算，按 3 倍荷载系数，$25\text{t} \times 3 = 75\text{t}$，按 8 倍安全系数，则 $75/8 = 9.375\text{t}$，所以，吊车安全起重负荷为：$9.35\text{t} \times 75\% = 7.03\text{t}$。安全起重负荷为 75% 的起重机倾翻荷载，允许达 7 级风即风压为 125N/m^2 时起重机仍作业。因此，采用 25t 吊车，工作幅度为 8m，最大起重吨位为 7t，满足大模板吊装要求。

吊索选取也需进行验算，根据《重要用途钢丝绳》（GB/T 8918—2006），钢丝绳最小破断拉力按下式计算：

$$F_0 = \frac{K'D^2 R_0}{1000} \qquad (9.2)$$

式中：F_0 为钢丝绳最小破断拉力，kN；D 为钢丝绳公称直径，mm；R_0 为钢丝绳公称抗拉强度，MPa；K' 为指定结构钢丝绳的最小破断拉力系数。

计算结果应乘以机械驱动起重设备安全系数 6，计算得最终吊索截面积 218mm^2。

9.7.3.3　大模板堆放稳定

大模板高度较高，为保证大模板运送至仓面进行安放、加装操作平台、清理面板时放

置稳定，施工中需要就地堆放，因而其稳定性问题是不可忽视的，防止堆放时大模板倾倒造成安全事故。在加工厂及现场堆放大模板时，应将两块模板背对背堆放，如图 9.41 所示，同时使用拉筋将两块模板背架拉住，防止大模板倾覆。

9.7.3.4 固定螺栓强度验算

大模板在工作状况时为悬臂结构，开始浇筑碾压混凝土后，混凝土侧压力通过面板系统传递给支撑系统的桁架部分，再通过支撑系统传递给锚固系统。作用在模板上的所有荷载最终转换为集中力，由最下层模板的锚固螺栓承担。固定螺栓是承受碾压混凝土侧压力和大模板自重、控制模板稳定性的重要配件，它把大模板与碾压混凝土连接在一起，因此需要验算固定螺栓能否满足承载强度。下层模板螺栓总数共 12 个，螺栓工作如图 9.42 所示。

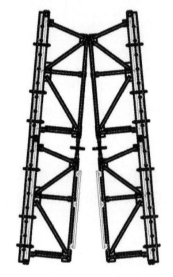

图 9.41 大模板堆放图   图 9.42 螺栓工作

螺栓杆与孔壁的挤压强度计算如下：

$$\sigma_p = \frac{F}{d_0 L_{min}} \leqslant [\sigma]_p \tag{9.3}$$

式中：F 为螺栓所受的工作剪切力，N；d_0 为螺栓受剪切面直径，mm；L_{min} 为螺栓与孔壁挤压的最小高度，mm，设计时应使 $L_{min} \geqslant 1.25 d_0$。

螺栓的剪切强度计算如下：

$$\tau = \frac{F}{i \frac{\pi}{4} d_0^2} \leqslant [\tau] \tag{9.4}$$

式中：$[\tau]$ 为螺栓的许用剪切应力，MPa；i 为螺栓受剪面数目，$i=1$。

螺栓所受剪切力即大模板自重，代入式（9.4）中计算得螺栓截面积应取 471mm²，即应采用 M30 的螺栓，以保证施工稳定性。

9.7.3.5 大升程模板施工中稳定性检测

验证大模板在实际工程中的稳定性，主要就是验证在混凝土浇筑的各个阶段，模板所受最大剪切应力有没有超出施工应允值。验证方法是采用应变片采集各阶段模板不同测点的应变数据，计算最大剪应力，通过比对分析确定模板的稳定性。从有限元分析中已知，模板中线处是施工中模板各点挠度最大的点，因此，仅在模板中线位置布置应变片。由下而上每隔37.5cm布置一个测点，共16个测点，编号分别为1～16，提高数据采集精度，能够更精确反映浇筑过程中模板各点受力情况。通过计算，可求得在不同浇筑时间下模板各测点最大剪切应力值 τ_{max}，见图9.43。

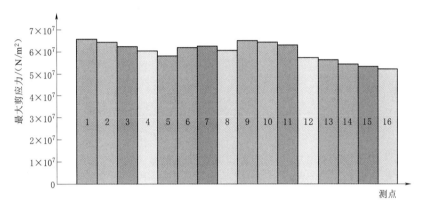

图9.43 浇筑过程中各测点所受最大剪切应力

从图9.43中可以看出，在添加了槽钢和螺栓后大模板所受剪切应力分布较为均匀，且模板中间部位的剪力有所下降，底端剪力增加，说明达到了减少大模板中部形变的改造目的。模板所受最大剪应力为 $6.61 \times 10^7 \mathrm{N/m^2}$，满足大模板设计强度，能保证施工的稳定性。

9.7.4 应用效果分析

9.7.4.1 功效分析

在某工程碾压混凝土坝1882～1894号坝段采用6m升程模板进行12m高碾压混凝土施工，施工进度如图9.44所示，施工时间为24d。图9.45为采用3m升程模板同样施工12m高的碾压混凝土，施工时间为30d。6m升程施工能减少一倍安装、拆卸模板的时间，并减少一次中间间歇，每月可节约5～6d工期。原计划碾压混凝土施工工期23个月，若全工期内均使用6m升程模板进行浇筑施工，则至少可提前120d完成碾压混凝土施工任务。

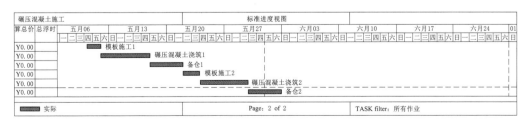

图9.44 6m升程碾压混凝土施工进度

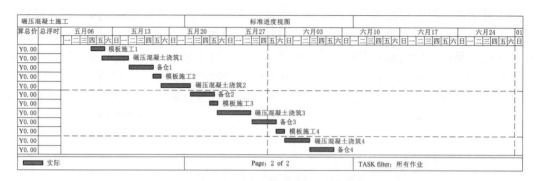

图 9.45　3m 升程碾压混凝土施工进度

9.7.4.2　应用总结

本章将大升程碾压混凝土模板运用到某工程碾压混凝土重力坝工程，总结介绍了这种新型大模板施工工艺及施工安全控制技术，为高大模板实践应用及市场化推广提供了有效分析方法和宝贵技术积累。

现场应用充分说明了大模板拼装便捷、施工工艺简单、安全稳定、能加快施工进度的优点。通过现场采集应变数据，验证大模板施工的合规性，进一步论证大模板改进应用的合理性。

对比 3m 升程碾压混凝土施工，大升程施工能节省一倍的模板安装、拆卸施工和备仓时间，显著加快施工速度。

9.8　碾压混凝土智能数字化施工质量管控系统现场应用与效果

9.8.1　智能碾压系统综述

9.8.1.1　远程智能化平台

基于云平台和数据库开发，利用研发与改进的仓面碾压、加浆振捣系列工艺设备的智能化无线通信功能，方便可靠地实现了在线获取现场工艺环节的主要施工过程参数；并通过建立的碾压质量在线评价模型、加浆振捣质量精细化评价等模型，以及基于施工段实体模型，构建了完整的现场全过程碾压及加浆振捣筑坝施工工艺精细馈控平台体系，如图 9.46 所示。基于数字化控制系统，初步建立了碾压混凝土筑坝工艺过程的数字化馈控技术体系，包括精细量化碾压层质量与层间结合质量实时馈控技术、变态混凝土精准加浆控制技术以及振捣效果实时量化馈控技术，取得良好运用效果。

9.8.1.2　现场智能采集

依托某工程现场实际条件，通过近两年的开发研制和改进，围绕智能信息化设备与技术的实现，先后自主研发形成了智能搅拌加浆机、碾压热层智能应力波速仪以及智能穿戴手持注浆及人工振捣专用装备。同时还就加浆振捣一体机和液压振捣机进行了智能信息化改造升级，使得现场仓面的碾压、加浆和振捣等主要工序均可实现数字化施工实时采集和馈控。作者建立了碾压混凝土智能化加浆作业的组合设备运用体系，形成了一种全新的智

图 9.46　现场全过程碾压及加浆振捣筑坝施工工艺精细馈控平台体系

能机械化加浆作业工法；联合振捣机、振捣加浆台车和人工定位振捣技术，形成了一种全新的智能机械化振捣作业工法；基本实现了碾压混凝土筑坝仓面运料、平仓铺料、机械智能碾压、智能检测、智能加浆、智能振捣，为施工工艺精细评价创造了很好应用条件。现场仓面全过程数字化成套施工设备系统应用示意如图 9.47 所示。

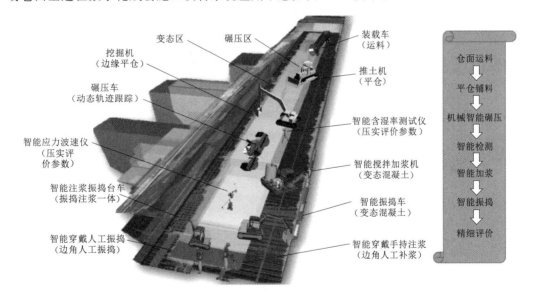

图 9.47　现场仓面全过程数字化成套施工设备系统应用

9.8.2　智能碾压系统现场应用

9.8.2.1　典型实施部位

项目依托某工程左岸 10 号碾压区 1～5 段（高程为 1865.00～1895.61m，共 30.61m）

图 9.48 某工程碾压筑坝施工工艺精细
馈控应用部位

现场应用，结合三维动态建模和信息化控制系统应用开发，实现了混凝土碾压施工层压实度、注浆、振捣三位一体在线远程-现场反馈与精细化控制。现场应用统计见表9.16，应用部位如图9.48所示。

现场投入的智能化新型设备25台套，具体设备规格数量见表9.17；本次现场应用的坝体部位为左岸坝段10号碾压区1～5段，累计104个碾压坯层，施工段共计30.61m。

表 9.16　　　某工程大坝碾压混凝土数字精细化施工现场应用统计

仓号	段号	层号	施工时间	高程/m	仓号面积/m²	碾压混凝土方量/m³	变态混凝土方量/m³
10 号	01	1～20	2018-04-12—2018-04-18	1865.0～1871.0	4101.02	23271.54	6496.70
	02	1～22	2018-04-27—2018-05-02	1871.0～1877.5	3656.16	22357.27	6096.50
	03	1～20	2018-05-13—2018-05-18	1877.5～1883.5	1609.85	8700.06	2713.40
	04	1～20	2018-05-27—2018-06-01	1883.5～1889.5	1290.17	6720.51	2190.90
	05	1～22	2018-06-14—2018-06-20	1889.5～1895.61	950.00	5804.5	1837.70
合计	5	104	2018-04-12—2018-06-20	30.61	11607.20	66853.88	19335.20

表 9.17　　　某工程大坝碾压混凝土数字精细化施工现场设备

分区	段数	层数	施工时间	碾压智能设备	累计投入数量	加浆智能设备	累计投入数量	振捣智能设备	累计投入数量
10 号碾压区	5	102	2018-04-12—2018-06-20	动态定位碾压车	5 台	智能搅拌加浆机	2 台套	智能振捣车	1 台套
				智能含湿率测试仪	2 套	智能加浆振捣一体机	1 台套	智能加浆振捣一体机	1 台套
				智能应力波速仪	2 套	数字化便携式注浆设备	6 台套	智能穿戴人工振捣设备	5 台套

9.8.2.2　实施过程说明

1. 碾压工艺参数采集集成与交互

首先，根据施工仓面设计图纸快速建立坝体三维实体模型，并将CAD模型坐标统一至大坝地理坐标；其次，应用碾压层智能应力波速仪及智能含湿率测试仪、动态定位碾压车等进行现场工况碾压工艺参数实时采集并实现集成交互；最后，对所获数据进行参数分析以验证数据有效可靠性。

现场应用开始前，登录大坝碾压混凝土施工精细可视化远程馈控系统。

（1）在工程信息设置页面输入工程名称、施工单位等信息。

（2）将 AutoCAD DXF 格式的三维模型文件导入系统，显示施工期坝体三维信息模型。

（3）设置坐标转换数据：在施工仓面的任意位置找到 3 个以上不共线的定位点，由 GPS 设备测得各定位点处的 WGS84 空间坐标，再找到各定位点在坝体三维模型中的 CAD 坐标，输入坐标系统转换点设置页面，自动解算得坐标转换点位误差为 43.00mm，满足现场应用需求；提交到工程信息管理界面，自动计算得到坐标转换参数。

2. 碾压施工质量智能评价

通过监测数据系统、核子密度仪及现场取样实验等技术整理获得 140 组碾压拌合料含湿率数据、250 组对应的压实度评价指标数据、150 组有效的层间结合质量评价指标数据，据此对仓面离散采样参数进行不确定性分析，建立碾压层压实度预测模型及层间结合质量智能评价模型，以实现对各碾压热层全层面压实质量、层间结合质量的智能预测与评价。

（1）仓面离散采样参数不确定性分析。①在某 1200m² 施工仓面均匀抽样，获取共 140 组碾压混凝土松铺料时的含湿率离散数据，剔除异常值后得到 128 组有效样点作为独立数据集，随机抽取 20 组数据作为验证样本集，设定 5 个均匀分布于该仓面的样本序列，样点数量分别为 45 个、33 个、24 个、12 个和 6 个，由此形成 5 个预测样本子集。②采用 ArcMap10.2 Spatial Analyst 分析工具进行拌合料含湿率空间模拟：设定权重幂指数 $p=1$，固定样本个数为 3，对 5 个预测样本子集分别设置 5m×5m、1m×1m、0.2m× 0.2m 的栅格大小。图 9.49 为不同样点数量及网格划分方案下的含湿率模拟云图，验证样点集含湿率空间模拟精度见图 9.50。

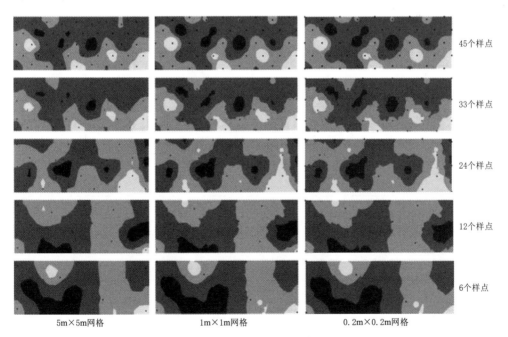

图 9.49　拌合料含湿率仓面模拟云图

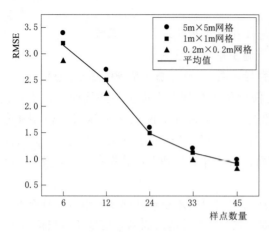

图 9.50 样点数量与网格大小对含湿率
空间模拟精度的影响

由图 9.50 可知，当样点数量从 45 降至 24 个时，IDW 插值云图局部变异信息逐渐减少，基于 12 个和 6 个样点的插值图存在失真畸变。综合考虑施工现场检测效率和精确度，实际检测时，1200m² 仓面内应设置至少 24 个样点，即采样范围应控制在 50m² 内采集一个点。在保证采样点满足要求的情况下，通过划分更细网格模式，可进一步逼近更精细的空间模拟结果。

（2）压实度预测及精度分析。①以 10 号碾压区第 3 施工仓（1876～1882m，即 6m 升程仓）为实验对象，仓面平均面积为 1600m²，每 30cm 为一碾压层，共计 20 个碾压层，设置了均匀分布于仓面的 35 个采样点，按 9.7.1.2 节方法实现碾压工艺参数采集，并运用核子密度计在相应点位采集碾压压实度实测值，以验证本书成果可靠性；②由监测数据系统调取该部位采集数据，建立一个样本容量为 250 的碾压层压实度预测样本集，并将其划分为一个 200 组样本的训练集与一个 50 组样本的验证集，部分样本数据见表 9.18；③输入 200 组训练样本训练模型，使其具备预测能力，结果如图 9.51 所示，可以看出，当达到一定的训练次数后，模型达到目标误差要求，预测值与实测值拟合结果较好；④将 50 组验证样本输入已训练的模型中进行压实度预测，结果如图 9.52 所示，误差基本在±1.0% 以内，表明所建模型可较好地反映现场工况碾压层压实情况。

表 9.18　　　　　　　　　　　部 分 样 本 数 据

样本序号	拌合料含湿率 /%	表面波波速 /(m/s)	级配	胶砂比 /%	实测压实度 /%
1	21.60	288.93	二级配	25.24	99.42
2	22.00	297.23	三级配	18.61	99.40
3	21.81	314.88	三级配	18.61	98.63
4	23.22	282.37	三级配	18.61	97.89
5	21.69	268.16	二级配	25.24	98.85
6	21.57	263.15	二级配	25.24	97.89
7	21.43	290.82	三级配	18.61	98.73
8	22.30	274.77	三级配	18.61	98.42
9	23.11	318.72	二级配	25.24	99.03
10	22.73	288.93	二级配	25.24	98.85

（3）层间结合质量预测及精度分析。以 10 号碾压升区第 4 施工仓（1882～1888m，即 6m 升程仓）为实验对象，仓面平均面积 1200m²，每 30cm 为一碾压层，共计 20 个碾

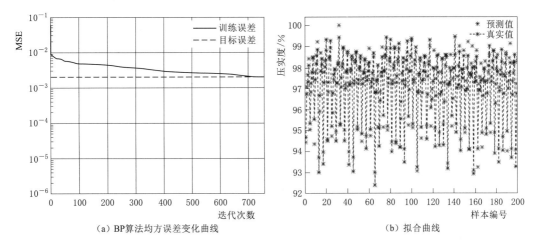

（a）BP算法均方误差变化曲线　　　　　　　（b）拟合曲线

图 9.51　基于 BP-ANN 的碾压层压实度模型训练结果

压层。设置均匀分布于仓面的 25 个含湿率采样点，并取其中 9 个点位作为事后取芯点位。由此，通过各碾压层抽样检测及钻孔取芯等方法共获得 150 组有效层间结合质量评价数据（剔除破损芯样数据）。

1）为验证碾压层含湿率及压实度参数与劈裂抗拉强度存在相关关系，对 150 组样本中的结合面上、下热层本体含湿率及压实度与结合面 90d 劈裂抗拉强度分别进行 Pearson 相关性分析。结果如图 9.53 所示，主对角线柱状图为各参数的分布频率直方图（附正态分布曲线），右上方数字为参数间 Pearson 相关系数 r，左下方

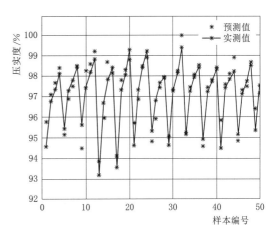

图 9.52　基于 BP-ANN 模型的压实度预测效果

散点为各指标的数据分布散点图，同时给出了置信度为 95% 的置信椭圆曲线。

由图 9.53 可知：①上、下热层本体含湿率及压实度与劈裂抗拉强度数据基本均呈正态分布。②上、下热层本体含湿率与劈裂抗拉强度相关性分别为 -0.3751、-0.3982，显著性均为 0.000，成中等正相关关系；上、下热层本体压实度与劈裂抗拉强度相关性分别为 0.8805、0.8774，显著性为 0.000，成显著的高度正相关关系。③存在最优含湿率范围对应劈裂抗拉强度，压实度与劈裂抗拉强度成线性相关关系。相关性分析的结果符合实际情况，故认为将碾压结合面上、下热层本体含湿率及压实度参数作为预测 90d 龄期劈裂抗拉强度的特征指标是可信的。

2）确定基学习器数量 T。将 150 组样本数据输入 3.3.2 节所建模型，即样本总集容量 $n=150$。利用 MATLAB 编程进行"试算"，图 9.54 为 Bagging-BP 神经网络集成模型 RMSE 与 T 的关系。因此，选择 $T=10$，此时 RMSE 降至最低水平且趋于稳定，可保证模型精度且减少算量。

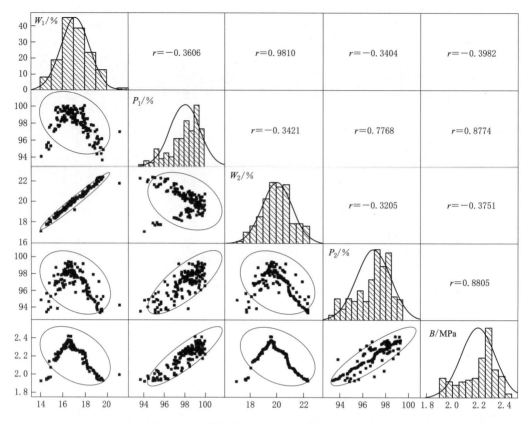

图 9.53 数据分布及 Pearson 相关系数矩阵

W—含湿率；P—压实度；B—劈裂抗拉强度

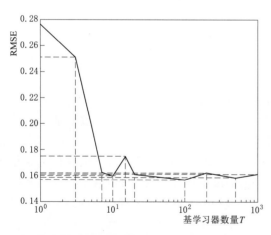

图 9.54 基学习器数量与均方根误差的关系

3）进行精度分析。各训练子集与原始样本总集 D 的差集得到 10 个验证子集，对建立的 Bagging‐BP 神经网络集成模型精度进行包外预测，并与实测值进行对比分析，以验证模型精度，如图 9.55 所示。

对各验证子集精度取平均作为对 Bagging‐BP‐ANN 集成算法精度的评估依据，可知，经包外预测验证得到的均方根误差 RMSE 为 0.1590，处于较低的水平，表明模型能够实现预测值和实测值的高精度拟合，故认为 Bagging‐BP 神经网络集成模型通过检验，能够用于碾压混凝土坝层间结合质量评价。

4）进行模型预测精度对比分析。将 Bagging‐BP 神经网络集成模型与基于 BP‐ANN 建立的层间结合质量评价模型的评价精度进行对比分析，二者基于相同的样本数据

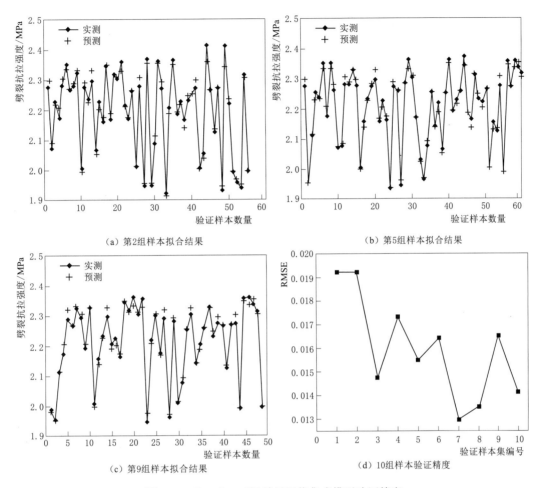

图 9.55 Bagging - BP 神经网络集成模型验证精度

进行验证，采用均值（μ）、标准差（SD）、相关系数（R）、平均绝对误差（MAE）、均方根误差（RMSE）作为评价指标，结果见表 9.19。

表 9.19　　　　　　　　**两种评价模型劈裂抗拉强度值预测精度对比分析**　　　　　单位：MPa

项　　　目		μ	SD	R	MAE	RMSE
实测值		2.1912	0.1274			
预测值	Bagging - BP 神经网络集成模型	2.1921	0.1257	0.9921	0.0123	0.0159
	BP - ANN 模型	2.2234	0.1373	0.9799	0.0191	0.0255

可知，与单一的 BP - ANN 模型相比，Bagging - BP - ANN 集成模型预测精度更高，但两种算法复杂度同阶，因此 Bagging - BP 均优于 BP - ANN。

综上所述，建立了 BP - ANN 碾压层压实度实时预测模型及 Bagging - BP 神经网络层间结合质量模型，验证结果表明，碾压施工质量智能评价模型使用效果良好，能满足快速、精细化馈控施工要求。

3. 智能碾压在线馈控效果

在碾压车顶部中央位置安装 GPS 定位系统 [图 9.56 (a)]，用于读取碾压车实时位置信息，确定已碾区域；使用自主研发的拌合料智能含湿率测试仪及实时碾压热层智能应力波速仪在相同测点位置实时采集碾压层上、下层（碾压前、后）含湿率 [图 9.56 (b)] 及碾压完成后应力波波速值 [图 9.56 (c)]。

（a）碾压车定位数据采集　　　　（b）含湿率采集　　　　（c）应力波波速采集

图 9.56　碾压智能化数据采集系统

图 9.57　10 号碾压区 4 段 13 层压实质量远程实时监控

图 9.57 为 10 号碾压区 4 段 13 层压实质量远程实时监控，图 9.58 (a) 为 10 号碾压区 4 段 13 层最终压实效果，图 9.58 (b) 为 10 号碾压区 4 段 12 层与 13 层层间结合质量效果云图，图 9.59 为 10 号碾压区压实可视化效果。

三维可视化系统实时生成碾压质量报告，可在质量报告模块查询。图 9.60 所示为 10 号碾压区 4 段各碾压层质量报告查询结果，图下方显示该施工段整体碾压质量合格率。选中某层质量报告，单击上方【云图】按钮，显示对应数字化质量云图（图 9.61），可进行 PDF 报告下载、打印报告等操作，供施工单位、监理单位和业主单位等项目参与方快捷、方便地进行施工质量控制。

施工现场使用手机等智能设备登录 Web 在线质量管理，实时查看远程三维系统实时生成的 Web 在线碾压质量报告，根据云图效果对欠碾区域及时补碾修复。图 9.62 所示为 10 号碾压区 4 段 13 层施工现场 Web 在线馈控对比。

统计 10 号碾压区各施工段最终碾压层压实度，如图 9.63 所示。

综上所述，依托某工程现场测试、验证和仓面应用，基于碾压工艺过程参数的实时采集集成与交互，方便可靠地实现了在线获取现场工艺环节的碾压质量评价参数；通过建立的 BP - ANN 碾压层压实度实时预测模型与 Bagging - BP 神经网络层间结合质量智能评价模型，快速精确地动态预测碾压层压实度及层面劈裂抗拉强度；基于三维动态建模与远程多维可视化智能馈控系统，初步实现了碾压层压实质量、层间结合质量的多维可视化实时监控及现场在线馈控，取得了良好运用效果。

4. 智能加浆在线馈控效果

机械注浆组合注浆工艺现场作业主要分为四个步骤：

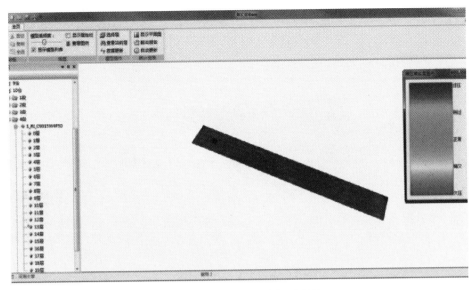

（a）10 号碾压区 4 段 13 层最终压实效果

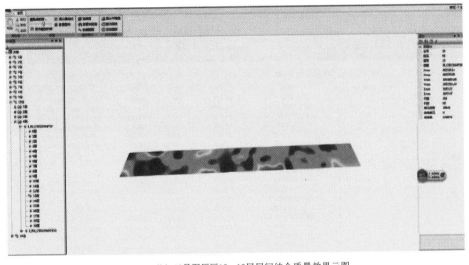

（b）10 号碾压区 12～13 层层间结合质量效果云图

彩图

图 9.58　碾压热层压实质量远程实时可视化效果

（1）设备准备阶段，包括设备进仓、设备调试、设备连接线连接等工作。

（2）数据上云工作。打开各个设备采集仪开关，等待数据上云，手机设置相应变态混凝土施工段仓号、段号、层号。

（3）机械注浆系统、自动注浆振捣台车智能化系统、手持便携式注浆系统多设备协同运作。机械注浆系统、自动注浆振捣台车智能化系统分别浇筑 10 号仓 4 段 13 层、第四坝段和第五坝段大面积浇筑区，手持便携式注浆系统浇筑第三坝段止水带处边角位置。

（4）远端系统根据上传的数据信息自动生成该层的注浆质量报告并且能在手机端显示，现场操作员根据注浆质量云图，对相应设备注浆情况进行观察评价，并对注浆量较少

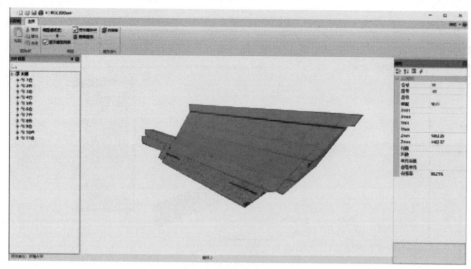

彩图

图 9.59　10 号碾压区压实可视化效果

ID	仓号	段号	层号	级配	合格率	底高	顶高	提交时间
1941	10	4	0	RI_C9015W4F50	99.94%	1468.76	1469.06	2018/5/27 7:54:13
1940	10	4	0	RII_C9020W8F100	100.00%	1468.76	1469.06	2018/5/27 7:54:13
2011	10	4	1	RI_C9015W4F50	99.96%	1469.06	1469.36	2018/5/27 14:22:13
2010	10	4	1	RII_C9020W8F100	98.21%	1469.06	1469.36	2018/5/27 14:22:13
1931	10	4	2	RI_C9015W4F50	98.15%	1469.36	1469.66	2018/5/27 22:45:13
1930	10	4	2	RII_C9020W8F100	92.75%	1469.36	1469.66	2018/5/27 22:45:13
2076	10	4	3	RI_C9015W4F50	100.00%	1469.66	1469.96	2018/5/28 6:57:13
2075	10	4	3	RII_C9020W8F100	100.00%	1469.66	1469.96	2018/5/28 6:57:13
2078	10	4	4	RI_C9015W4F50	100.00%	1469.96	1470.26	2018/5/28 13:40:13
2077	10	4	4	RII_C9020W8F100	100.00%	1469.96	1470.26	2018/5/28 13:40:13
1933	10	4	5	RI_C9015W4F50	100.00%	1470.26	1470.56	2018/5/28 20:57:13
1932	10	4	5	RII_C9020W8F100	100.00%	1470.26	1470.56	2018/5/28 20:57:13
1924	10	4	6	RI_C9015W4F50	100.00%	1470.56	1470.86	2018/5/29 3:58:13
1923	10	4	6	RII_C9020W8F100	100.00%	1470.56	1470.86	2018/5/29 3:58:13
2027	10	4	7	RI_C9015W4F50	100.00%	1470.86	1471.16	2018/5/29 10:02:13
2026	10	4	7	RII_C9020W8F100	100.00%	1470.86	1471.16	2018/5/29 10:02:13
2056	10	4	8	RI_C9015W4F50	100.00%	1471.16	1471.46	2018/5/29 17:31:13
2055	10	4	8	RII_C9020W8F100	100.00%	1471.16	1471.46	2018/5/29 17:31:13

【均值统计】合格率：99.35%

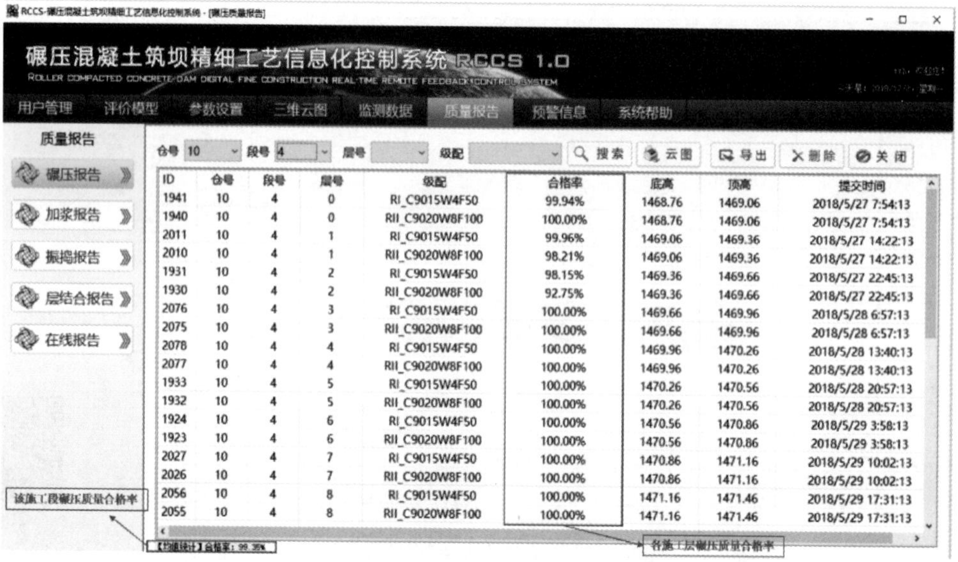

图 9.60　10 号碾压区 4 段碾压质量报告查询结果

的位置进行相应设备的补浆操作。系统根据加浆以及补浆量每 30s 刷新一次，自动生成最终注浆质量云图。

其中，机械注浆机主要进行第一、二、三坝段的大面积注浆，自动注浆振捣台车智能化系统主要进行第四、五坝段大面积注浆，手持式注浆主要对上游模板 0.3m 内以及止水带 0.4m 内的所有坝段注浆。三维注浆根据各个注浆设备上传的位置、流量信息生成相应层号的注浆质量报告以及质量云图。具体效果见图 9.64。

图中绿色表示正常注浆，浅蓝表示稍过，蓝色表示过注，黄色表示欠注，红色表示过欠。由电脑、手机端云图整体看，该层主要为绿色、浅蓝色，注浆效果满足施工要求，特

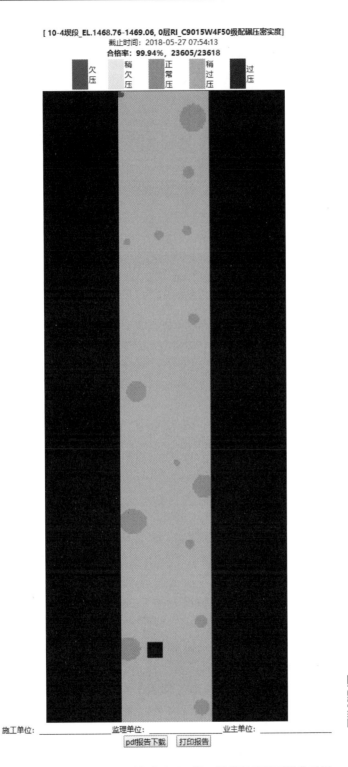

图 9.61　10 号碾压区 4 段 0 层碾压质量可视化云图

（a）补碾前　　　　　　　　　　　　　　　（b）补碾后

图 9.62　10 号碾压区 4 段 13 层施工现场 Web 在线馈控对比

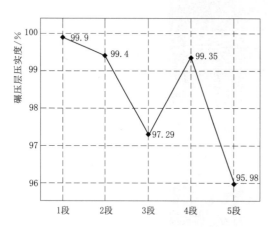

图 9.63　10 号碾压区各施工段碾压层压实度对比

别是手持式注浆上游 0.3m 以及止水带 0.4m 内，明显的浅蓝色与蓝色表示该处注浆效果稍过、过注，符合施工仓面对于注浆上游面以及止水带注浆的要求，并且经过与实际显示流量情况的比对可以发现，云图显示注浆分布与注浆总量均与实际注浆情况吻合。

图 9.65 为 10 号碾压区 4 段上下游防渗层整体注浆效果，图 9.66 为 10 号碾压区上下游防渗层整体注浆效果，右侧属性栏显示对应施工质量合格率，图 9.67 为 10 号碾压区 4 段注浆质量报告查询结果。

远端系统生成的 Web 在线质量报告（图 9.68）以不同仓号、段号、层号排列显示，CbI_C9015W4F50 表示下游面级配三，CbII_C9050W8F100 表示上游面级配二，10 号碾压区 4 段 13 层上、下游的合格率分别为 97.46%、98.53%，满足工程注浆合格要求。

Web 在线注浆质量云图见图 9.69，测量云图一、二坝段止水带处手持式注浆系统注浆带宽度可以发现，最小宽度为 0.35cm，最大宽度为 0.50cm，而实际注浆宽度为 0.4cm。比对其他注浆带宽度，可以发现位置误差在 10cm 以内。同样，可以测算出机械式注浆系统以及自动注浆振捣台车智能化系统的注浆位置误差也在 10cm 以内。

相比较上游面 10cm 以内误差，发现下游面的误差相较上游面大，最大误差达到 15cm 以内。原因是由于下游面为斜模板，对圆盘天线的遮挡较为严重，采集仪在读取坐标位置时难以出现固定解，伪固定解状态的出现加大了坐标的误差，加上工人操作不规范，圆盘天线并非完全处于水平状态，造成下游面坐标误差变大。

5. 智能振捣在线馈控效果

对于变态混凝土振捣质量控制，根据工地实际振捣设备、仓面情况，对比研究不同仓面现场资源和容许时间间隔条件，创新性地开发出了不同振捣设备工艺之间的匹配效率和最佳组合方法。某工程振捣设备主要包括人工振捣设备、振捣台车（二爪）、八

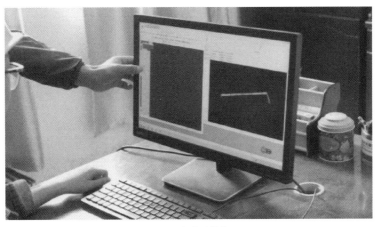

（a）实时监控

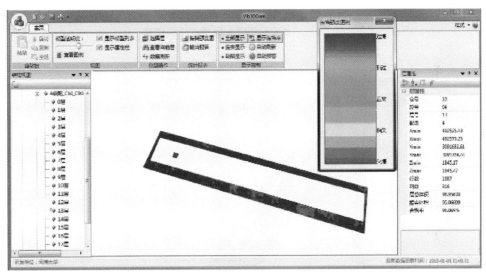

（b）最终效果

图 9.64　10 号碾压区 4 段 13 层防渗层上游注浆质量远程监控

爪振捣机。振捣台车与八爪振捣机机械体型较大，振捣覆盖面积广，振捣效率高，但对于止水带附近边角、模板附近不容易振捣，特别是模板前方总有密密麻麻的拉筋，强行振捣会有较大的安全隐患。人工振捣可以完美地解决大型振捣机不容易振捣的地方，但是人工振捣也有振捣效率慢、效果差、耗时耗人力的缺点。分析振捣台车、八爪振捣机、人工振捣优缺点，可以很容易地发现，大面积的振捣可以通过振捣台车与八爪振捣机来完成，人工振捣用来对大型振捣机械振捣进行补充，主要是对止水带边角、模板拉筋附近进行补振。

为了保证仓面施工振捣质量，提高施工振捣智能化监控效果，作者开发完成一套较为完整的振捣设备系统。振捣设备系统主要包括定位坐标采集系统以及远端监控处理系统。定位坐标采集系统主要包括圆盘天线、连接线、数据采集仪。数据采集仪电台读取电台信

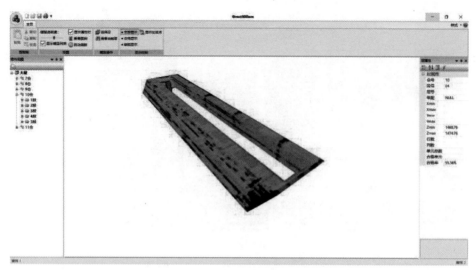

彩图

图 9.65 10 号碾压区 4 段整体注浆效果

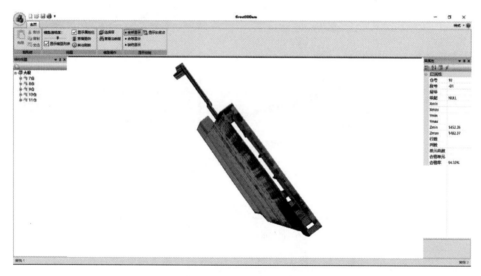

彩图

图 9.66 10 号碾压区整体注浆效果

息,GPS 板卡读取当前振捣的位置信息并进行 RTK 解算,将时间、设备、坐标等数据以一定格式上传至远端监控处理系统。远端监控处理系统根据获取到的数据,显示振捣效果云图,生成质量报告,从而实现施工振捣数字化质量馈控功能。

具体的振捣设备组合作业以及数字化馈控情况如图 9.70 所示。

远程客户端根据各个振捣设备上传的位置、流量信息生成相应层号的振捣质量报告以及质量云图。质量云图反映不同振捣设备不同位置注浆效果,八爪振捣机主要进行第一、二、三坝段的大面积注浆,自动注浆振捣台车智能化系统主要进行第四、五坝段大面积注浆,人工振捣主要对上游模板 0.3m 内以及止水带 0.4m 内的所有坝段注浆,对大型振捣机械振捣结果进行补充振捣,具体效果见图 9.71~图 9.76。

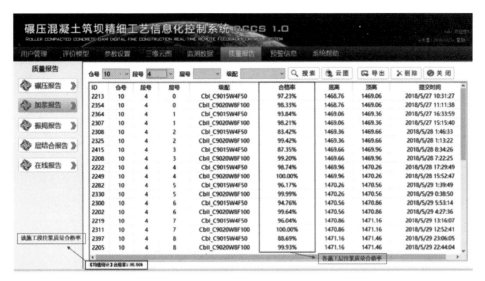

图 9.67　10 号碾压区 4 段注浆质量报告查询结果

9.8.3　应用效果分析

依托某工程现场测试、验证和仓面应用，结合三维动态建模和信息化控制系统应用开发，实现了混凝土碾压施工层压实度、注浆、振捣三位一体在线远程-现场反馈与控制；建立了碾压混凝土智能化加浆作业的组合设备运用体系，形成了一种全新的智能机械化加浆作业工法；联合振捣机、振捣加浆台车和人工定位振捣技术，形成了一种全新的智能机械化振捣作业工法；依托信息化控制系统，初步建立了碾压混凝土筑坝工艺过程的数字化馈控技术体系，包括精细量化碾压层质量与层间结合质量实时馈控技术、变态混凝土精准加浆控制技术以及振捣效果实时量化馈控技术，

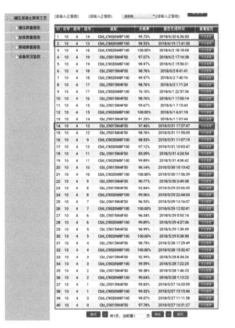

图 9.68　Web 在线变态混凝土注浆质量报告查询

取得良好运用效果。该系统优点具体体现在以下几点：

（1）AutoCAD/OpenGL 建模实现的施工质量 5D 可视化，一方面克服了 3D Auto-CAD 的应用难点，另一方面可利用硬件提高建模及高级图形处理能力（如交互查询相关数据），实现了碾压混凝土坝仓面施工质量信息便捷、可靠的可视化表达。

（2）运用 GNSS、RFID 及传感器技术和自主研发的智能感知设备实时采集拌合料含

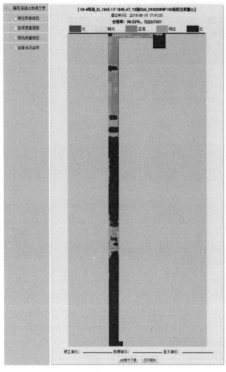

（a）10号碾压区4段13层上游　　（b）10号碾压区4段13层下游　彩图

图 9.69　Web 在线注浆质量云图查询

采集设备安装、调试、进仓

多台振捣设备组合分工振捣

生成及查看现场实时振捣质量云图

图 9.70　振捣组合作业流程

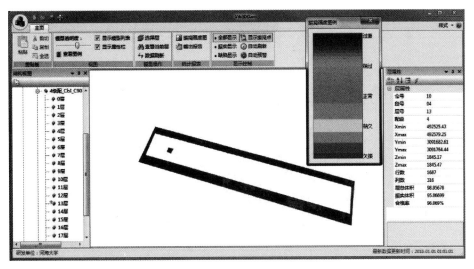

图 9.71　10 号碾压区 4 段 13 层防渗层上下游振捣整体效果

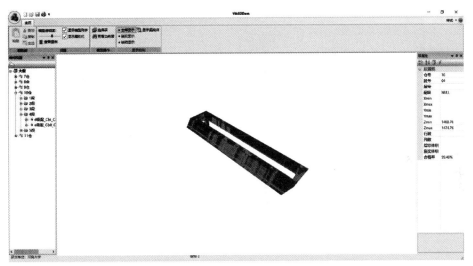

图 9.72　10 号碾压区 4 段整体振捣效果

湿率，碾压完成时应力波波速，碾压车定位数据，变态混凝土注浆量及振捣位置、时长等精细施工工艺参数及对应地理坐标。一方面实时采集碾压工艺参数，实现对现场实际工况的准确表征，避免了参考标准试验段参数评价的不可靠性；另一方面，实现全自动数据采集，数据相对稳定可靠，存在的误差仅为测量误差，消除了人为因素及传统测试方法落后所产生的误差。

（3）基于 4G 移动网络和无线传输的信息技术，实现碾压工艺参数实时准确地自动传输。

（4）分别采用碾压混凝土压实度评价模型、碾压层间结合质量评价模型、压实薄弱区域质量评价模型、变态混凝土注浆＋振捣质量评价模型对碾压混凝土筑坝施工质量进行智

彩图

图 9.73　10 号碾压区整体振捣效果

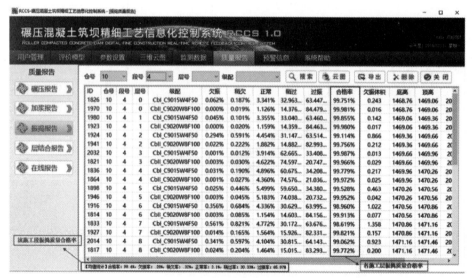

彩图

图 9.74　10 号碾压区 4 段振捣质量报告查询

能预测、评价，对比现有质量控制传统方法，模型精度较高。

（5）施工过程中，可实时、远程、相对精准与量化可视地在施工模型上显示碾压热层及上下游防渗层的实时施工质量 3D 效果并形成馈控信息返回施工现场，现场 Web 在线碾压质量云图显示出质量不合格区域，与 3D 显示效果较为一致。据此预警信息可指导施工人员对质量缺陷处及时补救，并实时生成施工质量报表，便于施工管理人员在远程、现场精细控制碾压混凝土施工质量，可提高碾压混凝土施工质量，降低工程成本。

综上所述，本书开发的碾压混凝土筑坝远程可视化馈控系统操作简便，可实时、远程、相对精准与量化可视地掌握碾压质量情况并形成馈控决策，馈控结果实时、直观，精

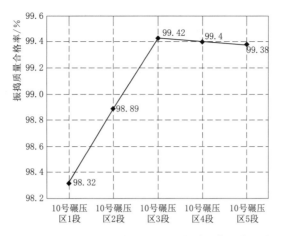

图 9.75　10 号碾压区各施工段振捣质量合格率统计

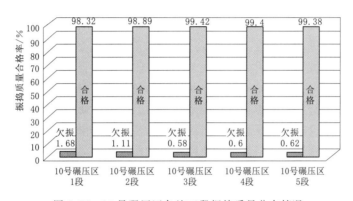

图 9.76　10 号碾压区各施工段振捣质量分布情况

细度高，指标明确，可靠性强，智能化水平高，推广性好；对不同施工工况都具有有效适应性，实施经济性和实用性较高。

9.9　经济效益和社会效益分析

9.9.1　经济效益分析

某工程碾压混凝土总量 67.3 万 m³，其中变态混凝土 9.2 万 m³（机制变态混凝土约 4.5 万 m³，人工加浆变态混凝土约 4.7 万 m³），碾压混凝土单价 210.2 元/m³，变态混凝土单价 270.3 元/m³。

（1）采用人工＋机械智能加浆控制系统后，加浆变态混凝土实现了精准加浆工艺，变态混凝土浆液从原有的平均 105L/m³ 下降到 85L/m³，累计可节约浆液费用 0.75 元/L×20L×4.7 万 m³＝70.5 万元。

采用渐变式加浆区域为上下游段变态混凝土施工区域，按人工加浆变态混凝土 4.7 万 m³ 的 50% 计算，可节约浆液费用 0.75 元/L×42.5L×0.5×4.7 万 m³＝75 万元。

（2）机制变态加浆部分和人工智能加浆部分采用机械振捣后，可节约工时 40％，按照水利建筑工程概算定额规定的工作量计算，可节约成本 40％×36.8 工时/100m³×9.2 万 m³×200 元/工时＝270.8 万元。

（3）按照碾压混凝土的缺陷修复费计算，采用全智能在线馈控碾压混凝土质量，节约需修复碾压混凝土工作量占总体碾压混凝土工程量的 0.6％，其中修复每立方米完工碾压混凝土需 2100 元（通常 10 倍于原材料成本价），故累计可节约碾压混凝土质量返工修复费 0.6％×67.3 万 m³×2100 元/m³＝848 万元。

以上合计形成经济效益 1264.3 万元。

（4）此外，采用智能机械注浆振捣技术后，能够缩短工期 1 个半月左右，将提前产生相应发电效益，按每度电净利润 0.01 元计算，可增加发电效益 99 万 kW×24h×45d×0.01 元/(kW·h)＝1069.2 万元。

因此，可形成总经济效益 2333.5 万元。

9.9.2　社会效益分析

（1）目前面向新建水利水电工程建设过程的智能化、信息化施工现场质量管控缺失，仍旧高度依赖施工人员和监理人员的从业水平和经验，使得智慧水利水电建设与现代化的要求还有较大差距，工程建设质量品质以及过程信息化亟待跨越式提升；而信息化建设过程管理的落地应用面临瓶颈。本书研究成果创新内容丰富，研究技术先进性显著，如混凝土碾压质量、层间结合质量、变态混凝土注浆质量、振捣效果等许多技术均能实现智能可视化，所形成的碾压现场实时精细量化馈控技术实用性强，可推广价值高，在国内外工程技术运用中均属于首创和应用；作为技术支撑，作者研制了若干新型工艺参数、材料性能采集设备，并能实现远程通信，满足了远程开发的智能可视化精细馈控平台需求，扭转了施工管控方式粗放、质量提升缺乏先进有效技术手段的落后局面，推进了智慧施工，提升了碾压混凝土施工信息化水平，保障了每个工程环节的质量，为确保大坝工程的可靠、安全、经济运行奠定基础；同时减少大坝建造过程中的能源消耗和资源消耗，降低运行维修成本，更好发挥工程的经济效益、社会效益和生态环境效益，起到了重要示范与引领作用。

（2）水工混凝土施工过程精细控制的缺失，引发质量缺陷、工期延误、资源浪费，带来的直接和间接经济损失十分巨大。随着精益建造的理念强力推进与落实，未来信息智能化的现场施工技术将不断应运而生。基于本书已形成的研发成果，形成了一批自主知识产权的现场智能化作业设备、装备与采集仪器。实践应用表明，绝大多数是仪器设备都已完全具备产品化功能，且性能指标和功能特性满足工地信息化施工需求。未来通过改进后技术普适性增强，可推广至许多其他结构混凝土施工控制，比如公路、机场、铁路等应用，具有广泛的应用前景，市场价值潜力巨大。更重要的是，为传统施工领域的技术产业升级树立了典范，探索出一条数字大坝施工技术实现途径，提升了企业科技创新和应用落地能力。

由于本书研发的装备技术已初步具备产业化水准，且目前还处于国内外独创阶段，因而可以迅速利用本书产品技术形成高端技术产业。鉴于项目技术和产品装备发明专利众多，已形成专利池，加之该技术集成度高，整体技术流失难度较大，未来一段时间必将在市场具备显著特色和优势，由此可带来巨大经济效益。

第 10 章 应 用 总 结 与 展 望

10.1 应用总结

本书根据中国电建集团下达的 2016 年度集团重大科技创新项目"碾压混凝土筑坝工艺精准控制关键技术研究"要求，为创新开发与应用碾压混凝土现场施工效果远程数字3D可视化＋现场工艺实时精准馈控技术，依托某碾压混凝土坝坝体结构施工，着重围绕坝体结构施工阶段的变态混凝土改性增强创新技术、变态混凝土智能精细化注浆振捣和组合作业模式、浆液扩散和振捣密实度评价模型、碾压混凝土碾压工艺参数实时现场采集和压实度质量评价控制、碾压升仓超高模板安全设计与改装技术、建模和碾压加浆振捣的工艺信息实时交互共享、缺陷评定和可视化馈控等方面内容，进行了相关理论研究、技术开发和信息智能化作业装备的研发，并有效实现了工程实施运用，取得了一系列创新成果。主要结论如下：

（1）采取数字化改造加浆振捣台车与振捣机，自主研发智能化搅拌加浆机，配合便携式智能穿戴式人工加浆和振捣系统，完成了变态混凝土智能精细化加浆振捣的系列设备研制与应用，形成了仓面全局性机械化数字加浆振捣组合工艺技术，为碾压仓混凝土加浆工艺提供了完整的系列化新型装备，满足了任意复杂仓面加浆振捣的高效智能化作业。

（2）通过大量试验研究，特别是现场试验总结，开发形成了基于 GPS－RTK 现场定位和注浆流量智能采集与精准控制技术，结合施工阶段仓段号的作业模型开发，建立了变态混凝土加浆振捣质量评价模型，实现了变态混凝土质量可视化与精细在线管控功能，突破了常规变态混凝土施工质量评价无量化准确依据的难题。

（3）自主研发了混凝土碾压工艺参数智能化采集设备系统，包括拖曳式横波波速仪、智能含湿率测试仪；基于 GA－BP 神经网络构建了现场在线式多参数的实时混凝土碾压热层及层间结合质量评价及馈控模型；借助云平台技术，采用 OpenGL 底层建模开发技术，构建了筑坝碾压仓施工工艺的远程可视化馈控平台系统，同时实现了远程云图化监控与现场同步协同量化管控缺陷的智慧型施工管理创新模式。

（4）研究变态混凝土加浆液中新型掺合料掺量配方，开发应用有效添加剂，试验研究相容性与增强机理；提出现场使用浆液改进扩散性、保证黏聚稳定性的技术措施。研究将复合胶凝材料应用于碾压变态混凝土技术，提出产品性能指标与应用方法和工艺操作可行性；结合加浆配制、性能检验、质量评判等实施标准，提出复合胶凝材料应用于碾压变态混凝土技术在工程实践应用方法。

（5）开展了大升程模板设计施工关键技术研究，围绕 6.0m 高仓大模板的设计、安装和使用方法，首次采用 ADINA 有限元软件进行数值建模，基于现场高大模板碾压快速施工升程工况下的试验采集模板侧压力与支撑、拉筋约束取值方法验证，建立了现场 3.1m 普通大模板拼装 6.2m 高大模板及快速施工的安全设计理论分析方法，提出了高大整体模板的相关材料与结构运用的现场控制指标，为快速填筑施工条件下的大升程模板可靠设计及安全施工提供了理论与技术支撑。同时开展了高大模板下的内部温控分析馈控研究，为保证高大模板的快速安全施工提供了保障依据。

通过将以上系列的技术、装备研发在某碾压混凝土坝的筑坝施工过程中全面有效地实施与良好应用，破解了碾压混凝土及变态混凝土全仓面作业的"工艺信息数字化""远程评价智能化""材料结构最优化"和"管理数字精准化"的关键技术难题。上述集成技术和新研发设备，达到了能在作业现场在线式精细化馈控仓面碾压与加浆振捣全过程的质量目的，并能形成过程质量环节的有效统计信息，取得了显著的经济和社会效益，形成了碾压混凝土筑坝精准控制施工的集成创新技术，获得了一批发明专利技术与智能数字化工艺技术及装备，为实现"智慧大坝"施工技术推进提供了核心支撑能力与条件。

10.2　展望

通过开展碾压混凝土坝体的碾压质量智能馈控方法研究，实现了碾压工艺质量从现场施工工艺过程的参数感知、自动传输、智能评价分析到远程-现场同步在线可视化馈控，为创新大坝智能建设与工程管理模式探索了一种新途径。对于复杂施工过程的系统智能化管控研究，限于作者能力水平，仍存在以下不足：

（1）本书中自主开发的智能含湿率测试仪和智能波速仪，需通过现场技术人员操作才能采集相应的数据，这在一定程度上与"碾压混凝土压实质量实时监控"系统的无人化、自动化与智能化宗旨相悖，降低了碾压混凝土施工质量监控的便捷性。因此，还需进一步研究现场数据自动化、连续化、智能化采集，以及在线人工智能决策与实时反馈调控，实现压实质量控制的"有人巡视，无人值守"模式。

（2）智能含湿率测试仪和智能波速仪通过高精度的 GNSS 天线进行定位，在开阔地带的定位精度高误差小。但是，当仓面测试点位于大升层高大模板附近或有钢筋等障碍物遮挡时，一方面，GNSS 航空天线的高度角变小，接收机搜索的卫星数量较少，信号较弱，定位坐标解算精度降低。另一方面，在障碍物作用下，GNSS 天线接收反射的卫星信号，产生"多路径效应"，降低定位精度。因此，通过改进定位算法，使接收机卫星信号部分屏蔽的条件下，依然保持较高的定位精度，对测点各参数的时空对应关系以及离散网格的压实度插值具有重要的意义。

（3）本书通过构建 GA－BP 神经网络模型，根据现场可准确获取的碾压混凝土的料性参数（含湿率、级配因子、胶砂比）和碾压后混凝土的结构参数（波速值）实现压实度预测。神经网络模型通过样本数据的学习训练，将隐藏在内部的规律，通过输入与输出的复杂非线性映射关系，实现对自然界某种算法或者函数的逼近。由于神经网络模型自身属性特征，在不需要精确数学模型的条件下，实现对非精确性信息处理，这使得预测精度严重依赖训练样本以及输入参数的空间结构特征。这种类似于"黑箱"的关系建立不能准确反映压实度与各主要影响因素之间本构关系，不能从本质上把握压实质量变化趋势，并且面对外界作用产生的不可预见的新情况，具有预判较差特点。因此，为使碾压层间质量评价方法更具普适性，影响碾压混凝土工作性能的相关因素如环境影响（如温度、湿度和风速等）、碾压机械扰动和碾压热层叠加效应等仍有待深入研究。

（4）尽管实现了层间结合质量的动态评价，但对其现场馈控模式决定了目前只能依靠碾压层压实质量单一因素来提高层间结合质量，如何实现层间结合质量实时智能馈控仍有待完善。

（5）由于远程系统依赖于大量实时数据的计算分析并与三维模型进行交互，为保证系统时效性，目前仅在客户端实现了工艺过程的可视化云图实时监控，Web 在线质量馈控系统以二维数字化云图和统计报表查询为主。未来研究可以应用 WebGL 等技术，开发更为全面的 B/S 架构，实现施工质量 Web 的多维可视化直观馈控。

（6）单点压实度与标准差异值上限值要参考国内外道路规范，并通过现场试验碾压条带确定薄弱欠压程度目标值理论范围，仍然需要根据坝料特性以及大量工程实践数据进一步研究。

参 考 文 献

［1］ 燕乔，毕明亮，王立彬. 碾压混凝土坝施工质量实时动态监控系统［J］. 三峡大学学报（自然科学版），2009，31（4）：5-8.

［2］ 艾克明. 碾压混凝土坝早期三个代表性工程简介及启示［J］. 湖南水利水电，2010（6）：6-8.

［3］ 狄原涪，王红斌，欧红光. 变态混凝土在龙滩大坝防渗结构中的应用前景［J］. 红水河，2001（2）：42-46.

［4］ 魏朝坤. 碾压混凝土的碾压密实度及其控制［J］. 人民长江，1991（12）：26-30.

［5］ 梁维仁，范波，张铁. 碾压混凝土拌和物 VC 值的动态控制［J］. 人民长江，1999（6）：24-25，34.

［6］ 宋拥军，肖亮达. 改善碾压混凝土坝层间结合性能的主要措施［J］. 湖北水力发电，2008（1）：37-40，61.

［7］ 黄声享，刘经南，吴晓铭. GPS 实时监控系统及其在堆石坝施工中的初步应用［J］. 武汉大学学报（信息科学版），2005（9）：813-816.

［8］ ZHONG D H，LIU D H，CUI B. Real-time compaction quality monitoring of high core rockfill dam［J］. Science China technological sciences，2011，54（7）：1906-1913.

［9］ 高祥泽，周宜红，黄耀英，等. 基于光纤测温系统的温度时空分布模型及应用［J］. 水电能源科学，2012，30（8）：67-69，189.

［10］ HU W，SHU X，JIA X，et al. Recommendations on intelligent compaction parameters for asphalt resurfacing quality evaluation［J］. Journal of construction engineering and management，2017，143（9）：04017065.

［11］ HU W，HUANG B S，SHU X，et al. Utilising intelligent compaction meter values to evaluate construction quality of asphalt pavement layers［J］. Road materials & pavement design，2017，18（4）：980-991.

［12］ NISKANEN I，IMMONEN M，MAKKONEN T，et al. 4D modeling of soil surface during excavation using a solid-state 2D profilometer mounted on the arm of an excavator［J］. Automation in construction，2020，112：103112.

［13］ 李芳，李建成，吕辉. 基于 GIS 的数字工地系统的设计和开发［J］. 山西建筑，2007（4）：359-361.

［14］ 丁小虎，谢航. 人脸识别技术在数字工地智慧安监平台的研究与应用［J］. 信息与电脑（理论版），2019（2）：138-140.

［15］ 鲍逸，於崇根. 用信息化手段改进建设工程安全质量监管工作模式［J］. 工程质量，2004（8）：13-16.

［16］ 刘英，唐杰伟，刘剑波，等. 碾压混凝土含湿率快速检测新方法与应用［J］. 水利水电施工，2015（6）：80-83.

［17］ 刘玉玺. 碾压混凝土坝施工信息模型原理与应用研究［D］. 天津：天津大学，2015.

［18］ 李亢，李新明，刘东. 源异构装备数据集成研究综述［J］. 中国电子科学研究院学报，2015，10（2）：162-168.

［19］ 徐夏炎. 面向工程施工阶段的 BIM 异构数据集成管理方法研究［D］. 南京：东南大学，2016.

［20］ DU B W，DU Y L，XU F，et al. Conception and exploration of using data as a service in tunnel construction with the NATM [J]. Engineering, 2018, 4 (1): 123 - 130.

[21] WANG S W, LI Y F, CHEN Q, et al. Integration of biosafety surveillance through Biosafety Surveillance Conceptual Data Model [J]. Biosafety and health, 2019, 1 (2): 98 - 104.

[22] 刘东海, 胡东婕, 陈俊杰. 基于 BIM 的输水工程安全监测信息集成与可视化分析 [J]. 河海大学学报 (自然科学版), 2019, 47 (4): 337 - 344.

[23] 刘东海, 李丙扬, 崔博. 高碾压混凝土坝智能碾压理论研究 [J]. 中国工程科学, 2011, 13 (12): 74 - 79.

[24] 林达. 碾压混凝土坝施工压实质量预测模型研究 [D]. 天津: 天津大学, 2012.

[25] 钟桂良. 碾压混凝土坝仓面施工质量实时监控理论与应用 [D]. 天津: 天津大学, 2012.

[26] LIU Y X, ZHONG D H, CUI B, et al. Study on real - time construction quality monitoring of storehouse surfaces for RCC dams [J]. Automation in construction, 2015, 49: 100 - 112.

[27] LIU D H, LI Z L, LIU J L. Experimental study on real - time control of roller compacted concrete dam compaction quality using unit compaction energy indices [J]. Construction and building materials, 2015, 96: 567 - 575.

[28] 鄢玉玲. 基于盲数理论的碾压混凝土坝施工质量动态评价研究 [D]. 天津: 天津大学, 2018.

[29] 刘东海, 孙龙飞, 夏谢天. 多参数可调式 RCC 碾压模拟试验装置研制与应用 [J]. 水力发电学报, 2019, 38 (11): 112 - 120.

[30] 刘东海, 孙龙飞, 夏谢天. 不同 VC 值下基于压实功的 RCC 碾压参数控制标准确定方法 [J]. 水利学报, 2019, 50 (9): 1063 - 1071.

[31] 姜福田. 碾压混凝土坝的层面与影响 [J]. 水利水电技术, 2008, 39 (2): 19 - 21.

[32] MADHKHAN M, ARASTEH A. Evaluation of bond strength in roller compacted concrete under various normal pressures [C]//Proceedings of the WIT Transactions on the Built Environment, 2006, 85: 269 - 277.

[33] CHUN S, KIM K, GREENE J, et al. Evaluation of interlayer bonding condition on structural response characteristics of asphalt pavement using finite element analysis and full - scale field tests [J]. Construction and building materials, 2015, 96: 307 - 318.

[34] 沈迪森, 张新安. 碾压混凝土层间结合质量控制综述 [C]//电力部科技司. 1996 年碾压混凝土筑坝技术交流会论文集, 1996: 414 - 420.

[35] 吴旭. 碾压混凝土坝铺筑层面结合质量控制技术 [J]. 水利水电施工, 2012 (1): 19 - 21, 29.

[36] 冯立生. 碾压混凝土压实厚度对层面结合质量的影响 [J]. 红水河, 2002, 21 (4): 17 - 19.

[37] 姜荣梅, 覃理利, 李家健. 龙滩大坝碾压混凝土层间结合质量识别标准 [J]. 水力发电, 2005 (4): 53 - 56.

[38] 姜福田. 碾压混凝土坝现场层间允许间隔时间测定方法的研究 [J]. 水力发电, 2008, 34 (2): 74 - 77.

[39] 娄亚东. 碾压混凝土层面处理对层间结合性能影响研究 [D]. 杭州: 浙江大学, 2015.

[40] 王凯. 施工扰动对碾压混凝土层间结合质量的影响研究 [D]. 杭州: 浙江大学, 2016.

[41] 李俊杰, 陈旭东, 张轩. 基于区间数理论的碾压混凝土坝层面性态综合评价 [J]. 水电能源科学, 2019, 37 (11): 92 - 95.

[42] 申嘉荣, 徐千军. 碾压混凝土坝层面抗剪断强度的人工神经网络与模糊逻辑系统预测 [J]. 清华大学学报 (自然科学版), 2019, 59 (5): 345 - 353.

[43] RAAB C, FOURQUET E, ABD EL HALIM O, et al. Assessment of interlayer bonding properties with static and dynamic devices [C]//Advancement in the Design and Performance of Sustainable Asphalt Pavements: proceeding of the 1st GeoMEast International Congress and Exhibition, Egypt 2017 on Sustainable Civil Infrastructures. Springer, 2018: 244 - 255

[44] 李子龙. 碾压混凝土坝振动碾压过程细观模拟及压实质量实时控制研究 [D]. 天津：天津大学，2017.

[45] 钟登华，鄢玉玲，崔博，等. 考虑压实质量影响的碾压混凝土坝层间结合质量动态评价研究 [J]. 水利学报，2017，48（10）：1135 - 1146.

[46] THOMPSON M J, WHITE D J. Field calibration and spatial analysis of compaction - monitoring technology measurements [J]. Transportation research record: journal of the transportation research board, 2007, 2004（1）：69 - 79.

[47] WHITE D J, VENNAPUSA P, THOMPSON M J. Field validation of intelligent compaction monitoring technology for unbound materials [M]. [s. n.], 2007.

[48] ADAM D. Roller - integrated continuous compaction control（CCC）technical contractual provisions & recommendations [J]. Design and construction of pavements and rail tracks, 2007：111 - 138.

[49] FACASS W, MOONEY M A. Characterizing the precision uncertainty in vibratory roller measurement values [J]. Journal of testting and evaluation, 2012, 40（1）：43 - 51.

[50] MOONEY M A, RINEHART R V. Field monitoring of roller vibration during compaction of subgrade soil [J]. Journal of geotechnical & geoenvironmental engineering, 2007, 133（3）：257 - 265.

[51] HOSSAIN M, MULANDI J, KEACH L, et al., Intelligent compaction control, airfield and highway pavements: meeting today's challenges with emerging technologies [C]//Proceedings of the 2006 Airfield and Highway Pavement Specialty Conference, 2006：304 - 316.

[52] 徐光辉. 路基系统形成过程动态监控技术 [D]. 成都：西南交通大学，2005.

[53] 铁道部. 铁路路基填筑工程连续压实控制技术规范：TB 10108—2011 [S]. 北京：中国铁道出版社，2011.

[54] 聂志红，焦倓，王翔. 基于地统计学方法的铁路路基压实均匀性评价 [J]. 中国铁道科学，2014，35（5）：1 - 6.

[55] 王龙，解晓光，姜立东. 基于 PFWD 碎石土路基压实快速检测与均匀性评价方法 [J]. 哈尔滨工业大学学报，2013，45（2）：66 - 71.

[56] HU W, SHU X, JIA X, et al. Geostatistical analysis of intelligent compaction measurements for asphalt pavement compaction [J]. Automation in construction, 2018, 89（3）：162 - 169.

[57] 焦倓，聂志红，王翔. 基于连续压实质量检测的压实薄弱区域评价指标研究 [J]. 铁道学报，2015，37（8）：66 - 71.

[58] 刘志磊. 面板堆石坝压实实时监测指标及质量控制研究 [D]. 天津：天津大学，2018.

[59] 刘东海，吴优. 实时监控下堆石坝压实质量模糊综合评估 [J]. 水力发电学报，2019，38（3）：142 - 153.

[60] WHITE D J, VENNAPUSA P, DUNN M. Road map for implementation of intelligent compaction technology [C]//Proceedings of the 2014 Congress on Geo - Characterization and Modeling for Sustainability, Geo - Congress 2014, Atlanta, GA, F, 2014.

[61] 崔博. 心墙堆石坝施工质量实时监控系统集成理论与应用 [D]. 天津：天津大学，2010.

[62] 樊启祥，周绍武，林鹏，等. 大型水利水电工程施工智能控制成套技术及应用 [J]. 水利学报，2016，47（7）：916 - 923，933.

[63] 李森. 溪洛渡水电站坝基渗流监控模型与监测系统研究 [D]. 武汉：长江科学院，2017.

[64] 郭成. 双江口水电站智能大坝工程研究与建设 [C]//中国土木工程学会. 中国土木工程学会 2017 年学术年会论文集，2017：529 - 536.

[65] 钟登华，时梦楠，崔博，等. 大坝智能建设研究进展 [J]. 水利学报，2019，50（1）：38 - 52，61.

［66］ 叶源新，刘光廷，李鹏辉，等. 溪柄碾压混凝土薄拱坝坝体渗漏处理［J］. 水利水电科技进展，2005，3：27 – 31.

［67］ 吴旭，彭卫平，等. 一种变态混凝土注浆扩散施工方法：CN103174147A［P］. 2013 – 06 – 26.

［68］ 李继跃，黎学皓，刘勇. 变态混凝土插孔装置：CN202164605U［P］. 2012 – 03 – 14.

［69］ 杨富瀛，冯晓琳，孙苗苗. 变态混凝土用挤压式造孔器：CN202627529U［P］. 2012 – 12 – 26.

［70］ 廖湘辉，王端明，付建科，等. 变态碾压混凝土注浆机：CN2644573Y［P］. 2004 – 09 – 29.

［71］ 张宏武，吴旭，彭卫平，等. 变态混凝土加浆自动记录仪：CN203160249U［P］. 2013 – 08 – 28.

［72］ 陆采荣，梅国兴，刘伟宝. 轻便式变态混凝土加浆计量装置：CN101148881A［P］. 2008 – 03 – 26.

［73］ 吴旭，彭卫平，颜曦，等. 变态混凝土自动注浆振捣设备：CN102505694A［P］. 2012 – 06 – 20.

［74］ 吴旭. 变态混凝土注浆振捣台车的研制与应用［J］. 水力发电，2014（2）：72 – 75.

［75］ OLOUFA A A, DO W, THOMAS H R. Automated monitoring of compaction using GPS［C］// Proceedings of the 1997 5th ASCE Construction Congress：Managing Engineered Construction in Expanding Global Markets，1997：1004 – 1011.

［76］ COMMURI S, MAI A T, ZAMAN M. Neural network – based intelligent compaction analyzer for estimating compaction quality of hot asphalt mixes［J］. IFAC proceedings volumes，2008，41（2）：2224 – 2229.

［77］ ILORI A O, OKWUEZE E E, OBIANWU V I. Evaluating compaction quality using elastic seismic P wave［J］. Journal of materials in civil engineering，2013，25（6）：693 – 700.

［78］ KASSEM E, LIU W T, SCULLION T，et al. Development of compaction monitoring system for asphalt pavements［J］. Construction and building materials，2015，96：334 – 345.

［79］ KUMAR A S, RAED A, NAZARIAN S，et al. Accelerated assessment of quality of compacted geomaterials with intelligent compaction technology［J］. Construction and building materials，2016，113：824 – 834.

［80］ UMASHANKAR B, HARIPRASAD C, KUMAR G T. Compaction quality control of pavement layers using LWD［J］. Journal of materials in civil engineering，2016，28（2）：04015111.

［81］ MEEHAN C L, CACCIOLA D V, TEHRANI F S，et al. Assessing soil compaction using continuous compaction control and location – specific in situ tests［J］. Automation in construction，2017，73：31 – 44.

［82］ CHENNARAPU H, GARALA T K, CHENNAREDDY R，et al. Compaction quality control of earth fills using dynamic cone penetrometer［J］. Journal of construction engineering and management，2018，144（9）：04018086.

［83］ TAN Y Q, WANG H P, MA S J，et al. Quality control of asphalt pavement compaction using fibre Bragg grating sensing technology［J］. Construction and building materials，2014，54：53 – 59.

［84］ 刘东海，高雷，林敏，等. 公路沥青层振动压实质量实时监控与评估［J］. 河海大学学报（自然科学版），2018，46（4）：307 – 13.

［85］ 李丙扬. 高土石坝坝料压实质量实时监测机理及其装置研制［D］. 天津：天津大学，2012.

［86］ LV P, WANG X L, LIU Z，et al. Porosity – and reliability – based evaluation of concrete – face rock dam compaction quality［J］. Automation in construction，2017，81：196 – 209.

［87］ 林威伟，钟登华，胡炜，等. 基于随机森林算法的土石坝压实质量动态评价研究［J］. 水利学报，2018，49（8）：945 – 955.

［88］ ZHANG Q L, LIU T Y, ZHANG Z S，et al. Compaction quality assessment of rockfill materials using roller – integrated acoustic wave detection technique［J］. Automation in construction，2019，

97：110 – 121.

［89］ 王佳俊，钟登华，关涛，等. 基于 KM 和 AC – BFA 模糊逻辑的土石坝压实质量实时评价 ［J］. 水力发电学报，2019，38（3）：165 – 178.

［90］ 王佳俊，钟登华，吴斌平，等. 基于概念漂移检测的土石坝压实质量评价模型更新研究 ［J］. 天津大学学报（自然科学与工程技术版），2019，52（5）：492 – 500.

［91］ 董冠涛. 红外线感应电子白板的设计与实现 ［D］. 长春：吉林大学，2009.

［92］ 王广伟. 教室的室内定位系统的设计与开发 ［D］. 上海：华东师范大学，2013.

［93］ LI D，WANG J. Research of indoor local positioning based on bluetooth technology ［C］//International Conference on Wireless Communications，NETWORKING and Mobile Computing. IEEE Press，2009：5211 – 5214.

［94］ 吴学伟，伊晓东. GPS 定位技术与应用 ［M］. 北京：科学出版社，2010.

［95］ 刘火生，张燕云，杨振钦，等. 基于 BIM 技术的施工现场的可视化应用 ［J］. 施工技术，2013，42（增刊 1）：507 – 508.

［96］ 杨东旭. 基于 BIM 技术的施工可视化应用研究 ［D］. 广州：华南理工大学，2013.

［97］ KAMAT V R，MARTINEZ J C，MARTIN F，et al. Research in visualization techniques for field construction ［J］. Journal of construction engineering and management，2010，137（10）：853 – 862.

［98］ GUO H L，YU Y T，MARTIN S. Visualization technology – based construction safety management：A review ［J］. Automation in construction，2016，73：135 – 144.

［99］ CHENG T，TEIZER J. Real – time resource location data collection and visualization technology for construction safety and activity monitoring applications ［J］. Automation in construction，2013，34（13）：3 – 15.

［100］ SONG Z P，TA L. Developing and applying the information construction analysis visualization system ［J］. Applied mechanics and materials，2013，2525（344）：270 – 274.

［101］ AKULA M，LIPMAN R R，FRANASZEK M. Real – time drill monitoring and control using building information models augmented with 3D imaging data ［J］. Automation in construction，2013，36（15）：1 – 15.

［102］ ZHANG L，ZHANG G，LIU Y，et al. Development and application for intelligent monitoring system of concrete temperature control ［C］//The 2nd International Conference on Modelling Simulation and Applied Mathematics，Bangkok，2017.

［103］ 陈家忠. 混凝土振捣质量智能监控仪：ZL201320092481.4 ［P］. 2013.

［104］ BURLINGAME S E. Application of infrared imaging to fresh concrete：monitoring internal vibration ［M］. Cornell University，2004.

［105］ 樊启祥，周绍武，林鹏，等. 大型水利水电工程施工智能控制成套技术及应用 ［J］. 水利学报，2016，47（7）：916 – 923，933.

［106］ GONG J，YU Y，WILLIAMS T P，et al. Real – time 3D concrete vibration effort tracking and visualization with ultra – wide – band technologies ［C］//Transportation Research Board Annual Meeting，2015.

［107］ 郑祥，马元山，付勇，等. 碾压混凝土施工热层实时压实度监控模型应用研究 ［J］. 人民长江，2020，51（1）：160 – 165.

［108］ 孟庆义. 水电站碾压混凝土筑坝施工质量控制 ［J］. 中小企业管理与科技（上旬刊），2009（12）：150 – 151.

［109］ 田正宏，苏伟豪，郑祥，等. 基于 GA – BP 神经网络的碾压混凝土压实度实时评价方法 ［J］. 水利水电科技进展，2019，39（3）：81 – 86.

[110] 焦庆永. 浅谈沥青路面压实度影响因素和控制措施 [J]. 四川建材, 2010, 36 (6): 83 - 84.

[111] 邢岳, 田正宏, 杜辉. 碾压混凝土坝层间结合质量智能评价方法 [J]. 长江科学院院报. 2020, 37 (8): 142 - 149.

[112] 杨普锋, 刘猛, 薛秀春. 关于粉煤灰代砂解决石粉含量不足问题的探讨 [J]. 水利建设与管理, 2019, 39 (4): 45 - 48.

[113] 田青青. 胶凝砂砾石材料的筑坝型式研究 [D]. 郑州: 华北水利水电大学, 2016.

[114] 计怡峰. 全向移动机器人惯性导航系统设计 [D]. 南京: 东南大学, 2016.

[115] 郑涛. 基于差分定位的驾考系统设计与实现 [D]. 成都: 电子科技大学, 2018.

[116] 屈嘉程, 田正宏, 孙啸, 等. 基于瑞雷波速的碾压混凝土压实效果评价 [J]. 水利水电科技进展, 2020, 40 (4): 58 - 64.

[117] 葛佳隆, 张宇翔, 张守兵. 基于物联网的多机组热泵数据采集系统 [J]. 电视技术. 2019, 43 (2): 34 - 37.

[118] 赖建文, 罗安. 丰满水电站重建工程大坝碾压混凝土施工仓面质量管理 [J]. 低碳世界, 2018 (10): 154 - 155.

[119] 曾政华. 碾压混凝土层间结合质量影响因素与改进措施分析 [J]. 河南建材, 2021 (6): 86 - 87.

[120] 史文娇, 岳天祥, 石晓丽, 等. 土壤连续属性空间插值方法及其精度的研究进展 [J]. 自然资源学报, 2012, 27 (1): 163 - 175.

[121] 邢岳, 田正宏, 杜辉. 碾压混凝土坝仓面压实质量 5D 可视化馈控研究 [J]. 水力发电学报, 2019, 38 (6): 29 - 40.

[122] 李军, 石青. 基于 KELM 的连续搅拌反应釜模型辨识 [J]. 控制工程, 2017, 24 (10): 2137 - 2143.

[123] 霍爽. 高压输电线路故障测距算法的研究 [D]. 济南: 山东大学, 2012.

[124] 徐瑾. 基于 ADAMS 的不同类型驾驶员模型参数的选择 [D]. 南京: 南京航空航天大学, 2009.

[125] 程毅辉, 陈海帆. 基于 Voronoi 图和 AHP 法的人防警报器选址 [J]. 信息通信, 2020 (2): 63 - 64.

[126] CHARLES D, GILLES G. Voronoi tessellation to study the numerical density and the spatial distribution of neurones [J]. Journal of chemical neuroanatomy, 2000, 20 (1): 83 - 92.

[127] 陈彦平. 水利水电工程中变态混凝土施工工艺 [J]. 工程技术与发展, 2019, 1 (5): 59.

[128] 田正宏, 肖云, 蔡博文, 等. 一种碾压变态混凝土加浆搅拌设备的开发研究 [J]. 水电能源科学, 2017, 35 (2): 200 - 203.

[129] 卢吉, 崔博, 吴斌平, 等. 龙开口大坝浇筑碾压施工质量实时监控系统设计与应用 [J]. 水力发电, 2013, 39 (2): 53 - 56.

[130] 彭鑫. GPS - RTK 测量技术在地形测绘中的应用 [J]. 西部资源, 2018 (6): 145 - 146.

[131] 邵国辉, 李仲钰, 吴强. 碾压混凝土变态加浆一体机的研发及应用 [J]. 云南水力发电, 2021, 37 (2): 89 - 92.

[132] 张乐文, 辛冬冬, 丁万涛, 等. 基于基床系数法的劈裂注浆过程分析 [J]. 岩土工程学报, 2018, 40 (3): 399 - 407.

[133] 郭广磊. 黏土中压力注浆动态数值模拟研究 [D]. 济南: 山东大学, 2006.

[134] 王思华, 王军军, 赵珊鹏. 高原盐碱区接触网复合绝缘子污闪电压预测研究 [J]. 电瓷避雷器, 2022 (1): 134 - 142.

[135] 傅彬. 基于粒子群算法优化极限学习机的无源目标定位算法 [J]. 计算机应用与软件, 2015, 32 (11): 325 - 328.

[136] 杨小涛, 李江山, 贾子瑜, 等. 支持向量机技术在压裂层位优选中的应用 [J]. 中国化工贸易, 2017, 9 (30): 100 - 104.

[137] 顾志刚, 张东成, 罗红卫. 碾压混凝土坝施工技术 [M]. 北京: 中国电力出版社, 2007.

[138] REINHARDT W G. Roller compacted concrete dams [M]. McGraw – Hill, Inc, 1991: 2 – 14.

[139] BERGA L. RCC dams – roller compacted concrete dams [C]//Proceedings of the IV International Symposium on Roller Compacted Concrete Dams, Madrid, Spain, 17 – 19 November 2003 – 2 Vol set. CRC Press, 2003: 427 – 430.

[140] 刘更军. 碾压混凝土模板综述 [J]. 水利水电施工, 2013 (5): 15 – 21.

[141] 涂怀健, 黄巍. 碾压混凝土筑坝施工技术综述 [J]. 水利学报, 2007 (增刊1): 36 – 42.

[142] 吴旭. 龙滩碾压混凝土重力坝快速施工技术 [J]. 水力发电, 2006, 32 (9): 54 – 56.

[143] 谢映怀. 龙滩水电站左岸大坝碾压混凝土施工 [J]. 人民长江, 2008 (9): 21 – 22.

[144] 肖峰, 冯树荣. 龙滩碾压混凝土重力坝关键技术 [M]. 北京: 中国水利水电出版社, 2016.

[145] 谢明军. 官地水电站碾压混凝土大坝快速经济施工研究与应用 [D]. 北京: 清华大学, 2014.

[146] 巩富. 官地水电站大坝工程碾压混凝土施工 [J]. 云南水力发电, 2014, 30 (4): 79 – 81.

[147] 杨思也. 观音岩碾压混凝土坝大型模板规划与施工 [J]. 水利水电施工, 2015 (6): 24 – 27.

[148] GALLEGO E, FUENTES J M, RAMÍREZ A, et al. Computer simulation of complex – shaped formworks using three – dimensional numerical models [J]. Automation in construction, 2011, 20 (7): 830 – 836.

[149] RIBEIRO A C B, ALMEIDA I R de. Study on high performance roller compacted concrete [J]. Materials and structures, 2000, 33 (6): 398 – 402.

[150] MEHTA P K. Advancements in concrete technology [J]. Concrete international, 1999: 69 – 76.

[151] 薛松. 基于 ANSYS 的高混凝土重力坝有限元静动力分析 [D]. 郑州: 华北水利水电大学, 2018.

[152] 高翔. 型钢高强混凝土框架节点的受力性能及 ANSYS 有限元分析 [D]. 西安: 西安建筑科技大学, 2006.

[153] 刘玉涛, 黄坚, 蒋金生, 等. 新浇混凝土对倾斜模板侧压力及支架受力分析 [J]. 施工技术, 2012, 41 (11): 85 – 87.

[154] 肖潇. 新型槽型钢模板的分析应用及柱模板试验研究 [D]. 长沙: 湖南大学, 2012.

[155] 张文学, 李增银, 刘龙. 混凝土模板侧压力公式对比分析 [J]. 工业建筑, 2014, 44 (7): 132 – 136.

[156] 姜立, 陈剑锋, 王会一, 等. OpenGL 技术在三维建筑 CAD 中的应用 [J]. 建筑科学, 2004 (3): 68 – 71.